水土流失治理与区域经济发展

胡世明　著

U0334357

西安交通大学出版社
XI'AN JIAOTONG UNIVERSITY PRESS

图书在版编目（CIP）数据

水土流失治理与区域经济发展 / 胡世明著 . -- 西安：
西安交通大学出版社 , 2020.7
　ISBN 978-7-5693-1186-0

　Ⅰ.①水… Ⅱ.①胡… Ⅲ.①水土流失—综合治理—
研究—中国②区域经济发展—研究—中国 Ⅳ.① S157.2
② F127

　中国版本图书馆 CIP 数据核字（2019）第 099592 号

书　　名	水土流失治理与区域经济发展
著　　者	胡世明
责任编辑	李佳

出版发行	西安交通大学出版社
	（西安市兴庆南路 1 号　邮政编码 710048）
网　　址	http://www.xjtupress.com
电　　话	（029）82668357 82667874（发行中心）
	（029）82668315（总编办）
传　　真	（029）82668280
印　　刷	湖南省众鑫印务有限公司

开　　本	850mm×1168mm　1/32　印张　9.875　字数　226千字
版次印次	2020 年 7 月第 1 版　　2020 年 7 月第 1 次印刷
书　　号	ISBN 978-7-5693-1186-0
定　　价	68.00 元

前　言

经济发展与生态环境之间的关系既是环境经济学的研究对象，也是可持续发展理论关注的一个焦点问题。随着世界人口增长和经济发展，水土资源作为人类赖以生存和发展的基础性自然资源和战略性经济资源，其本身及其所产生的生态问题成为全球共同关心的热点问题之一。伴随着各类能源和资源的逐渐开发和利用，人类社会逐步从原始农业文明迈进现代工业文明，一些先行工业化国家已经趋向生态文明。

水土资源本身也是生态环境的控制性要素。水土流失治理是维护生态环境、利用水土资源、促进经济发展的系统工程，其内容涵盖政策、技术、资金、体制、能力建设和宣传教育等诸多方面，是涉及多学科、多领域的社会政治经济活动，是国土整治、江河治理的根本，是维护、重建和改善生态环境，保障生态安全，促进社会经济尤其是农村社会经济发展的战略之一，是构建和谐社会、改善人居环境、建设生态文明的举措。

中国是世界上水土流失最为严重的国家之一。严重的水土流失破坏了水土资源的平衡，加剧了洪涝、干旱和风沙等灾害，对公共安全、生态安全和水土资源保障构成巨大挑战，使国民经济蒙受重大损失，成为制约国民经济和社会可持续发展的重要因素。此外，随着经济、社会的不断发展，人们对生态环境的要求越来越高，水土资源的供需矛盾不断加剧。

在水土流失治理实践中，中国逐步构建了水土流失综合防治政策体系。在国家体系框架下，各地域由于自然禀赋、经济结构、社会和人文地理、人力资源等不同而存在区域差异。党的十八大以来，生态文明建设成为中国特色社会主义"五位一体"总体布局的内在要求，水土保持生态建设迎来发展机遇的同时也面临新形势、新任务和新要求。以此为契机，在以互联网成为创新驱动发展先导力量为重要标志的基于大数据的生态文明时代背景下，全面分析研究水土保持生态建设系统，分析研究水土保持生态建设机制及其与经济发展的关系，有助于人们认识到水土流失治理在经济发展和社会进步方面所起的作用；有助于科学评价水土流失治理为人类发展带来的贡献，促进治理机制的改善和治理效率的提高；有助于为水土资源的优化配置与科学利用，区域环境容量的有效提升和区域生态空间的有序扩展，区域经济和谐和持续发展，国家生态文明建设提供治理方略。

基于系统论、制度经济学、发展经济学、生态补偿理论、产权理论、产业结构理论等理论基础，基于生态文明视角，坚持水土流失治理"以人为本、人与自然和谐相处，整体部署、统筹兼顾，分区防治、合理布局，突出重点、分步实施，制度创新、加强监管，科技支撑、注重效益"的基本原则，本书运用规范分析与实证分析相结合，系统分析、定性分析与定量分析相结合，比较分析等研究与论证方法，以水土流失治理活动与经济发展之间的关系为研究对象，考察经济发展中水土流失治理活动的规律，核算影响水土流失治理绩效的因素的贡献，核算水土流失治理对经济发展的贡献，比较水土流失治理区与非治理区的经济发展水平的差异，探索促进经济和谐发展，改进社会福利的水土流失治理长效机制。

遵循"提出问题→解释、分析问题→解决问题"的逻辑思路，本书首先说明为什么要进行水土流失治理；其次，阐述水土流失治理的历程和做法（怎么做）；再次，分析研究水土流失治理的成效（做得怎样）；最后，指明如何改进治理（下一步该怎么做）。

沿袭这一逻辑路线，全书分为 7 章。

第 1 章，导论。主要阐明研究的背景、目的和意义，指明研究采取的方法、涉及的主要内容、遵循的逻辑路线及可能的创新点。

第 2 章，文献综述。分门别类地对国内、国外关于水土流失治理与经济发展的相关研究成果进行述评。

第 3 章，研究的主要理论基础。借鉴和吸收系统论、可持续发展理论、发展经济学、制度经济学、福利经济学、产权理论、产业结构理论等理论基础，阐明研究的理论支撑。

第 4 章，中国水土流失治理的变迁。回顾中国水土流失治理的历史变迁，分析不同经济发展阶段水土流失治理的投入机制、科技机制、政策制度等的演变规律，并探析福建省域个案。

第 5 章，水土流失治理成效及其影响因素分析。纵向比较分析水土流失治理与治理区域经济发展的关系；定量分析水土流失治理对经济发展的贡献，以及影响水土流失治理绩效的主要因素。

第 6 章，水土流失治理区与非治理区经济发展水平的比较。横向比较分析水土流失治理区与非治理区的经济发展水平差异；比较分析水土流失治理"本域效益"与"异域效益"的差异，比较分析治理内部效益与外部效益的差异。

第 7 章，水土流失治理区与非治理区经济和谐发展的探讨。基于前面的探究，阐明进行水土保持生态补偿的必要性，提出水土保持与经济发展"双赢"的对策建议，包括对水土流失治理进行政策制度、组织机构、科学技术等方面的革新；建立健全水土流失治理生态补偿的横向财政转移支付制度及其他科学的生态补偿制度，从而促进和实现社会福利的"卡尔多 – 希克斯改进"。

胡世明

2018年10月

目　录

第1章　导　论

第 3 章　研究的主要理论基础

第 4 章　中国水土流失治理的变迁

第 5 章　水土流失治理成效及其影响因素分析

第 1 章　导　论

1.1　问题的提出

1.1.1　资源环境背景

1.1.1.1　国际宏观背景

环境和生态问题事关人类的生存大计（World Commission on Environment and Development，1987）。工业革命以来，以技术革命为先导的工业文明使人类攫取、加工和利用自然资源的能力飞速提高，加之人口快速增长，社会代谢规模——社会经济系统与生态环境系统之间的物质和能量交换量迅速扩张。据测算，工业国家的人均年物质需求总量高达约 100 吨，需近 0.1 km^2 具有全球平均生产力的土地来支撑一个人的物质消费和吸收其化石能源所排放的温室气体（顾晓薇等，2005）。人类在创造辉煌物质文明的同时，也对生态环境造成严重冲击：大面积森林消失、大片土地沙化、大面积水域遭受污染、臭氧层破裂、全球变暖……种种环境问题越来越明显地制约着社会经济的发展，成为全人类面临的一大挑战。"文明人走过地球表面，足迹所到之处留下一片荒地。""当代人正在削弱或改变着大自然的生物能力，使它再无能力向新生后代提供足够的支援。""现在除日光外，各种资源都不同程度的稀缺，拓荒者驾着大篷车寻找富饶的处女地的时代已一去不复返了。"

资源环境条件的变化映射着人类发展观的演变。发展观的演变、传统发展观的突破、新的可持续发展观的形成、发展理论和学说的创新是 20 世纪下半叶以来人类对于自然、社会和自我认识的一个飞跃（速水佑次郎，2003）。宫本宪一（1987）曾就过去日本的国民生产总值（GNP）对发展经济的这种经济观进行评价："环境公害使自然破坏、人体健康受害越严重，GNP 就越大，经济就越发展。这种经济不管在理论上多么完善，可以说从根本上是有缺陷的。" 20 世纪下半叶以来，《寂静的春天》（卡森，1997）、肯尼思·艾瓦特·博尔丁（Kenneth E. Boulding，1966）的《宇宙飞船经济观》《增长的极限》（Meadows etc.，1972）、《我们共同的未来》（世界环境与发展委员会，1987）等唤起了全球范围对环境问题的热切关注，人们开始重新审视和深刻反思人类社会走过的漫长道路。联合国环境与发展会议（UNCED）及其发表的《人类环境宣言》（1972）、《里约环境与发展宣言》（1992）和《21 世纪议程》（1992）把可持续发展由理念推向了行动（米切尔，2004）。20 世纪 90 年代后，可持续发展战略成为世界各国的共同憧憬，循环经济在全球兴起。循环经济实质上是生态经济，是生态经济追求的最高模式。21 世纪人类社会正在大踏步地进入生态文明时代，一些工业发达国家已走上循环经济发展的康庄大道，关注自然、关注生态、追求人与自然的和谐相处、实现人类社会的可持续发展成为时代的显著标志。

1.1.1.2 国内时代背景

中国是世界上第一个制定和实施《21 世纪议程》的国家。《中国 21 世纪议程》（1994）是指导中国国民经济和社会中长期发展的纲领性文件。1996 年中国正式确定"可持续发展"为经济和社会发展的两大基本战略之一，可持续发展战略从此正式成为中国的一项长远发展战略。

中国境内山区和丘陵面积占国土面积的 2/3 以上，许多山区曾经山清水秀、美丽富饶。但是，由于人们长期以来没有充分认识到生态经济规律，加上复杂的自然环境的影响，几经政策的起伏，如今在社会经济发展的同时却面对着森林毁损、水土流失、土壤沙化、物种灭绝、水质污染和水源危机等一系列恶性生态环境问题。严重的水土流失造成生态环境恶化、环境质量降低、自然灾害加剧；同时，水土流失是一些地区经济贫困的根源，全国贫困人口中约有 90% 生活在水土流失区，对实施可持续发展战略提出严峻的挑战（李怀甫，1989）。

1978 年中国改革开放以来，工业化和城市化进程逐步加快，实现了经济增长的奇迹，中国成为世界上经济增长速度最快的国家之一，其经济呈指数增长趋势（图 1 - 1）；1978—2016 年 GDP 年均增长率约 9.57%。但是，在经济持续、快速发展的同时，发达国家上百年工业化过程中分阶段出现的资源环境问题在中国近 30 年来集中出现——人口压力、资源耗竭、生态恶化、环境容量不足等问题成为中国经济社会发展的梗阻。现实中一部分经济绩效是由生态成本预期支付带来的，中国基本上走的是一条传统发展道路，采取的是高投入、高消耗、高排放、高污染、低效益的粗放扩张型经济增长方式。中国经济的增长与发展在很大程度上依赖中国的土地系统（世界银行，2001）。中国能够以其可供支配的世界土地面积的 6.4%、可供支配的世界耕地的 7.2% 和世界年径流量的 5.8% 养活世界人口的 22%，在某种意义上说，中国经济的增长与发展是付出资源环境代价的结果。据估计，每生产 1 kg 粮食，在四川省中部需用 53 kg 的土壤流失来换取，在陕北则达 107 kg，在东北黑土层，土壤养分投入输出比为 0.7∶1

（郑易生 等，1998）。另据有关数据统计，中国 70% 的江河污染严重，沙漠化面积扩大到 300 多万平方千米，部分矿产资源面临枯竭。土地退化的速度正在对国家的经济繁荣产生日益增长的威胁，控制土地退化有着很重要的、日益增长的政治层面上的意义（中华人民共和国水利部，2002）。

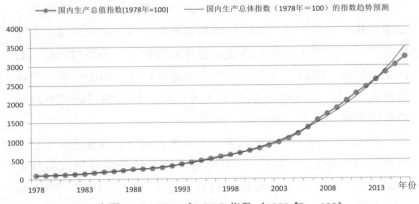

图 1 - 1　中国 1978—2016 年 GDP 指数（1978 年 ＝ 100）
及其指数增长趋势

数据来源：国家统计局，http://data.stats.gov.cn/easyquery.htm?cn=C01

　　借鉴世界各国的经验，合理利用和有效保护水土资源是维系生态系统良性循环的前提，是实现经济社会可持续发展的基本保障，是协调人口、资源、环境与经济社会发展需求矛盾的有效手段，是保证国家和地区生态安全的根本大计。水土流失防治是国土整治、江河治理的根本，是维护、重建和改善生态环境、保障生态安全、促进社会经济尤其是农村社会经济发展的战略之一，是构建和谐社会、改善人居环境、建设生态文明的举措，是中国在可持续发展总体框架下长期坚持的一项基本国策。在水土流失的防治实践中，中国逐步构建了水土流失综合防治政策体系。在国家体系框架下，各地域由于自然禀赋、经济结构、社会和人文地理、人力资源等不同而存在区域差异。2015 年经国务院正式批复同意的"自上而下"和"自下而上"相结合编制完成的《全国水土保持规划（2015—2030 年）》是中国水土流失防治进程中的一个重要里程碑（刘震，2015）。该规划坚持"以人为本、人与自然和谐相处，整体部署、统筹兼顾，分区防治、合理布局，突出重点、分步实施，制度创新、加强监管，科技支撑、注重效益"。

1.1.2 水土流失的危害及其治理的紧迫性

1.1.2.1 水土流失的危害

1. 水土保持观念的形成

恩格斯在《自然辩证法》中列举了美索不达米亚、希腊、小亚细亚、阿尔卑斯山的意大利人砍伐坡地上的森林；西班牙农场主在古巴焚烧土地上的森林而种植获利高的咖啡树，最后大雨冲刷毫无掩护的土壤，使这些土地成为荒芜的不毛之地。这些事例说明，早在产业革命之前，人类的经济活动为了取得眼前的生产效果，不遵从自然规律，损坏了生态系统耗散结构水平，破坏了区域生态平衡，造成了严重的水土流失现象和水土流失地区的恶性循环，摧毁了经济发展的基础，导致有的国家和地区因此而衰落。产业革命后，社会生产力空前发展，特别是 20 世纪 50 年代以后，生产力和科学技术突飞猛进，人类的经济活动和生产规模空前扩大，由此带来的水土流失问题也日益严重，并发展成为全球性的公害，其造成的资源不足与人口膨胀、环境污染共称为世界三大问题，严重威胁人类的生存和发展。20 世纪 60 年代中期，肯尼思·艾瓦特·博尔丁（1966）指出，根据热力学第一定律，生产和消费过程产生的废弃物，其物质形态并没有消失，必然存在于物质系统之内。因此，在设计和规划经济活动时，必须同时考虑环境吸纳废弃物的容量；另外，虽然回收作用可以减轻对环境容量的压力，但是根据热力学第二定律，不断增加的熵意味着100%的回收作用是不存在的。

从地质学的角度看，土壤侵蚀固然是环境变化过程，在有或无人类介入的情况下都在发生着；甚至在由于人类活动导致土壤结构和湿度平衡发生恶化的情况下，土壤侵蚀仍可能未被识别，或者说对生活在受侵蚀地区的人们的影响并不显著。在环境恶化（或土壤位移）被识别以后，它才成为一个社会议题。在这个接合点，水土保持的观念才进入人们的意识中，并逐步成为人们思考的目标。

2. "水土流失是否成为真正的问题"的争议

历史上，许多有关世界范围内环境退化的争论因为不确定性而困扰着人们。不确定性的根源主要有三个方面：第一，很难通过足够长的时间跨度，获得准确且普及性的环境退化的测度数据，以预测说明其趋向。虽然测量和监控技术已有所改进，但建立长期并且可靠的数据集很少甚至尚还遥不可及。第二，通常很难排除其中气候变化、自然侵蚀过程等自然因素，很难筛选出人类对土壤侵蚀的影响。第三，环境退化的形式多样。土壤科学家、历史学家和社会科学家对环境退化问题倾向于不同的角度和观点——什么是重要的？什么可以安全地忽视？环境退化主题的谈论规则是什么？等等。"水土流失是否成为真正的问题"曾有过争议。

Simon（1981）认为，在一些地方，由于侵蚀和其他破坏性力量的作用，一些可耕地正在变得不可耕作，但就整体来看，世界的可耕地正在逐年增加。无独有偶，Bekerman（1974）的观点与此相似，他指出："就食物供给的自然极限而言，总体的科学观点认为这不会构成真正的约束……在西欧，土地已被不断强化耕作大约 2000 多年，但仍没有衰竭的迹象。由此可见，认为强化耕作会损毁土地的观点是不能令人信服的。相比较而言，世界上大多数耕作地区，或是受到很小的损害，或者依旧根本未受到损害。现代农业技术中肥料的需求增多也没有产生任何影响，因为土壤中有足够的磷酸盐和碳酸钾的供应。" Ruttan（1982）和 Boserup（1981）都提出了诱致性创新的思想，以解释政府和农民自身的农业技术研究和发展的途径。Ruttan 引用了美国和日本两个相反国家的例子。在美国，劳动力是稀缺资源，机械化的过程先是使用动物，而后用拖拉机等机械动力以扩大每个工人的操作范围，促进农业生产的扩张和生产率的提高；而在日本，土地是稀缺资源，是生物技术的进步导向不同品种稻谷的生产以及更高水准化肥的使用。在两个例子中变化的相对要素的价格都得到了矫正，而这些暗含的价格信号成功地引发了创新。Ruttan 认为新的农业技术和新的发展制度将被诱导诞生，以迎合挑战。因此他强调每一个国家确保要素价格能够反映稀缺的重要性，从而保证新技术在最有效率的市场经济国家得到发展。然而，他没有考虑社会不同群体或世界不同地区的成本和回报，并且，他几乎没有关注诱致性创新导致的环境退化的结果。Boserup（1981）对环境退化给予了明确的关注，指出在一些案例中，土壤侵蚀实际上诱导了良好的农业创新。Boserup 将对付土壤侵蚀的现代技术能力归结为："在部分地域，不断增长的人口对土地的破坏可能大于改善，但它对未来的趋向意义很小。因为人们将掌握越来越多的土壤保持技术。运用这些技术，将能修复前人认为贫瘠不育的土壤。"上述四位学者论述的是不同的主题，并且在许多问题上观点并不一致，但他们对土壤侵蚀问题的重要性的看法却或多或少具有连通性。他们认为土壤侵蚀问题被夸大了，认为由政府和农民开创的农业技术能够满意地解决土壤侵蚀问题，需要处理的资源是厚重的，并且总是可以由技术本身创造出来。这一观点与那些坚持认为环境退化广泛存在，并且具有危机的重要性的观点截然相反。

莱斯特·布朗（Lester R. Brown，1981）指出："20 世纪 80 年代所呈现的是人类面临着普遍的生产性耕地的短缺问题，在许多国家，存在尖锐的土地饥渴症，农地的价格上涨几乎四处可见……"Eckholm（1976）描述道："环境噩梦展现在我们眼前……它是上百万埃塞俄比亚人为生计抗争的行为结果。他们破坏了地表，使地表进一步受到侵蚀；他们砍伐森林以获得燃料、取暖等，留下一个地表裸露的国家。"在南美洲，从安第斯山脉受到破坏的山坡到阿根廷牧地上最早的沙尘暴，可见不同强度的土壤侵蚀后果。根据初步估计，南美洲南部 12 个国家中 6.67 万 km^2 的庄稼地中有 4.67 万 km^2 遭受严重的侵蚀……在智利、哥伦比亚、厄瓜多尔、洪都拉斯、墨西哥、委内瑞拉 6 个国家中，50% ～ 60% 的农耕地受到严重的侵蚀破坏（Bennett，1944）。美国国际开发署（USAID）的"环境轮廓（Environmental Profiles）"研究展示了世界范围内的土壤退化、碱化、盐化、涝灾、荒漠化的程度。中美洲、拉丁美洲、非洲和东南亚的几乎每一个国家都遭受环境退化的影响。无论土壤侵蚀是否重要，环境退化事实上正在发生着。Jacks 和 Whyte（1939）、Hyams（1952）、Eckholm（1976）等都阐明土壤侵蚀是个普遍存在且严重的问题。据报道，1945 年之前，过度的土壤侵蚀已成为美国境内大约 50% 农地的主要管理问题（USDA，1965）。根据 1980 年的自然资源评价（NRA），非联邦乡村土地年均土壤流失 64 亿 t，相当于每公顷年流失 10.6 t。据估算，在相对深厚且多产的土地上，每公顷年损失 10 ～ 12 t 土壤不会造成直接和长期的影响（USDA，1981）。但是，1980 年 NRA 报道的每公顷年流失 10.6 t 并不是均衡分布的。Pimentel（1993）

指出美国农地的每公顷年均土壤流失量从 0 ~ 300 t 不等；在瘠薄的土地上，每公顷年均流失量不超过 7 t 才不会导致过度的损害。Brown（1984）指出，美国 34% 的农地在以破坏生产力的速率流失表土，他建议其中 17 万 hm^2 农地应在其变得无价值时，不再继续进行农业生产。美国世界观察研究所在《1984 年世界形势报告》中指出："土壤侵蚀是对世界经济的长期威胁，迫使世界经济走向不可持续发展的道路。"据联合国有关部门的研究资料，每年全世界由于土壤侵蚀要损失耕地 500 ~ 700 万 hm^2；全球陆地面积的 31% 发生着水蚀、34% 存在着风蚀，每年仅冲蚀一项就损失 270 亿 t 以上的肥沃表土，损失肥料近亿吨。需要花上百亿美元才能补偿这些损失，但由此造成的永久性损失却无法补偿。

有关研究指出，由于人为干预，新生土壤与被水和风侵蚀流失的土壤之间已很难达成平衡。地层学的证据显示，并非在人类出现以后才产生沙尘暴和灾害性的河流冲刷事件。但是，人类农业技术的发展通常携同严重的经济压力——人为干预可能成为土壤流失中最重要的因素。水土流失被认为是一些国家面临的最严重的环境问题之一，而这个问题受到社会经济力量深度的影响。在发展中国家，经济问题经常既是环境恶化的表征，又是环境恶化的起因。经济需求导致过度放牧及乱砍滥伐，由此降低土地或土壤的生产力，增加发生洪水和旱灾的频率，进而导致更大程度的贫穷和绝望，这种现象在一个国家欠发达的农村地区尤其突出。穷人陷入人口迅速增长、环境恶化、经济水平降低的螺旋式下降循环中。由于人口压力大、农用地缺乏以及作为国民经济贡献源泉的自然资源的不充分利用，导致这些农村地区无力实现经济增长。在大多数遭受土壤侵蚀的发展中国家，农业人口和强势群体之间的贫富不均是土壤侵蚀的结果，也是土壤侵蚀的原因。从这个意义上说，土壤侵蚀是不发达的表征，并且，土壤侵蚀强化了不发达的环境条件。至少对于农村的穷人而言，土壤侵蚀是贫困的一个重要因素。

在探讨与争议中，国内外学者如 John M. Harlin（1987）、Cigi M. Berardi（1987）、王礼先（1995）、李锐（2000）、唐克丽（2004）等对水土流失形成基本一致的观点——水土流失是一种同地球本身一样古老的自然过程，全球除永冻地区外，均发生不同程度的水土流失；人类社会出现后，水土流失成为自然和人为活动共同作用下的一种动态过程，构成了特殊的资源和环境背景；随着人类不断以各种活动对自然界施加影响、不断开发利用水土资源，水土流失的自然过程受到越来越剧烈的人为活动的干扰，水土流失由自然现象转化为被人为不断加剧的问题。

3. 国内对水土流失危害的定性

20 世纪 80 年代以来，中国学者对水土流失的危害从不同尺度、不同视角进行了密集性研究（表 1 - 1、表 1 - 2、表 1 - 3）。

表 1 - 1　从行政区域尺度进行的水土流失的危害研究

研究者（研究年份）	研究尺度	水土流失的危害
蔡志恒（1981）	全国	破坏水土资源，阻碍农、林、牧、副、渔业生产和发展；损害工、矿、交通设施，影响工、矿运输业生产的发展；使得土壤肥力减退、河道泥沙淤积、河床抬高，危及人民生命财产安全
彭珂珊（2000、2001）	全国	破坏土地资源，使土地沙化（北方）、石化（南方）；制约粮食生产增长；导致灾害频繁发生、经济损失巨大（1998年长江、嫩江、松花江大洪灾直接经济损失达 2642 亿元）；降低土壤肥力；对水环境造成污染；淤积库容和湖泊；危害城市安全
牛根栓（2001）	全国	毁坏土地资源；加剧湿地破坏；降低土壤肥力；淤积水库、湖泊、池塘、河床；严重影响粮食生产；破坏水质；干扰基本建设；破坏生态环境，引发自然灾害

续表

研究者 （研究年份）	研究 尺度	水土流失的危害
李纯利等（2001）	全国	破坏土地资源，蚕食农田，威胁人居生存；削弱地力，加剧干旱的恶化；泥沙淤积河床、水库、湖泊，加剧洪涝灾害，降低其综合利用功能；影响航运，破坏交通安全；与贫困恶性循环，同步发展
朱京炜，王利平 （2006）	全国	毁坏土地资源，加剧湿地破坏；降低土壤肥力；使水库、池塘、湖泊、河床等淤积，影响粮食生产；破坏水质；干扰基本建设；破坏生态环境、引发自然灾害等
刘德（1988）	山东 省域	增大河流的洪枯比；土壤肥力降低，质地变粗；土层变薄，基岩裸露；库坝河湖严重淤积；洪涝风雹等自然灾害频繁；加重了一些地区居民的贫困等
贾吉庆（1989）	福建 省域	肥土流失，地力衰退；河床抬高，港道淤浅；水库淤积，水利工程效益下降；生态平衡失调，自然灾害加重；薪材短缺，能源紧张
莫家光（1990）	广西 区域	土层减薄，地力下降；水源枯竭，吃水困难；河床淤塞，航道缩短；水库淤积，效益减少
朱安国（1979）	贵州 省域	既表现于直接对农业生产能力的破坏，也表现在侵蚀的后果，诸如破坏交通、阻塞河道、淤积水利设施以及对环境的污染等；是生产建设和人民生活的一个大敌
成自勇（2002）	甘肃 省域	土壤流失，削弱地力，蚕食耕地，破坏人们赖以生存的衣食之源；造成水旱灾害频繁发生；加剧其他灾害的危害（例如，在干旱、洪涝灾害频频发生的同时，泥石流、滑坡、坍塌、土地沙化、盐碱化程度加重）；威胁水利工程建设；使生态环境不断恶化等
朱安国（1984）	省域内局部区域	贵州省西部山区1984年前连续出现的多起泥石流，给当地群众的生产和生命财产带来了毁灭性的灾害
黄民粦（1988）	市 （区） 域	表土大量流失，土壤肥力下降；江河输沙量增加，河床抬高；旱涝灾害频繁；河床淤高，影响水路航运；毁坏农田及水利设施
杨湘如（1989）	市 （区） 域	危害人民生产和生活的各个方面，主要表现为：表土流失、地力衰退；泥沙淤积，山体滑坡，损毁农田、水利设施；易旱易涝，灾害频繁；环境恶化、生态失调

研究者 （研究年份）	研究 尺度	水土流失的危害
刘大文（1993）	市 （区） 域	导致生态失衡、生产条件恶化、水旱灾沙等自然灾害频频发生；导致土地严重沙化，土壤肥力减退，土地大量撂荒；导致水库淤积、河床抬高，河道行洪断面减小、工程效益锐减；造成人畜饮水困难；制约地区经济发展，影响人民的正常生活
史德明等（1981）	县域	使土壤遭到严重破坏，导致土壤退化；使泥沙淤塞河流、河床抬高，水旱灾害加剧；降低农业生产率，阻碍山区优势的发挥，是使山区人民陷入贫困的根源之一
宁天宝（1984）	县域	导致沟壑切割、土地破碎；造成坡地跑土、跑水、跑肥，地力衰减，产量下降；旱涝灾害加剧，人民生活水平难以提高甚至陷入困境，并形成"生态破坏—水土流失—贫困—生态破坏"的恶性循环

表 1-2　以流域尺度进行的水土流失的危害研究

研究者 （研究年份）	研究 尺度	水土流失的危害
杨文治（1986）	黄河中 上游	造成水库淤积，给国民经济带来巨大损失；造成土地资源的破坏和土壤肥力的退化；致使地区农、林、牧生产长期处于落后状态，成为贫困的致因之一
Tom Vesey 等 （1986）	海湾	引起的污染使海湾生产力降低
于丹等（1992）	东北黑 土区	破坏耕地，降低耕地生产力；淤积水库、河道，堵塞公路，影响农田灌溉和交通运输；导致生态环境恶化，洪涝灾害频繁
王金玲（1993）	黄河 中游	水体泥沙与有害污染物呈正相关。水土流失产生的泥沙的污染成为黄河水质污染的一个主要方面
王答相等 （1993）	黄河 流域	影响矿区正常生产；给交通、水利设施造成重大损失；是黄土高原低产、贫困的主要根源（侵蚀表土，削减地力；不断蚕食耕地，使耕地面积日益减少；恶化环境，加剧旱灾，影响生产）；引起洪涝灾害
郑宝明等 （1999）	黄河丘 陵区第 一副区	土壤流失，肥力降低，粮食产量低而不稳；土地沙化，耕地面积减少；淤积水库，抬高河床，影响河道行洪；破坏生态环境，加剧旱、涝灾害

研究者 （研究年份）	研究 尺度	水土流失的危害
张建春（2006）	安徽江淮丘陵区	土层变薄、裸岩增加；土地质地粗化、肥力减退；塘库淤积、河床抬高；使地区生态环境恶化、水旱灾害加剧；威胁人类生存

表 1 - 3　不同成因视角下水土流失的危害研究

研究者 （研究年份）	研究视角	水土流失的危害
赵绪楷（1988）	由开矿、筑路、修渠、建厂、建水电工程、引黄泥沙和毁林开荒、陡坡耕种等造成的人为水土流失	土层变薄、地力下降；淤积水库，抬高河床；污染环境，破坏生态
陈宗献等（1990）	修筑公路（铁路）、开矿采石、乱砍滥伐、破坏植被、广种薄收、顺坡耕种、陡坡开荒、乱垦乱种、盲目发展砖瓦窑、兴建水利电工程、盖楼、基建工程及修建民宅、城市垃圾乱堆乱倒等人为造成的水土流失	土壤退化、耕地损失；河道淤高，影响航道；水利设施效益降低；生态环境恶化，旱涝洪灾频繁；用材林短缺，能源紧张等
谢汉生等（2002）	城市化引致的城市水土流失	破坏城市生态环境，使城市的生态环境质量下降；造成大气环境和土壤环境的污染；造成水体污染；对天气和气候造成巨大影响，如由污染而产生的"雾岛""雨岛""热岛""干岛"等负效应，加重气象灾害；影响投资环境，阻碍和制约经济的发展；引起城市周边地区的环境污染

　　上述列示的主题为"水土流失危害"的众多文献基本上是在定性分析的基础上辅以个案数据来表征。综其所述，水土流失的主要危害表现在：土地资源的破坏，使农业耕作面积减少、土地退化、养分流失，降低农业生产力、危及粮食安全；耕地中的农药流入水系污染水源，危及用水安全；造成水库、湖泊、河道的

淤积和淤塞，使水情恶化，航运里程缩短，影响水利设施的效益；山洪、泥石流的发生危害交通和工矿事业以及生命财产安全，危及人居安全；在干旱和半干旱区会加剧大气干旱及土壤干旱的危害；造成经济损失，据亚洲开发银行（亚行）估算，中国每年因水土流失造成的经济损失约相当于同年 GDP 的 4%；导致或加剧生活贫困，并与贫困恶性循环，对实施可持续发展战略构成严重威胁。

在人类经济活动的干预下，现代水土流失（土壤侵蚀）的速度已大大超过了土壤自然形成的速率，使土壤这种可再生资源变为实际上的不可再生。据专家估计，如果按照当前的侵蚀率继续发展，在 15 年内世界人均粮食将减少 19%，人均表土将减少 32%。在地球表面的绝大部分地区，农业所依赖的表土覆盖层仅有 30 cm 左右。科学家断言，这一薄层土壤的不断减薄对经济发展和政治稳定的危害程度不亚于石油储量的减少。大量事实说明，日趋严重的水土流失不仅导致十分宝贵的水土资源大量流失，引发洪水泛滥、干旱缺水、粮食低产和地区贫困等生态环境与社会经济问题，而且成为食物安全乃至社会进步的重要制约因素（李锐，2000）。

4. 水土流失造成的经济损失计量

20 世纪 80 年代前，美国最早对水土流失损失进行的估算一般分为农业损失和非农业损失两个方面。20 世纪 80 年代后，Pierre Crosson（1983）采用 USLE 模型对美国土壤流失和玉米、大豆、小麦产量趋势进行回归，估算 1950—1980 年的 30 年间因土壤流失使玉米和大豆产量损失了 1.5% 和 2.0%。Pierce（1984）基于生产力指数模型预估未来 100 年玉米因土壤面蚀引起的产量下降约 4%。Colacicco 等 (1989) 基于 1982 年的土壤流失速率、作物产量改良技术不影响土壤流失或土壤生产力关系、未来产量损失只发生在土壤流失速率大于土壤容许侵蚀速率的土地上等假定，考虑农民按 EPIC（土壤侵蚀和土壤生产率监测发展组织）模式施肥，估测未来 100 年美国玉米、大豆、棉花、小麦等易于使土壤流失的作物平均产量损失分别为 4.6%、4.15%、3.5%、1.6%。Crosson（1983）估算美国每年因土壤流失造成的直接农业经济损失为 5.25 亿～5.88 亿美元，其中作物产量损失为 1.05 亿～1.68 亿美元，而控制流失费用达 12 亿美元；Benbrook 等（1984）估计美国因土壤面蚀造成的经济损失每年为 9 亿美元；Myers（1985）基于现代土壤流失速率估算美国每年经济损失略低于 10 亿美元。Clark 等（1985）估计美国每年因水土流失所造成的非农业损失为农业损失的 2 倍，约为 20 亿美元。1988 年，基于生产函数法和重置成本法对非洲国家马里水土流失的经济损失估算引起了该国对水土流失防治的高度重视。

国内在 20 世纪 80 年代前对水土流失经济损失评估的量化研究较鲜见，其计量的方法基本上采用损失总量乘以单位损失的价值进行简单估算。20 世纪 80 年代中期以后出现了一些估算生态服务价值、环境污染损失等的新理论和新方法，推动了水土流失经济损失在理论支撑下的定量研究。

首先，从省（市）、流域角度看。杨子生、谢应齐（1994）采用市场价值法和影子工程法对云南省水土流失的直接经济损失进行研究。他们把水土流失的经济损失分为直接经济损失和间接经济损失两部分，前者包括养分流失损失、水分流失损失和泥沙流失损失三个方面，后者细分为水土流失引起土壤肥力和作物产量降低的损失、泥沙淤积水库引起水库蓄水和灌溉能力下降的损失、泥沙冲淹农田引起弃耕的损失等。在直接损失中，养分流失损失采用市场价值法进行估算，水分流失损失和泥沙流失损失均采用影子工程法进行估算。估算结果显示，云南省年均水土流失直接经济损失达 4.37 亿元，折合相对损失为 1139 元 /（km² · a）。根据上述思路与方法，杨子生（1999）接续对云南省东北山区坡耕地水土流失的直接经济损失进行了评估；李云辉、贺一梅和杨子生（2002）对金沙江流域水土流失的直接经济损失进行了测算与分析。陈玉泉（1999）利用津巴布韦 Dr.Elwell 等人建立的 SLEMSA 模型（南非土壤侵蚀估算模型）估算江苏省宜兴市川埠乡部分丘陵山区因作物轮作引起的土壤侵蚀状况，并对若干年后作物产量的减少进行了预测。该模型仅考虑土壤厚度对作物产量的影响，而没有考虑由于水土流失引起的养分等诸因素变化对作物产量的影响。邓培雁、屠玉麟和陈桂珠（2003）运用环境经济学的基本原理和方法对贵州省水土流失中的土壤侵蚀经济损失进行估值，得出 1999 年贵州省土壤侵蚀总经济损失为 22.02 亿元。杨志新、郑大玮和李永贵（2004）对北京地区土壤侵蚀所产生的危害进行经济学分析，对土壤侵蚀所带来的经济损失及治理花费进行价值估算，得出北京市 2001 年水土流失的经济损失总价值为 2.22 亿元，占当年农业总产值的 10.35%，其中养分损失为 1.44 亿元，占土壤侵蚀总损失的 64.84%。许月卿、蔡运龙（2006）运用环境经济学理论，分析土壤侵蚀的经济损失内在机制，运用机会成本法、影子工程法等方法估算贵州省猫跳河流域土壤侵蚀的经济损失，揭示土壤侵蚀经济损失分布的空间格局。估算结果表明，研究区域年平均土壤侵蚀经济损失为 3.66 亿元，其中，土壤养分损失占总损失的 89.46%，土地废弃物损失占总损失的 4.64%，土壤水分损失占总损失的 1.05%，泥沙损失占总损失的 4.85%；根据不同土地利用类型划分旱地土壤侵蚀经济损失最大，占土壤侵蚀经济损失的 61.94%。

其次，从全国范围看。过孝民和张慧勤（1990）、金鉴明（1994）、徐嵩龄（1998）等多位学者对全国生态环境破坏的经济损失进行了评估研究，但均把水土流失的影响分别计入森林、草地、农田等项目的经济损失之中，没有对水土流失做出独立的经济损失评估。V.Smil（1996）把水土流失的经济损失独列，并细分为粮食损失、营养流失、水库库容丧失、水库排灌功能下降对粮食生产的影响、库容丧失对发电能力的影响、清除渠道和湖塘淤积的费用、生活用水净化成本、洪水造成的粮食损失和物质损失等九项内容进行计算，评价的结果是中国 1990 年水土流失总的经济损失为 264 亿元。王礼先等（1995）从水土流失蚕食农田而导致土地废弃角度估算全国每年的经济损失为 20 亿，因水土流失导致水库、山塘淤积的经济损失达 100 亿元。任勇、孟晓棠和毕华兴将水土流失造成的经济损失划分为破坏土壤、淤积水库、淤积河湖、加重洪灾、污染水源、恶化生态系统等 6 类进行估算，评估结果如表 1－4 所示。

表 1－4 中国水土流失经济损失估算

单位：亿元

估算项	土地生产力降低	土地资源损失	土壤养分损失	淤积水库	淤积江河	洪涝灾害	合计
估算值	40	100	250	37	18	50	495

资料来源：任勇，孟晓棠，毕华兴.水土流失经济损失估算及环境经济学思考 [J].中国水土保持，1997(08):52-54.

朱高洪、毛志锋（2008）基于水土流失与生态安全综合科学考察活动，对水土流失影响辨识与损失分类，选择与构建系列损失评估模型和价值计量方法，对中国水土流失造成的直接与间接经济损失进行了分区和分类评估，估算 2000 年中国水土流失造成的经济损失达 1 887 亿元。

1.1.2.2 水土流失治理的紧迫性

1. 人与自然关系不和谐，因灾物资损失不容忽视

人类社会的发展与生命保障系统之间存在着永恒的矛盾：一方面，人类要大量地从生态系统中索取资源（能量和物质）；另一方面，人类要克服生态系统的退化，维持生态系统的良性循环，从而保证人类社会的可持续发展。可持续发展明确要求"人类必须生活在我们的地球承载力之内"。这意味着，对于不可更新的资源，应该合理利用；对于可更新的资源，其再生或循环过程有一定周期（自然形成 1 cm 厚的土壤要 300 ～ 600 年、砍伐森林的恢复要 10 ～ 100 多年），其消耗必须符合它们的再生速率，或使其质量和生态功能削减速率不快于自然循环和物质流修复这种损害的速率。

科技是柄双刃剑。人类逐渐在掌握了强大的物质和技术手段后异化为自然的征服者，工业革命以后人类与自然的对立进一步强化，对水土资源超越生态平衡阈值的开发利用加剧了水土流失、地力衰退、沙（荒）漠化形成、草场退化、生物多样性减少等生态退化的迹象；而工业活动所引发的环境污染问题更是令人触目惊心。据有关统计资料，2000 年中国因灾直接经济损失占当年 GDP 总值的比重超过 2%，2000 年之后有所降低，但也在 1% 以上（图 1 - 2）。对中国污染破坏造成的经济损失的计算结果显示，1990 年中国由于大气污染、水污染以及固体废物污染所造成的损失总计达 297 亿 ～ 437 亿元，占当年 GNP 的 1.7% ～ 2.5%；生态破坏造成的损失则高达 954 亿 ～ 1 685 亿元，相当于当年 GNP 的 5.4% ～ 9.6%（V. Smil，1996）。人类活动事实上已经成为导致生态环境破坏的主要因素之一。"恢复已经被扰乱的平衡，建立我们与周围环境之间必不可少的和谐，已是至关重要"（联合国教科文组织总干事阿马杜 - 马赫塔尔·姆博语）。

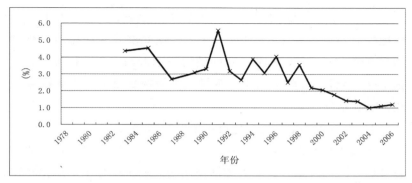

图 1 - 2　中国历年（1978—2006）因灾造成物资损失占 GDP 比重

资料来源：摘编自《中国社会统计年鉴 2007》

2. 人均可耕地占有面积少于人均耕地保有量

20 世纪 60 年代以来，中国可耕地人均占有面积总体上呈下降趋势（图 1 - 3），由 1961 年的 0.1 566 hm^2 下降到 1983 年的 0.1 010 hm^2，1984 年之后可耕地人均占有面积不足 0.1 hm^2（1984 年为 0.0 997 hm^2），到 2003 年可耕地人均占有面积仅约 0.0 803 hm^2。

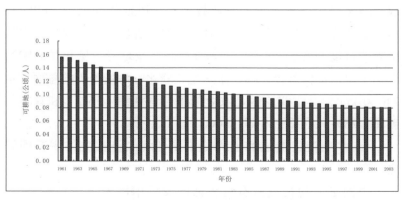

图 1 - 3　中国可耕地人均占有面积变化

资料来源：摘编自 World Development Indicators database.http://devdata.worldbank.org/dataonline/old-default.htm

"十一五"规划纲要要求"全国人口控制在 136 000 万人，耕地保有量保持在 1.2 亿 hm²……"，据此推算人均耕地保有量约为 0.088 hm²，这与 1992 年时的可耕地人均占有面积接近。而在 1992 年后，可耕地人均占有量低于该保有量值，由此推测可能影响到粮食安全。

3. 土壤侵蚀是土壤退化最主要的原因之一

土壤质量的下降或土壤退化是自然和人为因素综合作用的动态过程。因各种不合理的人类活动所引起的土壤和土地退化问题严重威胁着世界农业发展的可持续性。据统计，全球土壤退化面积达 1 965 万 km²，地处热带、亚热带地区的亚洲、非洲土壤退化尤为突出，约 300 万 km² 的严重退化土壤中有 120 万 km² 分布在非洲、110 万 km² 分布于亚洲。在引起土壤退化的因素中，土壤侵蚀是最普遍和最重要的因素。土壤侵蚀退化占总退化面积的 84%，是造成土壤退化的最主要的原因之一。全球土壤退化评价研究结果显示，全球退化土壤中水蚀影响占 56%、风蚀占 28%；在水蚀的动因中，43% 归因于森林的破坏、29% 是由于过度放牧、24% 是由于不合理的农业管理；在风蚀的动因中，60% 是由于过度放牧、16% 是由于不合理的农业管理、16% 是由于自然植被的过度开发、8% 是由于森林破坏。全球受土壤化学影响而退化（包括土壤养分衰减、盐碱化、酸化、污染等）的总面积达 240 万 km²，其主要原因是农业的不合理利用（56%）和森林的破坏（28%）（张桃林 等，2000）。

4. 水土流失造成的损失是中国环境经济损失的主要因素之一

中国是人均资源占有量较低的发展中国家（表1－5），土壤退化问题尤为突出。土壤退化总面积约460万 km²，占全国土地总面积的40%，是全球土壤退化总面积的1/4。土壤退化主要表现为土壤侵蚀、土壤养分贫瘠化、土壤粘重化、土壤粗骨沙化、土壤酸化、土壤障碍层及其高位化、土壤污染毒化等。其中，土壤侵蚀面积达355.56万km²，占国土面积的37.42%，亟待治理的面积有200万km²。中国南方红壤水蚀面积近80万km²（全国总面积为180万km²），风蚀面积5万km²（全国11.87亿km²）；东南红壤丘陵9省（区）每年约有近7亿t表土、16万t有机质和18万t矿质养分（钠、磷、钾）因遭侵蚀而损失。中国耕地中2/3属中低产田，其中普遍缺钠、缺磷的耕地占总面积的59.1%，缺钾的耕地占22.19%，全国约有10.6%的耕地有机质含量低于6 g/kg。此外，全国土壤受工业"三废"污染面积达4万km²，受农药污染13万km²，酸雨危害耕地达4 000 km²。

表 1 - 5　中国人均占有土地资源面积与世界平均水平的比较

地区	人均农林牧用地面积 / m²				人均土地资源面积 / m²
	耕地	林地	草地	农林牧用地合计	
中国	933	1 200	2 600	4 733	8 400
世界	2 867	7 933	6 133	16 933	25 333
中国居世界	第 113 位	第 118 位	第 83 位	–	第 120 位

资料来源：张展羽，俞双恩 主编．水土资源分析与管理 [M]．北京：中国水利水电出版社，2006，第 12 页．

　　水土流失作为引起土壤退化最普遍和最重要的因素，其发生的场所是土地，其危害首先表现为土壤中的肥料损失、土地生产力的降低、土地资源的破坏和损失。除土地资源外，这些危害对土地经营者而言，是一种实际的物质和价值损失，是生产者的私人成本。而当流失的水、土发生再分配时，就可能淤积江河，影响航运，淤积水库等水利设施，影响水库使用效果和使用寿命，导致洪水泛滥成灾，威胁下游的生产和生命财产安全，污染江河水质等。水土流失从土地资源破坏到对下游造成影响的过程中长期、反复地作用会损害区域的水文循环，从而形成自然、人文和经济的恶性循环，对人类造成巨大的损失。在 1993 年中国环境破坏导致的经济损失中，生态破坏损失（约为 GNP 的 7%）远高于污染破坏损失（约 3%）。这说明中国的环境经济损失以生态破坏为主（徐嵩龄，1997）。而水土流失是生态破坏的主要致因之一。

5. 中国是世界上水土流失最严重的国家之一，水土流失成为局部地区的头号环境问题

由于特殊的自然地理条件，中国国土很容易发生水土流失。同时，中国的经济增长与发展对土地系统产生了重大影响，一定程度上造成土地退化的广泛分布和不断加重（世界银行，2001）。中国已经成为世界上水土流失最严重的国家之一。据全国第二次遥感普查，全国土壤侵蚀总面积 355.56 万 km^2，占国土总面积的 37.42%；其中，侵蚀程度为强度以上的土壤面积达 113.06 km^2，占国土面积的 11.9%。全国不论山区、丘陵区、风沙区，还是农村、城市，都存在不同程度的水土流失问题。据统计，中国每年流失土壤 50 亿 t，长江流域年土壤流失总量 24 亿 t，其中上游地区达 15.6 亿 t；黄河流域的黄土高原区每年进入黄河的泥沙多达 16 亿 t（王礼先，1995）。黄土高原是最严重的水土流失区，局部地区土壤侵蚀模数最高达 30 000 ～ 50 000 $t/km^2 \cdot a$。

国家环保总局组织中日友好环境保护中心及有关单位的专家开展的"沙尘暴与黄沙对北京地区大气颗粒物影响的研究"结果显示，影响中国的沙尘暴发生源区分为境外源区和境内源区两类。境外源区主要有蒙古国东南部戈壁荒漠区和哈萨克斯坦东部沙漠区两个区域，而境内源区主要有 3 个，即内蒙古东部的浑善达克沙地中西部、阿拉善盟巴丹吉林沙漠和新疆塔克拉玛干沙漠、库

尔班通古特沙漠。严重的水土流失导致这些地区（如黄土高原）境内沟壑纵横、地形破碎、泥沙淤积，沙尘暴频繁发生，水土流失成为这些地区的头号环境问题。

土壤侵蚀遥感调查的结果表明，中国水土流失从面积和强度上表现为由东向西递增。从 20 世纪 80 年代中期到 21 世纪初全国水土流失面积、强度的动态变化情况来看，东部地区水土流失问题整体好转，中部地区也有一定好转。但在西部地区，水蚀总面积变化不大，强度有所下降，风蚀面积扩大且强度增大，呈不断加剧的态势。就全国整体而言，许多地方出现了新问题——中国东北黑土区的"破黄皮"、西南地区的石漠化等都关系到国计民生。

6. 水土流失治理是时代赋予的历史使命和迫切要求

20 世纪 90 年代以来，中国经济社会迅速发展，人口、资源、环境的矛盾日趋尖锐，由水土流失引发的一系列生态问题、社会问题日益突出。水土资源能否实现可持续利用逐渐成为保障国家生态安全、促进经济社会可持续发展、构建和谐社会的重要影响因素之一。如果不能科学评估并妥善处理水土资源有限性和需求增长之间的矛盾，其直接后果将是导致资源破坏、环境恶化、自然灾害频繁，危及国家生态安全，加剧贫困程度，势必对经济社会可持续发展产生巨大的负面影响，并有可能引发资源危机。

资源是经济社会发展的重要因素。资源消耗的快速增长加剧了供需矛盾；生产和消费结构升级需要更多、更优质的资源；人口持续增长和城市化进程加速需要占用更多土地，消耗更多能源和矿产资源；经济高速发展对资源的需求保持着旺盛的增长势头。为了实现全面建设小康社会的宏伟目标，缓解资源约束，实现资源与经济社会的协调发展，必须不断提高水土资源对中国经济社会可持续发展的保障能力。

　　进入 21 世纪以来，资源环境问题日益成为制约中国经济社会持续发展的"瓶颈"，水土资源更是中国现代化进程中事关全局性和战略性的重大问题。为了实现全面建设小康社会的宏伟目标、贯彻落实科学发展观和提高构建社会主义和谐社会能力，科学有效地治理、利用水土资源是时代赋予的历史使命和迫切要求。

　　科学发展观的重要体现是实现可持续发展，要在发展经济的同时，充分考虑环境、资源和生态的承受能力，保持人与自然的和谐发展，以实现"天人合一"。党的十六大确立了 21 世纪前 20 年全面建设小康社会的奋斗目标，明确提出建设小康社会的奋斗目标之一是"可持续发展能力不断增强，生态环境得到改善，资源利用率显著提高，促进人与自然的和谐，推动整个社会走上生产发展、生活富裕、生态良好的文明发展道路"。"十一五"规划明确提出要"落实节约资源和保护环境基本国策，建设低投入、高产出、低消耗、少排放、能循环、可持续的国民经济体系和资源节约型、环境友好型社会。""十二五"规划倡导绿色发展、建设资源节约型、环境友好型社会，指明要积极应对全球气候变化、加强资源节约和管理、大力发展循环经济、加大环境保护力度、促进生态保护和修复、加强水利和防灾减灾体系建设。"十三五"规划倡导牢固树立创新、协调、绿色、开放、共享的发展理念，以破解发展难题，厚植发展优势，"坚持绿色富国、绿色惠民，为人民提供更多优质生态产品，推动形成绿色发展方式和生活方式，协同推进人民富裕、国家富强、中国美丽。"强调"坚持绿色发展，着力改善生态环境"，指出要推进资源节约集约利用、加大环境综合治理力度、加强生态保护修复、积极应对全球气候变化、健全生态安全保障机制、加快建设主体功能区、发展绿色环保产业。指明要"坚持保护优先、自然恢复为主，实施山水林田湖生态保护和修复工程，构建生态廊道和生物多样性保护网络，全面提升森林、河湖、湿地、草原、海洋等自然生态系统稳定性和生态服务功能。开展大规模国土绿化行动，加强林业重点工程建设，完善天然林保护制度，全面停止天然林商业性采伐，增加森林面积和蓄积量。发挥国有林区林场在绿化国土中的带动作用。扩大退耕还林还草，加强草原保护。严禁移植天然大树进城。创新产权模式，引导各方面资金投入植树造林。加强水生态保护，系统整治江河流域，连通江河湖库水系，开展退耕还湿、退养还滩。推进荒漠化、石漠化、水土流失综合治理。强化江河源头和水源涵养区生态保护。开展蓝色海湾整治行动。加强地质灾害防治。"

党的十八大构筑的经济建设、政治建设、文化建设、社会建设、生态文明建设"五位一体"总体布局赋予人们改善生态环境，协调人与自然的关系，以"水土资源的可持续利用和生态环境的可持续维护"促进社会、经济的可持续发展、保障国家生态安全的时代命题。党的十九大带领人们"不忘初心，牢记使命，高举中国特色社会主义伟大旗帜，决胜全面建成小康社会，夺取新时代中国特色社会主义伟大胜利，为实现中华民族伟大复兴的中国梦不懈奋斗"。

1.1.3　水土流失治理的可行性

"我们不要过分陶醉于我们对自然界的胜利。对于每一次这样的胜利，自然界都报复了我们。"世界各国历史上连续发生的环境公害和自然灾害迫使一味忙于征服和索取的人类不得不反躬自省。从 20 世纪 50、60 年代开始，人们逐渐意识到自身行为对于生态环境的破坏性后果，逐步通过一系列具体行动来矫正自身的生态环境行为。各国的环境产业迅速发展，仅就环保产品的交易而言，1993 年全球总交易额就已达 3560 亿美元，而且还正在以每年 7.5% 的速度增长。与此同时，一系列关于生态环境治理的机制创新不断涌现，如绿色运动、可持续发展战略以及国际环境质量管理标准认证体系等，使得生态环境治理成为 20 世纪以来引人注目的技术和经济活动。

中华人民共和国成立以来，水土保持工作由试验示范到逐步推广，由分散的点、片治理到小流域综合治理，由黄土高原发展到全国各水土流失区。当前，中国水土流失治理已形成了东、中、西部防治的基本格局，实施了分区防治。在长江上游、黄河中游以及环北京等水土流失严重地区，实施了水土保持建设工程、退耕还林工程、防沙治沙工程等一系列重大生态建设工程；在水土流失轻微地区，开展了水土保持生态修复工程。总体而言，水土流失治理的范围越来越大，治理速度越来越快，能将水土流失控制在可接受范围内的地方越来越多。

1975—1996 年的 20 年中，在中国最容易发生水土流失的黄土高原地区，水土流失的增长不到全国平均水平的 1/4。这表明，中国政府在黄土高原地区开展的大规模防治水土流失的行动取得了一定成效；同时表明，只要采取正确的控制措施，水土流失问题是可以解决的（世界银行，2001）。

黄土高原水土保持世行贷款项目（1994 年正式生效）在设计、治理方面以区域的生态、经济、社会可持续发展为前提，通过 10 年（1994—2003 年）的治理，使项目区人均占有粮食由 378 kg 上升到 582 kg，农民人均纯收入从 1993 年的 306 元增加到 2005 年的 1 263 元，贫困线以下人数由 62.4 万人减少到 8.9 万人。

各地区在治理开发过程中，控制水土流失在容许范围内的同时，发挥区域优势，同特色产业开发紧密结合，建成了一批名特优商品基地，成为地方经济增长点，加快了地区脱贫致富的步伐，取得了"良治"和经济发展的"双赢"。经过治理的地方，水土流失得到了有效控制，农业生产条件和生态环境得到了改善，区域经济得到了发展，社会生活水平显著提高（刘震，2003）。福建省几代长汀人民筚路蓝缕，发扬"滴水穿石，人一我十"的精神，与百万亩荒山作战，创造了水土流失治理的"长汀经验"，成为中国水土流失治理的典范和福建生态省建设的一面旗帜。

1.1.4 当前水土流失治理机制的局限性

"富饶的贫困"和"贫困的富饶"说明了要将自然资源转化为社会财富，有赖于社会系统的高效运作和科学技术的发展。一定的治理机制不仅决定各种生态资源的配置方式，也决定治理活动的绩效。因此，治理制度安排成为当今各国政府和国际组织进行生态环境治理时必须面对的核心问题之一。任何关于生态环境治理的制度安排，都必然涉及环境资源和治理者两个方面的因素。前者复杂的自然属性以及作为治理主体的人所具有的特殊的行为特征决定了生态环境治理的制度安排会有多种不同的形态。在生态环境治理实践中，治理制度的不断演变证实了这一点。在不同的制度规则下，治理主体的行为不同，制度绩效也有差异。水土流失治理是项复杂的系统工程，涉及水利、农业、林业、民政、环保、畜牧、国土资源等多个部门。其效率的演变处于不断创新的动态中，需要部门间的协调、统一规划和联合攻关，需要科学的政策引导、持续的投入保障和高效的科技支撑。

1.2 研究的目的和意义

1.2.1 目的

首先，本书以水土流失治理活动与经济发展之间的关系为研究对象，考察经济发展中水土流失治理活动的规律，核算水土流失治理对经济发展的贡献以及影响水土流失治理绩效的因素，比较水土流失治理区与非治理区经济发展水平的差异，探索促进经济可持续发展、改进与提升社会福利的水土流失治理长效机制。具体如下：

第一，通过对水土流失治理活动演变历程的回顾分析，探究其发生、发展的规律。水土流失治理是伴随着全球性生态环境危机出现的社会活动，其特点是什么？它与个体的环境行为之间存在什么关系？各种组织、技术、制度安排如何实现对治理活动的规范与约束？什么样的制度安排才能提高水土流失治理的绩效？对这些问题进行解析，是项目的主旨之一。

第二，分析研究水土流失治理与治理区经济发展之间的关系，定量比较分析影响水土流失治理绩效的因素贡献状况，阐明水土流失治理对治理区经济发展的影响，鉴定水土流失治理绩效的主要贡献因子。

第三，通过对水土流失治理区与非治理区经济发展水平的比较，剖析差异，探究消减差异、改进社会福利的水土流失治理机制。

第四，设计有所创新的水土流失治理机制，为促进经济可持续发展、社会福利改进与提升贡献理论依据和决策参考。国际比较视野下，中国作为发展中大国，一方面，水土流失治理不能靠牺牲发展来追求环境效益；另一方面，在治理过程中一些地域特定时段内可能不得不面对资金和（或）技术等要素瓶颈，此时必须从现实国情出发进行机制创新，而不能完全照搬外国经验，或者直接移植国外的治理机制。

1.2.2　意义

首先，水土流失治理是一项涉及多学科、多领域的社会政治经济活动，内容涵盖政策、技术、资金、体制、能力建设和宣传教育等多个方面。系统地考察水土流失治理活动，探究其内在结构、运行机制及其影响因素的贡献，对于现实治理实践，从整体上提高治理绩效不乏参考价值。

其次，通过对现行治理机制的分类研究，可以更好地认识各种制度形式的内涵、优势以及作用的边界，为制度选择或制度创新提供理论支持。对强制性制度、产权交易与市场制度以及各种内在制度进行系统分析，可为研究水土流失治理机制提供新方法，不仅有利于进一步认识和理解现行治理活动，而且可以通过选择恰当的机制不断提高治理活动的效率。

最后，纵向比较分析水土流失治理与治理区域经济发展水平的关系，横向比较分析治理区与非治理区的经济发展水平差异，探索水土流失"良治"方略，对可持续发展总体战略的实施具有推进作用和参考价值；同时，可拓宽资源与环境经济学和资源与环境管理学的应用空间，使其内涵更趋完整和丰满。

1.3 研究的逻辑路线和整体研究框架

1.3.1 逻辑路线

首先，提出问题——基于国际、国内的资源环境背景，阐明中国水土流失治理的紧迫性、可行性以及当前治理机制的局限性。其次，解析问题与评价问题的已有解决方案——基于发现的问题，设计研究框架，评价存在问题的已有解决方案或处理方法，开展以理论为依托的各个问题的实证研究。最后，解决问题——基于实证研究得出的结论，探究化解问题的方略，提出政策性建议。

1.3.2　关键性问题和研究假设

水土流失治理的投入产出是否具有经济合理性？其经济效率如何？水土流失治理对经济发展的贡献多大？影响治理绩效的主要因素是什么？各主要因素的贡献多大？水土流失治理与治理区的经济发展之间是否存在互动的关系？治理区与非治理区的经济发展水平是否存在显著差异？等等。针对这些问题，本书提出如下几个需要实证分析来验证的研究假设（命题）：其一，水土流失治理与经济发展存在强度的互动相关性；其二，中国水土流失治理存在效率提升的空间；其三，投入、科技、政策制度对水土流失治理绩效的贡献不一，制度是影响治理绩效的一个不容忽视的关键因素；其四，水土流失治理区一般来说是生态脆弱区，通过治理后经济得到发展，但与非治理区相比较在发展水平上仍有差距；其五，水土流失治理给治理区创造效益的同时也给非治理区带来"异域"效益，投资水土流失治理具有 Kaldor-Hicks（卡尔多 - 希克斯效率）改进的意义。

1.3.3　研究思路和研究框架

1.3.3.1　研究思路

本书以经济发展中的水土流失治理活动为逻辑主线，对中国水土流失治理的变迁进行历史回顾，定量分析影响水土流失治理绩效的因素及其贡献，纵向比较分析水土流失治理与治理区经济发展的关系，横向比较分析水土流失治理区与非治理区的经济发展水平差异，推导论证进行水土流失治理补偿的必要性和对改进社会福利的增益性，为此设计水土流失治理补偿机制。本书的结构安排、各部分主要内容、对应的研究方法如表 1 - 6 所示。

表 1-6 全书的结构安排、设置目的、核心内容
及对应的主要研究方法

次序	主题	设置目的、核心内容及对应的主要研究方法
第一部分	导言和文献综述	阐明研究的背景、目的和意义，综述国内外相关研究的动态与现状，指明研究采取的方法、涉及的主要内容及遵循的思想路线 主要研究方法：文献归纳法
第二部分	研究的主要理论基础	吸收和借鉴系统论、可持续发展理论、生态补偿理论、产业经济学、发展经济学、制度经济学、福利经济学等学说的理论和方法，阐明研究的理论支撑 主要研究方法：归纳法
第三部分	中国水土流失治理的变迁	回顾中国水土流失治理的历史变迁，探析不同经济发展阶段水土流失治理的投入机制、科技机制、政策制度等的演变规律。 主要研究方法：归纳与演绎相结合法
第四部分	水土流失治理成效及其影响因素分析	比较分析水土流失治理与治理区域经济发展的关系；定量分析水土流失治理对经济发展的贡献，以及影响水土流失治理绩效的主要因素的贡献 主要研究方法：比较分析法、计量分析法、理论抽象研究与具体调查研究相结合法
第五部分	水土流失治理区与非治理区经济发展水平的比较	横向比较分析水土流失治理区与非治理区的经济发展水平差异 主要研究方法：规范分析与实证分析相结合、宏观综合论证与微观经济核算相结合、个别研究与总体研究相结合、定性分析与定量分析相结合
第六部分	水土流失治理区与非治理区经济和谐发展的探讨	基于有关研究结论，阐明水土保持生态补偿的必要性，设计水土流失治理的补偿机制；提出经济和谐发展的配套改革建议 主要研究方法：规范分析与实证分析相结合、宏观综合论证与微观经济核算相结合、个别研究与总体研究相结合、定性分析与定量分析相结合

1.3.3.2 研究框架

本书的研究框架如图 1-4 所示。

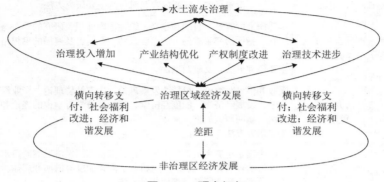

图 1-4 研究框架

1.3.4 研究的主要方法

水土流失治理实质上是人类—环境系统交互作用的过程，有复杂的政治经济关系。因此，本书的基本研究方法首先是马克思主义的辩证法，认为水土资源等物的因素与作为治理主体的人的因素之间的供需矛盾运动决定了水土流失治理变迁的规律。基于此，本书吸收和借鉴可持续发展理论、产权理论、系统论、生态补偿理论、制度经济学、资源经济学、环境经济学、发展经济学等学说的思想，在研究方法上将规范分析和实证分析相结合、理论抽象与具体调查相结合、宏观综合论证与微观经济核算相结合、个别研究与总体研究相结合、定性分析与定量分析相结合、归纳与演绎相结合，审视和论证水土流失治理与经济发展的关系，在和谐和可持续发展的最高原则下，将基本思路经由论证，提炼为政策性建议。

1.3.4.1 规范分析与实证分析相结合方法

本书的论题属于"问题解决型"，决定了本研究将围绕水土流失治理活动而进行。理解和把握水土流失问题及其治理活动所涉及的因素是本研究的关键，所以本书对构成治理机制的微观因素进行了一定的理论分析。由于中国的水土资源具有很强的地域差异性，本书注意将规范分析与实证研究相结合——除了对中国水土流失治理进行规范分析外，还引用相关的经验证据进行实证分析。实证分析旨在描述水土流失治理与经济发展的交互影响；规范分析则在如何定义和实现最优或科学治理上提供指引。

1.3.4.2　系统分析法

水土流失治理是项复杂的系统工程，涉及自然、经济、社会各个方面。因此，在本研究中始终将水土流失治理看作经济发展中的一个系统。政策性建议的目的在于提高这一系统的经济效率。

1.3.4.3　定性分析和定量分析相结合方法

经济学不能与精确的物理学相比，因为它处理的是人类本性不断变化的过程和微妙的力量。经济学不是精确的科学，唯有在引入了数学后，才真正具有科学性。然而，水土流失治理的环境影响难以进行量化或（和）货币化，因而经济分析始终是环境影响评价中的难题之一。定量地分析描述政策制度等社会经济因素对水土流失过程的影响并不是一件容易的事，因为通常缺乏足够的、可获得的、可信的、具有可操作性的相关数据资料。为了使经济分析更具有科学性，本书在有关定性分析之余，基于有限时空界限内获得的有限数据资料进行统计与计量分析。

1.3.4.4　比较分析法

比较分析是鉴别长短、优劣的一种常用方法，在国内外的比较分析中可借鉴"他山之石"。本书主要对水土流失治理区内治理前后的经济指标值进行纵向比较、对治理区内外的经济指标值进行横向比较。

1.4　研究的难点、创新与展望

1.4.1　研究的难点

第一，发展中国家的水土流失治理有复杂的政治经济关系，影响水土流失治理绩效的因素繁多，阐明论证投入、政策、科技等关键因素的贡献要求清晰界定其影响因子和掌握大量相关资料。

第二，健全的制度是稀缺资源，发展中国家的监测、统计等制度尚在动态的建立健全过程中；加之研究涉及的微观社会经济问题比较复杂，也不易跟踪记录，提供的统计信息粗糙且较少，成为研究中涉及的定量分析的一大瓶颈。

第三，经济增长和经济发展是动态的历史过程，中国区域经济发展的不平衡是包括区位、政策等多种因素长期综合作用的历史积淀，从自然、社会、经济系统中分离出水土流失治理对经济发展的影响，需要科学、成熟的理论支撑，掌握真实、有效的数据。

1.4.2　可能的创新点

第一，关于水土流失治理的文献大多从工程和技术的角度进行审视和论述，从经济学视角对其进行系统分析较为鲜见。本书正是这一方面方法论的尝试。

第二，建立经济模型，计量水土流失治理对经济发展的贡献；引入制度作为内生变量，计量并比较分析影响水土流失治理成效的因素贡献。

第三，运用 DEA 方法对水土流失治理的经济效率进行比较分析，以便尽可能避免在评价水土流失治理效益的方法时难以避免的主观性。

第四，除对水土流失治理进行纵向比较外，还对水土流失治理区与非治理区进行横向经济发展比较，另辟蹊径，引出建立健全水土保持生态补偿机制的必要性。

第五，从水土资源以及水土保持的属性出发分析水土保持生态补偿机制，并设计以生态补偿的横向财政转移支付制度为主的水土保持补偿机制。

1.4.3 研究展望

本书在定量分析方面存在时间跨度冗长、样本不足等缺陷。需要改进之处主要是：

第一，不同尺度／层次、不同区域的水土流失治理与经济发展的关系研究。

第二，水土流失治理（生态）补偿的定量研究。

第三，水土流失治理内部效益和外部效益的核算。

1.5 概念（术语）的界定

1.5.1 水土流失与土壤侵蚀

"水土流失"是中国水土流失治理工作中最基本的技术用语。国外通常称为"土壤侵蚀"，也有"土壤流失"的称法。"水土流失"作为专门术语起源于中国，20 世纪初应用于西北黄土高原。在中国，多数人把土壤侵蚀或土壤流失称为水土流失。

《中国大百科全书·水利》对土壤侵蚀所下的定义是：土壤及其母质在水力、风力、冻融、重力等外应力作用下，被破坏、剥蚀、搬运和沉积的过程。《中国大百科全书·农业》对水土流失所下的定义是：由外应力（如水力、重力和风力等）作用引起的水土资源和土地生产力的破坏和损失。比较上述两个定义可见，水土流失除指土壤及其母质的流失外，还包括水的损失。《水土保持术语（中国国家标准 GB/T 20465—2006）》将水土流失界定为：在水力、风力、重力及冻融等自然应力和人类活动作用下，水土资源和土地生产能力的破坏和损失，包括土地表层侵蚀及水的流失。《水土保持术语（中国国家标准 GB/T 20465—2006）》也将土壤侵蚀界定为：在水力、风力、冻融、重力等自然应力和人为活动作用下，土壤或其他地面组成物质被破坏、剥蚀、搬运和沉积的过程。从治理的客观要求来看，"水土流失"这一概念更符合其实际内容。

1.5.2　水土保持与水土流失综合治理

《中国大百科全书·农业》（1999）将"水土保持"定义为：防治水土流失，保护、改良和合理利用水土资源，维护和提高土地生产力，以利于充分发挥水土资源的经济效益和社会效益，建立良好生态环境的综合性应用技术科学。《水土保持术语（中国国家标准 GB/T 20465—2006）》将"水土保持"定义为：防治水土流失，保护、改良与合理利用水土资源，维护和提高土地生产力，减轻洪水、干旱和风沙灾害，以利于充分发挥水、土资源的生态效益、经济效益和社会效益，建立良好生态环境支撑可持续发展的生产活动和社会公益事业。从定义上看，水土保持是综合性技术科学；从发展趋势上看，水土保持更加侧重于预防措施研究。

水土流失治理没有统一的定义，《水土保持术语（中国国家标准 GB/T 20465—2006）》将"水土流失综合治理"定义为：按照水土流失规律、经济社会和生态安全的需要，在统一规划的基础上，调整土地利用结构，合理配置预防和控制水土流失的工程措施、植物措施和耕作措施，形成完整的水土流失防治体系，实现对流域（区域）水土资源及其他自然资源的保护、改良与合理利用的活动。

就本书的理解，水土流失综合治理是指综合运用技术、经济、政策等措施，从生态治理入手，防治水土流失，保护、改良水土资源；以经济效益为中心，合理利用水土资源，以达到维护和提高土地生产力、促进脱贫致富的目的。本书所指的水土流失治理既包括水土保持的相关技术措施，又突破单一技术措施的研究，是技术、经济、政策等措施的综合体现。本书中，在涉及"水土流失治理"这一概念时，与"水土保持"概念等同使用。

1.5.3 治理

英语中的"governance（治理）"源于拉丁文和古希腊语，原意是控制、引导和操纵。长期以来它与"government（统治）"一词交叉使用，并且主要用于与国家公共事务相关的管理活动和政治活动中，但是，自从 20 世纪 90 年代以来，西方政治学家和经济学家赋予"governance"新的含义，其涵盖的范围不仅远远超出了传统的经典意义，而且其含义也与 government 相去甚远。它不再局限于政治学领域，也被广泛运用于社会经济领域；它不仅在英语世界使用，并且开始在欧洲和主流语言中流行。治理理论的主要创始人之一罗西瑙（J.N. Rosenau）在其代表作《没有政府的治理》和《21 世纪的治理》等文章中将治理定义为一系列活动领域里的管理机制，它们虽未得到正式授权，却能有效发挥作用。与统治不同，治理指的是一种由共同的目标支撑推动的活动，这些管理活动的主体未必是政府，也无须依靠国家的强制力量来实现。让－皮埃尔·戈丹（Jean-Pierre Gaudin）认为"治理从一开始便须区别于传统的政府统治概念"。治理与统治最基本的甚至可以说是本质性的区别就是：治理虽然需要权威，但这个权威并非一定是政府机关，而统治的权威则必定是政府；统治的主体一定是社会的公共机构，而治理的主体既可以是公共机构，也可以是私人机构，还可以是公共机构和私人机构的合作。治理是政治国家与公民社会的合作、政府与非政府的合作、公共机构与私人机构的合作、强制与自愿的合作。治理的主要特征有："不再是监督，而是合同包工；不再是中央集权，而是权力分散；不再是国家进行再分配，而是国家只负责管理；不再是行政部门的管理，而是根据市场原则进行管理；不再是国家'指导'，而是由国家和私营部门合作"。所以，治理是一个比政府更宽泛的概念。它是一个上下互动的管理过程，主要通过合作、协商、在伙伴关系中形成认同和确立共同的目标等方式实施对公共事务的管理；其实质是建立在市场原则、公共利益和认同之上的合作；它所拥有的管理机制主要不依靠政府的权威，而是依靠合作网络的权威；其权力向度是多元的、相互的，而不是单一的和自上而下的。

西方政治学家和管理学家之所以提出治理概念，主张用治理替代统治，是由于他们在社会资源配置中既看到了市场的失效，又看到了政府的失效。市场的失效指的是仅运用市场的手段无法达到经济学中的帕累托最优。市场在限制垄断，提供公共品，约束个人的极端自私行为，克服生产的无政府状态，统计成本等方面存在着内在局限。单纯的市场手段不可能实现社会资源的最佳配置；同样，仅仅依靠政府的计划和命令等手段，也无法达到资源配置的最优化，最终不能促进和保障公民的政治利益和经济利益最大化。鉴于政府的失效和市场的失灵，"愈来愈多的人热衷于以治理机制对付市场和（或）国家协调的失败"。

治理可以弥补国家和市场在调控和协调过程中的某些不足，但治理也不可能是万能的，它也内在地存在许多局限，它不可能替代国家享有合法的政治暴力，也不可能代替市场自发地对大多数资源进行有效的配置。有效的治理必须建立在国家和市场的基础之上，是对国家和市场手段的补充。

"治理的要点在于：目标定于谈判和反思过程之中，要通过谈判和反思加以调整。就这个意义而言，治理的失败可以理解成是由于有关各方对原定目标是否仍然有效的议题发生争议而未能重新界定目标。"（杰索普，1999）

基于存在治理失效的可能性，不少学者和国际组织纷纷提出了"元治理（meta governance）""健全的治理""有效的治理"和"善治"等概念。其中，"善治"就是使公共利益最大化的社会管理过程。其本质特征在于政府与公民对公共生活的合作管理，是政治国家与公民社会的一种新颖关系，是二者的最佳状态。

第 2 章　文献综述

2.1　水土流失加剧的成因分析

2.1.1　"人口过剩"理论及其争鸣

"人口过剩"曾被许多（天然资源的）保护管理论者一而再再而三地强调为环境破坏的主要原因。众多学者批驳此类"人口过剩"的言论，并指出了保护管理论者的这种观点属于新马尔萨斯主义（neo-Malthusianism）起源论调，而且忽视了政治经济层面。"人口过剩"理论的反对者指出，环境问题本质上是社会问题，它们的起源不能以人口数目来推断。政治经济批评者强调了新马尔萨斯主义的谬误，并从聚焦于人口的论证转向社会分配和生产关系的论证（Sawyer etc., 2000）。

马克思（1867）指出生产的物质条件是社会结构的基本决定因素；Durkheim（1893）阐明不受约束的人口增长通过增加生态资源的竞争压力导致劳动的专业分工。无论是马克思还是Durkheim，都没有完全看清演变过程中第二序列的结果——环境对可持续性的威胁也主要归因于人口增长和经济发展。

人口和经济不断增长的迹象表明，人类社会生态系统的可持续性受到明显的威胁，由此也产生了各种各样有关人类与环境相互作用关系的社会学理论。这些环境影响理论可归结为三个普遍的观点，即人类生态、现代化和政治经济。但无论如何，这

些理论没有在共同的分析框架中得到经验检验。Richard York 等
（2003）基于生态学原理，运用修正的随机方程和环境影响的综
合量度标准"生态足迹"进行评估，结论表明，所有的发现都支
持人类生态理论，部分支持政治经济理论，但都与现代化理论相
矛盾。基本的物质条件，诸如人口、经济生产、城市化和地理因
素等都会影响环境，并在绝大程度上解释了跨国的环境影响。由
新自由现代理论派生的因素（诸如政治自由、公民自由和国家环
境保护论）对环境没有影响。这些发现表明，社会通过当前的经
济增长和制度改革达到可持续是有望的。

2.1.2　贫困与土地退化理论

2.1.2.1　经济不发达与环境退化的交互作用

环境退化被视为不发达（贫穷、不平等和过度开发）的结果。
环境退化既是不发达的症状表现，也是不发达的成因——因为生
产、投资和提高生产力的失败导致不发达。

1987 年的"布伦特兰报告"（The Brundtland Report）认定
贫穷是环境退化的一个原因，同时，指出经济增长是贫穷和环境
退化的治疗方法。贫穷固然是环境退化的一个原因，极端的例子
是穷困的农民不得不寅吃卯粮，甚至把下年的庄稼种子都吃了，
因此使可更新资源枯竭（Joan Martinez-Alier，1991）。不发达
国家的水土流失现象是一个特别严重的问题，它可能导致长期的
食物短缺、自然灾害和危险、干旱、滑坡、洪水等，破坏整个国
家的发展进程。在发达国家，水土流失问题不像发展中国家那么
紧迫和直接。在热带地区，一些土地利用可能引起非常迅速、有
时甚至是不可逆转的环境破坏。由于欠发达国家大多分布于热带
和亚热带地区，因此，有强有力的环境原因说明热带和亚热带的
土壤和草场较温带更为脆弱（Grigg，1970）。

热带农业是项风险行为。脆弱的土壤、降雨和刮风导致土壤侵蚀的高潜在力是突出的问题。在第三世界国家，这两个因素是土地退化的重要致因。气候的多变、病虫和瘟疫的发生通常无法预测，容易导致收成起伏波动。极端的降雨变化和其他气候变化对农作物产量产生严重的影响，并可能导致干旱、洪水等自然灾害。另一更为深入、普遍和严重的、不确定性的原因是，较之气候温和地带，热带缺乏发育良好的市场。政府和私人机构通常在提供保险市场或可供替代的信贷市场方面失灵。在缺乏这些市场的情况下，农民通过各种方式适应风险，耕种层次策略如分散地块、农作物多样化、间作等都可视为风险管理策略，但这些行为很少能完全应付不确定性。

在发展中国家，土地退化通常被认为是最严重的环境问题之一。一个明显的导致土地退化的因素是存在私人效益与社会效益的矛盾，即异域（off-farm）外部性。政府政策（投入补贴、出口和产品税、收入补助项目等）、租赁期限管理和缺乏发育良好的市场也是重要的因素。早期有关土地退化的研究表明，价格改革和土壤保持之间没有明显的关系。这些研究工作没有考虑不确定性或其他有关改革、保险市场和社会保障的层面。

而在不确定性环境下的水土保持问题已体现在早期的研究中。Larson（1991）运用连续时间控制模型分析状态变量（土壤质量）随时间以随机方式变化的最优决策规则。Imnes 和 Ardila（1994）研究分析了风险规避型的农民，在产品收入和土地终期价格不确定的情况下，对生产和土地消耗的选择是如何受到影响的。

贫困与资源衰减之间存在的可能相关性，这一点不断得到重视。许多基于第三世界国家的研究指出，贫困是过度的土壤和肥力衰减的一个重要致因。这一假设基于贫困家庭缺乏充足的资源和技术，或是因为贫困迫使他们开采自然资源（如土壤和森林）以获得急切的短期需求（World Bank，1992；WCED，1987；Pinstrup-Anderson et al.，1994）。Perrings（1989）、Larson 和 Bromley（1990）在确定性动态模型中建立资源退化的情境，识别导致资源衰减的因素。Perrings（1989）开发的一个基于最小生计水平的开放耕地经济模型运行表明，归因于集约农业生产的资源退化是农户针对不利变化的最优反应。Larson 和 Bromley（1990）假设农户家庭在休耕—轮作制度（fallow-rotation system）下生产，基于建立的模型比较了在私人和公有产权下资源利用的动机，以及资源环境禀赋、脆弱生态系统和贫困影响家庭的生产和资源衰减的机理。上述两项研究都表明，贫困具有加快土壤恶化速度的潜在危害。

一些学者将贫困与短期规划视野、特定的风险偏好结构和高贴现率联系在一起（Griffin 和 Stoll，1984；Rausser，1982；Lipton，1968；Hammer，1986；Perrings，1989）。基于耗损理论（depletion theory），最优的资源利用由效用贴现率和效用函数的曲率（curvature）（消费贴现）共同决定。这是一种思考分析贫困的方法，也是贫困个体拥有表现出较富人更高曲率的效用函数。

吸引水土保持的激励在面对随机环境和缺乏正式的保险市场时是如何受到影响的呢？Severre Grepperud（1997）基于构建的土壤退化与气候不确定性模型阐明，对于生计遭遇风险的农民群体，农作物产量的不确定性意味着存在生存和饥饿的差别；而对于那些生计依赖于较小的气候变化、生产力较高的土壤或拥有较大财产的群体，资源与环境耗损成本相对较小。他剖析了在缺乏正式保险市场条件下，贫困如何影响在最低生计水平和风险环境下运作的农民的水土保持决策。结论指出，这种产出诱导型（output-induced）显示水土耗损随着贫困而增加，但水土保持激励状况在考虑到水土保持投入产出"双赢"技术后有所改善。

国内学者安树民和张世秋（2005）研究发现，绝大多数贫困人口居住在自然条件恶劣、自然资源匮乏、生态环境脆弱且受到严重破坏的地区，因此其贫困问题也是一个生态环境问题。这种环境问题与贫困问题交织的现象体现为：自然资源的不合理开发利用和粗放式经济活动导致经济活动的不可持续，最终陷入贫困与环境的恶性循环之中。王建武（2005）综述了国内外有关土地退化与贫困的相关性研究，发现许多研究指出贫困与自然资源退化之间存在着恶性循环。

人们之所以贫困，部分原因是他们赖以生存的土地贫瘠，面对的气候变化无常，容易出现极端天气，这些特点也都容易造成土地退化。此外由于地处偏远，难以获得政府的公共服务、基础设施、市场和资金，农民的问题变得更为复杂。由于他们的生存面临威胁，缺乏进入市场的自信心，因此，他们不愿意放弃基础农产品作物（主要是粮食作物和小型畜禽）生产而进行多样化生产。这样一来，即使他们具备多样化生产的知识和能力，他们也未必愿意冒险。在这种受到严重局限的情况下，很多贫困地区的农民只想利用他们可以免费或以最低成本得到的生产要素来增加他们的收入。这些要素包括：①尚未利用的，或利用程度不高的土地。这些土地比他们现在正在耕种的田地更容易退化。②他们自身的劳动。其机会成本很低，因为他们很少有或完全没有脱离农田的就业机会。因此，贫瘠的土地资源导致贫困，贫困再导致更严重的土地资源退化，最后又使贫困状况进一步恶化(World Bank，2000)。

土地退化是贫困的根本原因，贫困也是最终造成土地退化的主要原因。在贫困地区，很多人甚至连基本的生存需求也无法满足。人们为了起码的生计不得不想尽一切办法，于是便出现掠夺林地、毁林垦荒和过度放牧，最后导致水土流失、喀斯特石漠化等土地退化现象。土地退化导致了农业生产力下降，在技术没有进步的情形下，贫困农民为了生存不得不进一步开发土地资源，结果是进一步加剧了土地退化。

学术界关于最近几十年中国土地退化的主导因子是人为因素的影响的结论基本上形成共识，并把人为因素的动因归结为贫困，而贫困又引致农地利用不合理（朱震达等，1989；李智广等，1998；彭舜磊，2001；杨子生等，2004；王光谦等，2004；王思远等，2005）。中国北方和南方由于人为滥用农地导致土地退化的比例分别是89%和95%。贫困对中国土地退化的影响所占比重在90%左右（"中国荒漠化（土地退化）防治"课题组，1998）。

2.1.2.2　贫困地区与土地退化地区两者显著重叠

国内不少学者从不同层面对贫困与土地退化之间地域和程度的相关性进行了研究，研究结果发现，贫困地区与土地退化地区之间有显著的重叠性。李周等（1997）通过对中国生态敏感地带与经济贫困地区的相关性研究，得出经济贫困地区与生态敏感地带具有强相关性的结论。赵跃龙（1999）比较研究了各省、区所涉及的生态脆弱县与贫困县，阐明生态脆弱与贫困之间存在较强的相关性。

国务院贫困地区经济开发领导小组办公室中的不同时期的资料为贫困和土地退化的相关性提供了佐证。20世纪70年代末的数据显示，有55%的贫困县、60%的贫困人口分布在严重土地退化地区（康晓光，1995）；水利部《全国水土保持规划报告（1991—2000年）》显示，1986年底的统计结果表明，全国连片的贫困地区中有508个贫困县、1.63亿人口分布在水土流失严重的山区、丘陵区，占全国贫困县总数的84.5%；郭来喜等（1995）

将 592 个贫困县分成三大类型进行研究，认为土地退化与贫困度密切相关，土地退化愈严重，贫困度愈高；赵桂久等（1995）基于广西壮族自治区（桂）西北喀斯特山区的贫困状况建立贫困度模型，再将土地退化与贫困度建立相关关系模型，研究发现造成该区贫困的首要因素与该区的土地退化有关；王萍萍（1999）利用 1998 年全国农村住户调查资料，根据贫困人口的一系列社会经济特征值，用聚类分析方法，对全国农村贫困地区的致贫因素进行分析。分析结果表明，在河北、山西、辽宁、安徽、江西、山东、河南、湖北、湖南、广西、海南、重庆、四川等省（区、市）的第二类贫困地区内的贫困农户中，有 82.3% 的农户表现出自然资源不足的特征，有 66.7% 的农户是因耕地退化而导致人均粮食产量低于全国非贫困人口的拥有量。这类地区的公路、学校、电力等基础设施的拥有率超过全国非贫困人口的拥有率，可以说其贫困主要是由土地退化所引起的。1999 年，全国 3/4 以上的贫困县和近 90% 的农村贫困人口身处水土流失严重的地区，并且有 300 个贫困县的 1.7 亿人口在风沙中生存（王涛，2000）。

2.1.3 产业结构升级阶段理论

环境质量与经济发展之间的关系自 20 世纪 90 年代以来一直受到学者们的关注。Grossman 和 Krueger（1992，1995）、Shafik 和 Bandyopadhyay（1992）对世界上许多国家产生的一些地区性污染物如空气悬浮物和二氧化硫的排放变化与人均收入两者的数据进行实证研究后发现，环境质量或污染物的排放量与人均收入之间呈现一种倒"U"形的曲线关系，一般称为"环境库兹涅茨曲线"（EKC）。EKC 表明，环境恶化与人均 GDP 在经济发展的起步阶段呈正向变化关系，当人均 GDP 达到一定水平后，二者表现为反向变化关系。经济发展过程一般也是产业结构不断优化的过程。产业结构理论认为，任何一个区域的经济发展过程实际上是一个逐步拓宽生存空间和逐步梯度推移的过程，呈现按阶段逐步发展的规律。

在经济发展的初期，第一产业比重较大，区域经济发展分工处于初级产品和原材料加工格局；生计需求、经济增长对水土资源的依赖性大，超过土地的承载能力；人口急剧增长、不合理的耕垦、过度放牧、城镇和工矿建设的发展破坏了自然生态平衡，由此，在大气圈、岩石圈和生物圈三者的综合作用下，经济发展改变了自然侵蚀的实质。

当地区经济发展到中、高级阶段，产业结构逐步升级到第二、三产业为主，区域经济分工处于产品开发和后加工阶段。在这个阶段，在人类欲望无限与人均自然资源禀赋下降的矛盾刺激下，通过工业技术和制度变迁，相对丰富的自然资源（包括原先尚未利用的自然资源）对相对稀缺的自然资源（包括因利用过度而急剧减少或耗竭的），人造资本（包括物质资本和人力资本）对自然资源实现了部分替代（李周，1997）。由此，经济发展对水土资源的依赖性减小，甚至逐步减缓和扼制人为加剧的水土流失。

2.1.4　外部性理论

"外部性"一词最早由英国经济学家马歇尔（Marshall）在其经典著作《经济学原理》（1890 年）中提出。福利经济学的创始人庇古（Arthur Cecil Pigou）于 20 世纪 20 年代对外部性进行了比较深入、系统的研究。庇古认为存在外部性时，边际私人纯产品和边际社会纯产品，边际私人纯收益（MNPB）和边际社会纯收益，边际私人成本和边际社会成本是不一致的。当存在外部不经济时，其经济主体的实际产量高于最佳产量；当存在外部经济时，其经济主体的实际产量低于最佳产量。因此，当存在外部性时，完全由市场来调节就不能达到资源的最优配置，社会福利也就不能达到最大。为了改变这种状况，庇古提出的政策主张是：对外部不经济的厂商征税（"庇古税"），使之降低产量；对外部经济的厂商给予适当的补贴，鼓励增加产量。庇古解决外部性问题的核心思想是：在存在外部性的条件下，要达到社会最优产出，政府的干预是必要的。

加勒特·哈丁（Garrett Hardin）提出的"公地悲剧"说明，个人在决策时若只考虑个人的边际收益大于等于个人的边际成本，而不考虑他们的行动所造成的社会成本，最终将造成给予他们无限制放牧权的经济系统失败和崩溃。哈丁从作为公共物品的自然资源的角度指出，人类若过度使用空气、水、海洋水产等看似免费的资源，必将付出无形而巨大的代价。

在有关环境经济学的研究和文献中，外部性是一个出现频率非常高的概念，最大限度地减弱甚至消除外部不经济性的影响，也被视为环境经济政策的主要目标之一（马中等，1999）。水土自然资源具有"公共品"的性质，人们可以平等免费地使用，不具有排他性。而生态规律指出，资源是有限的，对自然资源的利用具有竞争性。所以，水土资源在经济学上属于公共资源的范畴。当其被以"零价格"标签不合理、过度开发利用时，就可能酿成"公地悲剧"，引致"外部不经济"。

水土保持既可产生本域（on-site）效益，也带来异域（off-site）效益。Stepen B. Lovejoy、Ted L. Napier（1986）研究指出，传统的分析认为，当水土保持被归于生产过程的投入时，大多数是无利可图的。这种投入通常引用的理由是：水土保持的收益在未来。而大多数水土保持的成本费用是当期发生的，在合理的时间价值的贴现率下，水土保持的未来收益折现后实际上是没有意义的。因此，除非市场是不完善的，农民做出的社会理性决策是允许水土流失。

　　消除外部性的经济手段有两种方式，一种是政府管制和激励，另一种是凭借市场的力量，通过受害方与损害方的讨价还价来实现。水土流失带来的外部不经济和非点源性的影响，靠单个受害者和损害者交易来消除的成本往往太高，这样便只能依靠政府作为"代理者"，但不排除不同政府、机构之间的市场行为。

　　刘海峰（1983）分析指出，现代侵蚀加速是有的生产部门、单位或个人为追求眼前利益所致，并往往发展成为经济、生态恶性循环的社会问题；水土保持影响深远，兼有为将来、为下游服务的基本建设性质，因此，水土保持"经济观"应包括国家要适当增加水土保持建设投资、下游要对上游支付部分治理经费以及建立完善水土保持的社会补偿职能等。

　　王利文等（2003）从环境经济学视角出发，认为水土流失的正外部性解决没有答案，而水土流失对流域下游地区的负外部性是显而易见的。尽管从理论上讲，造成水土流失的上游政府应该向下游政府赔偿，但水土流失地区与贫困地区存在极大的耦合性，上游政府多是"吃财政饭"，没有能力来承担负外部性的责任。因此，市场配置资源的方式是失灵的，任务责无旁贷地落到中央政府方面。中央政府对水土流失治理以及改善上游贫困群体生活水平的迫切需要促使中央政府连续出台天然林保护和退耕还林等生态补偿政策。这些政策的贯彻实施对下游地区来说是缓解负外部性，对上游地区是花钱买生态，基本实现均衡。

2.1.5　产权制度理论

　　产权外部性普遍存在。罗纳德·哈里·科斯（Ronald H. Coase，1960）在《社会成本问题》一文中就外部性问题进行了研究，认为"在交易成本为零或者交易成本极小时，只要产权明确，有关方面之间的协商（或讨价还价）能够导致资源的最优配置，即达到产出的最大化。"他还以"公地悲剧"来分析交易费用问题，与哈丁《公地悲剧》异曲同工，都说明完全开放的公共资源在产权不清晰的条件下必然遭受滥用而毁损。

产权的本质是将外部性内在化的一种机制。由森林、草地组成的绿色植被是防止水土流失最有效的自然屏障。王天津（1999）认为，中国江河资源开发利用存在着宏观层次上的产权虚置问题，即大江大河上游居民保护水源生态环境的劳动投入长期得不到江河中下游享用流水的居民的等价补偿，这是导致青藏高原水土流失、引发1998年夏秋长江水灾的重要原因之一。王敬军等（2004）在对中国黑土地的考察研究中发现，农民之所以普遍存在"种地不养地"的现象，主要原因是他们没有土地的产权，即还不是土地真正的且永久的主人。

产权理论认为，由于在资源利用过程中对资源保护和利用的权利、义务关系不对称，即"产权失灵"，从而导致环境资源无效率利用，环境状况不断恶化。环境资源的产权失灵是环境恶化的重要原因之一。刘克亚、黄明健（2004）分析了产权的制度功能及其与资源环境问题的相互关系，认为中国普遍实行的是资源所有权与使用权分离的制度。这一制度作为公有制的主要实现形式，在国民经济的各方面发挥着重要作用，但其在资源利用领域的长期实践表明其本身存在着诸多问题，如代理成本过高、资源使用监督不到位等，致使资源的可持续利用难以实现。因资源产权范围不明确，其无法成为人们行为的激励机制，从而无法实现资源的最有效配置。他们认为，解决环境问题必须从产权作用机制出发，制定相应的对策；解决中国资源利用低效及相关环境问题，必须根据各种资源的存在状态，进行产权结构的调整，即建立以重要资源国家所有为基础、一定范围资源个人所有的多元资源产权体系。

2.2　水土流失治理的手段、方法与对策

2.2.1　科技支撑

缺乏技术支持的水土保持是不现实的（Hugh Hammond Bennett，1948）。中国古代水土保持措施主要从初期的一些思想观念和农民的实践经验中逐步形成，例如沟洫、畦田、区田水土保持耕作措施；陂塘、陂田、梯田和汰沙淤地等农田建设及建立其上的小型水利工程；封禁护林和营造经济林果以及林草与工程相结合的拦泥护堤、护沟等措施。以上措施多各司其职，尚未形成统一体系。近百年来"治水与治源""治河与治田"思想和实践的发展，尤其是近半个世纪以来以小流域为单元的综合治理中，逐步形成水土保持耕作、工程和生物三大措施的结合。随着生产发展的需要，以保水保土为主要目标的三大措施，逐渐渗透了资源合理利用以及寓开发于治理之中的新思路，水土保持措施的内涵有了新的发展，形成了由水土保持农业技术措施、水土保持工程措施和水土保持林草植被措施组合的三大措施系统工程。

水土保持农业技术措施是由耕作措施发展而来的，到 20 世纪 90 年代，中国的水土保持耕作措施已发展成为融水土保持耕作与提高水土资源生产力和建设可持续发展农业为一体的体系，主要包括四个方面：水土保持耕作措施、水土保持改土培肥措施，水土保持集流节水农业技术措施及水土保持坡地农林（果）、农牧复合系统。水土保持工程措施主要由三个部分组成，即坡面治理工程、沟谷治理工程和小型蓄排引水工程措施。水土保持林草

植被措施（生物措施，也被称为植被措施）是主要针对林草植被遭破坏的水土流失区或土地荒漠化地区，通过封禁自然恢复或人工造林种草的措施，以增加地面植被覆盖、防止水蚀、风蚀和改善生态环境为主要目标，并与改善农业生产条件相结合，兼顾林草资源合理开发利用的生态工程。

从流域尺度视角而言，工程措施的"减流"效果最明显，但要改善区域生态环境、发展区域经济，生物和农业措施必不可少；一个流域的综合治理步骤往往是先期以工程措施为主，然后转向生物和农业措施；流域的减水减沙效益是这些措施共同作用的结果（赫明德，2002）。

20世纪80年代以来，水土保持工作者不断探索、实践新技术在水土保持中的应用，自动化控制技术、计算机网络技术、数据库技术、无线通信技术、"3S（遥感RS、地理信息系统GIS和全球定位系统GPS）"技术、计算机辅助设计（CAD）技术等日新月异的发展为现代水土保持工作提供了新的契机，水土保持工作日益自动化、数字化和高效化。

2.2.2 "庇古税"——传统福利经济学的环境问题解决方案

20世纪30年代，庇古从经济学角度对英国的环境污染问题进行研究，提出商品生产过程存在社会成本与私人成本不一致的现象。庇古认为，边际净社会产品与边际净私人产品的差额不可能通过市场自行消除。在这种情况下，国家（政府）可以采取征税的方式将污染成本加到产品的价格中去，即由政府或其他权威机构给外部不经济性确定一个合理的负价格（"庇古税"或"庇古费"），以促使外部成本内部化。这一观点后来不仅为政府以强制性制度形式参与生态环境治理提供了基本框架，而且还成为支持政府干预经济的经典之论。

20 世纪 60 年代后，西方国家的环境污染更加突出，更多的学者开始关注环境问题。学者们认同庇古的观点，认为在工业污染的处置中，市场运作失灵，甚至完全不具有效率（Kneese et al.，1977）。政府对生产企业采取征收"庇古税"或"庇古费"等方式进行宏观市场干预可以达成帕累托最优的基本条件成为学术界的共识。

达斯古帕塔（Dasgupta，1982）提出了类似于"庇古费"或"庇古税"的"社会贴现率"概念，认为可再生资源的影子价格时间变化率应该由政府按照与"社会贴现率"相等的原则来确定。不同的市场贴现率将影响到消费与投资的比例。贴现率高时，现期消费得到鼓励；贴现率低时，投资活动得到鼓励。20 世纪初庇古曾提出过通过降低贴现率来保护自然资源。但是，如果贴现率过低，也将导致一些问题，它将促使投资规模过于膨胀，反而使资源与环境遭到更大的破坏。

水土流失治理属于生态治理范畴，生态治理与可持续发展必须使外部性内部化，要对产生正外部性的微观经济主体进行补贴，实行区域之间的财政转移支付制度，同时还要创新产权制度，使区域内的微观经济主体的外部性得以内部化。

从本质上讲，水土保持是经济行为。中国水土流失加剧的根本原因是对"易蚀区"土地利用的外部不经济性缺乏认识。所以，水土保持的根本出路不是创新完善"水保"方法，而是将土地利用的外部不经济性转变为内部性，即提高"易蚀区"土地的使用成本（Mello et al.，2002）。

2.2.3　纯市场理性及对政府管制的批判

从 20 世纪 80 年代初期开始，西方经济学家开始从纯市场理性视角出发研究环境问题，并且对传统的政府干预进行了批判。他们认为，虽然存在"市场失灵"，但政府不必直接进行环境管制或干预微观市场的运行，因为在生态环境与资源利用中，并不存在庇古所说的社会成本与私人成本差异——"一件商品的价格体现了该商品的全部社会成本"（Simon，1981）。一些经济学家甚至认为，即使政府以经济杠杆进行宏观干预也是多余的。相反，缺乏明确的产权界定、失去市场价格、定价太低或给予补贴才是造成环境破坏的根本原因。因此，他们主张对生态环境治理采用自由放任的方式，即"自由市场环境主义"（Anderson et al.，1991）。他们认为，由于存在"政府或政治缺陷"，政府的干预同样可能带来社会损失，因此市场的失灵并不代表政府的干预就会成功。政府对于环境活动的行政管制相对缺乏效率，存在优先问题选择误导以及公共选择误区等，这样不仅妨碍资源的有效配置，而且还可能导致环境破坏（Smith，1995）。

Graeme Barker（2002）对罗马在非洲和阿拉伯半岛干旱地区的边缘土地利用的对比研究说明，罗马帝国统治非洲时的帝国强权控制和自上而下的决策机制导致干旱土壤生态恶化为半沙漠和沙漠；的黎波里塔尼亚（Tripolitania，利比亚西北部一地区）的洪水农业（floodwater farming）的生态植根于自下而上的决策机制。这些发现对现代农业（尤其是干旱农业）有共鸣作用。

2.2.4　产权途径的环境管理

科斯（Ronald H. Coase）在研究社会成本问题时，提出只要能够明确环境资源的产权，那么就可以通过外部性相关的各方之间进行自发的交易的形式而达到一种有效率的产出。这时并不需要政府的干预，只需要通过产权交易或讨价还价的过程来协调各方利益。许多学者运用"科斯产权理论"来分析具体的环境管理问题，取得了不少成果；在环境治理的实践中，产权途径也得到了一定的应用。20 世纪 60 年代，Dales（1968）应用科斯的产权理论讨论了环境资源产权的设置及其与生态环境破坏的关系问题，提出了排污权交易的设想。1986 年，美国环保局正式颁布了排污许可证贸易政策，随后在一些地区对污水和废气的排放实行了许可贸易制度（Luken et al.，1993）。环境资源的资本化经营方式，就是通过对环境资源的休闲、观赏和文化价值的产权界定，使环境产权具有资本的意义，成为"环境资本"。企业可以通过环境资源的资本化运作，实现生态效益与经济效益的统一（Terry L.Anderson et al.，2000）。

制度经济学和产权经济理论表明，人们的经济活动总是在一定制度约束下的效用最大化的理性活动，这种活动会随着制度环境的变化而改变。土地资源的产权安排是农业制度环境中最重要的因素，也是影响农民行为的决定性因素。

Linda K. Lee（1980）对不同的组织结构以及不同的土地所有权状况与水土保持之间的不同关系加以探究，其结果表明，不同土地产权类型下的土壤平均侵蚀量并没有显著的差异。然而，从经济理论的分析来看，不同的产权安排对农户水土保持的影响是不一样的。公司制农业、拥有土地所有权的家庭农业和租地经营的家庭农业对水土保持影响不同（Kenneth，1983）。土地产权易于用于担保来获得资金，这样可以促进土地投资（Besley，1995）。

人民公社时期，实现农业资源配置的交易活动完全是上级对下级强制性的"政府交易"和"管理交易"，基层农业组织（大队、生产队）在生产上完全没有自主权，农作物的耕种品种、面积、水利设施的建设、使用、养护，化肥、农药的分配、使用，农业同林业、畜牧业等其他各业的比例关系等都完全由国家决策，农民只是执行这种决策，加之当时化肥、农药、农膜等的用量非常有限，所以农业生态环境问题属于政府决策者考虑的问题，除了因过度开荒造成的水土流失外，当时并未出现严重的局面。20世纪80年代初期开始实行农村家庭联产承包责任制，由山西省群众首创的户包治理，以承包的形式把农户这个最基本的社会经济单元和小流域这个容易水土流失的自然单元结合在一起，把小流域内的土地使用权交给了农民，体现了多劳多得的思想，解除了土地关系和生产力发展的制约，实现了责任和权利、治理和使用的统一，调动了农民治理千沟万壑的积极性。但在实践中，"包而不治、治而不力"的问题比较突出。造成这种现象的原因突出表现为两个方面，其一是承包经营的内部产权界限不明确；其二是通过承包方式取得的使用权不完整。这些弊端制约着承包经营的发展。实践中，各地根据本地实际情况创造性推出了小流域的多种产权经营模式，主要有租赁经营、股份制经营和股份合作制经营等基本形式（高辉巧等，1998）。

2.2.5　内在治理制度安排

除了以政府主导的强制性制度和产权与市场制度外，一些学者用博弈论等理论对介于市场制度与强制性制度之间的自治制度（即典型的内在制度）进行了分析。他们认为，在小规模组织当中，有可能创建一种既非纯粹的市场机制，也不绝对依赖于政府权力控制的在强制性制度下安排的，由使用者自发制定并实施的合约（Ostrom，1985）。这种基于参与者自发作用而实现的内在治理制度在生态环境治理的实践中有着大量的应用，如生产者与消费者之间以及世界各国之间，可以通过贸易和市场的调节，以非强制性的手段规范生产者的环境行为。这一作用的基础不是外在的强制力量，而是公众生态环境意识的提高，并且将这种意识体现到消费行为中——人们对善待环境的产品需求增加，从而激励企业重视生产过程中的环保因素，生产绿色产品，有效地树立企业形象。ISO14000 环境管理系列标准就是由生产企业自发作用而形成的内在制度的典型。

2.2.6 土地利用结构优化

生态系统是一个复杂的耗散结构，其核心问题是结构与功能，其优劣集中反映在结构的合理与否和功能的效率高低上。水土保持是生态系统中的重要组成部分，一个地区的水土流失程度对这一地区的整个生态系统的影响是多方面的。水土流失地区的植被覆盖率高时，其对土壤的保护作用非常显著（张光辉等，1995）。对于水土流失区，在其进行治理规划时，注意系统的结构与功能的关系，对于水土保持大有裨益（童大谦，1994）。

土地利用结构优化是土地利用优化配置的核心，它涉及诸多因素，如经济发展、地区开发、自然环境等，其优化目标具有多样性。而这些目标的利益是相互制约的，各目标的重要性不同，这就需要进行协调性的综合优化。目标规划模型、系统动力学模型、土地利用空间格局优化模型和多目标优化模型常用于替代单目标线性优化模型进行土地利用结构的优化。其中，利用多目标决策分析方法建立目标函数和约束方程而获得的土地利用结构优化方案不但能够较好地协调利益上相互竞争的多种目标，而且由于优化算法具有可靠的数学基础和简便的软件实现特征，在土地利用结构优化模型中受到了越来越多的重视，成为区域土地利用优化配置研究中的主要研究方法。

多目标模型的基本方程表达式为：

$$\max Z = c_1 x_1 + c_2 x_2 + \cdots + c_n x_n \qquad (2-1)$$

$$\sum_{i=1}^{m}\sum_{j=1}^{n} a_{ij}x_j \leqslant b_i \, (or\text{"}=b_i\text{"}, or\text{"}\geqslant b_i\text{"}) \qquad (2-2)$$

$$x_1, x_2, \cdots, x_n \geqslant 0 \qquad (2-3)$$

方程（2-1）为模型目标函数，（2-2）和（2-3）为约束条件，其中（2-3）是非负约束条件，变量 x_j 表示各行业用地规划面积。由于土地利用结构优化研究涉及环境、经济、政策等多个领域，多目标分析方法在土地利用结构优化研究中得到广泛的应用。

在多目标优化模型的基础上，以数量优化结果为约束条件，并在 GIS 空间分析技术的支持下，建立基于约束单元分析的空间格局优化模型，这种模型能比较全面地体现土地资源可持续利用的目标（刘荣霞等，2005）。

2.2.7 治理机制设计

当今社会，人类使用土地资源是在广泛的制度框架内进行的。Ervin Christine A 等（1982）的研究表明，非农收入、借贷能力、成本收益的信息、教育水平、农户规模、年龄、价值观念等都对农户土地利用中水土保持决策有影响。Lynne 等（1988）应用改进的"意愿—行为"模型分析了收入和意愿对农户水土保持行为的交叉影响，其研究结果表明，收入良好对水土保持意愿有着修正作用。

国外的水土流失治理工作起步较早，受重视程度也较高。美国早在 1930 年就建立了第一个流域治理机构——田纳西流域管理局，开始了流域的治理。20 世纪 90 年代以来，在可持续发展思想的指导下，美国又提出了流域治理的新概念，认为流域治理必须随环境的不断变化进行调整，以保证生态、经济和社会的稳定性；并将流域管理从社会、经济和环境等多方面进行综合考虑，提出以人类社会的视角展开共同合作。欧洲的流域治理起源于山地整治，是对有山洪、泥石流发生的流域开展综合治理，并建立了一套比较完整的流域（荒溪）治理森林工程措施体系。日本将流域治理称为治山或流域保全，采用的主要措施包括山地坡面荒废土地的复旧工程、山地沟道的复旧工程、滑坡、崩塌防治工程等。20 世纪 90 年代以来，日本学者又从经济学的角度出发，提出了"流域管理系统（体系）"的概念，即以流域为单元，综合考虑森林的营造、木材的采伐、加工、销售等一系列环节，把流域治理作为一个生产系统来考虑（齐定，1999）。

　　国外学者同样关注中国黄土高原地区的水土流失，并提出过相关的治理对策建议。日本的远藤泰造（1995）对中国黄土高原水土流失现状、土壤侵蚀原因及主要治理措施进行了研究，阐述了造林在水土流失治理中的巨大作用。

　　发展中国家严重的水土流失问题很大程度上是因为缺乏良好的社会政治经济背景和各种高效运作的机制。生态治理除了要解决经济与环境问题外，还应当解决社会公平及道德与文化问题（Coomhs，1990）。水土流失治理长期以来被视为技术问题由技术部门主导实施，而没有注意到促成水土流失和治理水土背后的人的需求与行为，没有把出资者、组织者、农民作为追求自身利益的"经济人"看待，特别是没有研究治理中农民的意愿和行为，治理工作缺乏激励机制，没有将水土治理和人的发展、社区发展结合起来，农民仅被当作被动的工具被任意指挥调配使用，建议稳定土地产权制度，建立和强化水土治理中的市场激励机制，界定泥沙排放权（周德翼等，2001）。罗慧等（2005）从产权经济学的相关理论出发，揭示了陕北黄土高原区生态环境治理中的产权残缺及其低效率是最为紧迫的问题，指出理顺完善国有资源产权的责权利关系以及合理分享国有资源增值对于促进生态治理深入进行具有非常重要的理论与现实意义。而要明晰生态环境治理中的资源产权，应建立资源产权明晰的产权有效保护规则。

现代经济学理论认为，人们的生产和消费活动都有着不同程度的（负）外部效应。在产权不能完全明晰或信息不对称的情况下，这些（负）外部效应会造成个人成本与社会成本之间的偏差，从而引起市场机制的失灵以及资源配置的浪费，进而产生各种生态环境问题。基于此，环境经济学的理论研究主要集中在如何利用税收、补贴以及排污定额等手段减轻环境破坏，实现有效率的资源利用；或设计激励机制，减轻因信息不对称所造成的环境污染等（杨东升，2006）。

2.3 水土流失治理效果及效益的评析

2.3.1 水土流失治理效果及其影响因素的关系探讨

水土流失治理是在一定的自然、社会环境下实施的系统工程，它受到各种治理环境因素的影响。中国社会科学院农村发展研究所的一项研究认为，水土流失的治理效果受到自然、人为、制度和经济四类共 15 项因素的影响（图 2-1）。

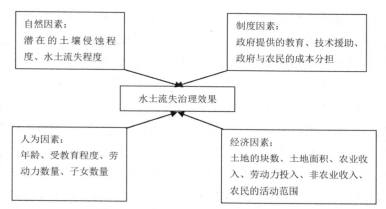

图 2 - 1　水土流失治理效果影响因素

（资料来源：高岭，《农户决策过程与水土流失治理》，生态经济通讯 1995 年第 95 期）

利用上述 15 项因素，王跃生（1999）根据山西省中阳县一个治理水土流失的案例调查数据，进行了相关性回归分析，表明在 15 项因素中，统计上相关关系显著的有 6 项，其中 3 项均为制度因素，即政府提供的教育、技术援助和政府与农户的成本分担，其余为农民的受教育程度、土地的面积和地块（土地面积和地块也是重要的制度因素，因为面积大小和地块多少"按人均分"正是家庭承包责任制度下的特点）；而自然因素即水土流失程度和潜在的侵蚀程度、人为因素中户主的年龄、经济因素中农户的非农业收入等对水土流失治理影响不大；在影响因素中，是否同农户签订了小流域治理合同、政府提供的教育和技术援助、政府与农户的成本共担以及政府是否使用恰当的激励或行政手段执行生态环境措施作用重大。

李周等（2002）对政府、社区、合作、股份、农户及企业治理模式进行比较分析，阐明模式选择的优先顺序应该是：农户治理模式—合作治理模式—股份合作模式—企业治理模式—社区治理模式—政府治理模式；此外还对水土流失治理中包括奖励、升迁、专利、产权、市场等制度进行变迁分析，表明一系列卓有成效的制度安排是水土流失治理不可或缺的重要因素。

地权的稳定性大小影响农户的水土保持投入，"地权的不定期调整的作用如同一种随机税，它在不可预见的某一天将土地拿走，同时带走农民投入土地的中长期投资"（姚洋，2000）。地权的不稳定对土壤有机质含量变化有负向影响，农户之间非正式的土地流转容易造成农地土壤有机质的损耗。农户对土壤保持活动的决策行为通常可分为两个过程：一是农户是否进行水土保持；二是在决定采取水土保持后，选择何种措施。农户在综合了经营目标、自身资源（资金、劳动力、土地、技术）、外部社会经济环境和自然条件后，做出土壤结构保持决策。作为土地产权保障的正式制度——土地登记对农户水土保持有一定的影响，通过土地登记的形式保障产权的安全，能够激发农户长期土地保护投资的积极性。

上述这些从各个不同的方面对影响农户水土保持决策的因素进行的探究，大多将土地产权作为一个整体因素加以考虑，而很少有具体到对土地产权束中各个产权要素与农户水土保持决策行为之间的关系进行定量研究。

为揭示不同农地产权情况与农户水土保持行为响应的差别、探讨农地产权中各个要素对农户水土保持行为的影响，钟太洋等（2004）构建了农地产权与农户水土保持行为响应相互关系的 Logistic 模型，并根据对农户的调查数据，应用极大似然估计法，对该模型进行了估计。农地产权与农户水土保持决策逻辑模型的运行结果表明，不同的地区、行政村内转包的权利，抵押权，有无土地租赁，农户对水土流失的感知对农户的水土保持决策有明显的影响。王鹏等（2004）在抽样调查资料的基础上，建立了区域农地水土保持效果分析的数量经济模型，分析了农业产业政策改革背景下农户行为对农地水土保持效果的影响。研究表明，江西省上饶县农业产业结构调整过程中农地水土流失状况受农户行为直接影响，农业劳动力的转移、农业生产资料价格、农户受教育水平以及农户土地规模经营的程度等是其影响的主要因素。石敏俊等（2005）以农牧交错带为研究对象，通过建立人地关系行为机制模型（图2-2），探讨外部社会经济因素对土地退化的影响机制，并就当前正在实施的退耕还林还草政策所带来的生态经济效果进行分析。模型拟合结果显示，利用玉米及农作物秸秆作为饲料，扩大舍饲动物饲养，或者扩大种植葵花或油料作物等商品作物以替代自给性作物糜子，将可以在不加剧水土流失的前提下增加农户收入。模型结果还显示，非农就业机会增加时，农户会减少坡地垦殖。这表明推进农村工业化和城镇化发展，增加农民非农就业机会，鼓励农民进城的政策对于黄土高原的水土保持也是有促进作用的。

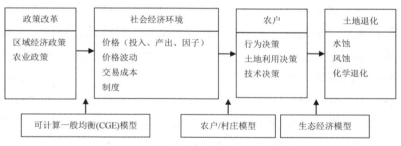

图2-2 人—地关系行为机制模型

Wilfred Nyangena（2006）探索了肯尼亚一些地区土壤保持良好的决定性因素，诸如社会资本、人力资本和市场整合。研究的主要结论是，社会资本措施是投资土壤保持的重要决定因素；

理解改进的发展政策和相关机制是必要的。

2.3.2　水土流失治理综合效益的评价

　　根据小流域水土流失的规律及其特点采用相应的综合治理措施是国内外小流域治理的基本原则，然而，小流域治理成效的衡量必须通过对实施综合治理后达到的生态效益、经济效益、社会效益来检验。水土保持的综合效益是评价水土保持各项措施的有效尺度和客观标准，是评价水土保持技术方案及政策可行性的基本原则和科学依据。人们对小流域治理效益的研究经历了一个逐步认识和深化的过程，治理效益计算方法的研究也随着小流域治理工作的开展而演变。

　　水土保持效益研究的内容大致经历了单项措施效益研究（20世纪40年代—20世纪50年代初期）、流域综合措施效益研究（20世纪50年代后期—1996年）、规范化运作（1996年至今）三个阶段。对水土保持综合效益进行定量化评价有一定困难，其评估方法通常是定量与定性相结合。

　　学术界对水土保持单项效益或综合效益的研究众多。其中，最基本的方法是用"水保法"和"水文法"进行效益分析，特别是蓄水保土效益分析，然后再加上一些经济效益费用比的分析。但综合治理是一项系统工程，相关因子较多，因子之间关系复杂，而且最终效益以不同形式表现在社会、经济和生态等多个方面。为此，研究人员分别选取不同的指标，运用灰色系统分析法、指数模型法、投入产出法、层次分析法、模糊评判法等不同方法对水土保持综合效益进行评价。表2-1列示了部分研究者在水土保持综合效益评价研究中选择的指标及其采用的研究方法。

表 2 - 1　部分水土保持综合效益评价研究选择的指标及研究方法

研究者（年份）	研究对象	选择的指标及研究方法
黎锁平（1994）	黄土高原水土流失区5条小流域	选择指标：总收入增长率、单位投资效益年平均额、单位投资综合效益额、劳动生产率、土地生产率、人均收入增长率、单位投资减少土壤侵蚀量、林草覆盖率、流域治理程度9个指标 研究方法：灰色系统评价方法
吴斌等（1994）	黄河中游黄土丘陵沟壑区第三副区，甘肃省天水市南郊吕二沟小流域	将小流域水土保持生态经济效益根据其作用部位（流域内部或流域外部）划分为内部效益和外部效益。选取流域侵蚀模数、土壤水分、土壤有机质、生物产量的经济收益值4个影响因子，用综合环境生产力指数模型评价小流域水土保持生态经济系统的内部效益；选取各类水土保持措施的有效面积、减水减沙效益系数、流域径流模数和输沙模数等因子，用效益系数模型评价外部效益
任烨等（1995）	中沟流域	选取净效益、效益费用比、单位面积净效益、投资回收期、内部收益率等指标，运用动态分析和静态分析两种方法进行经济分析 采用综合效益指数法进行综合效益评价，以综合效益指数的高低判定综合效果的优劣；采用层次分析法定量地确定"水保"效益、生态效益、经济效益各层次指标的权重比例；在层次分析的基础上，应用隶属函数法进行模糊变换；最后根据各指标的权重和量化值，线性加权计算综合效益指数，定量化评价综合效益
梁会民等（2001）	陇东地区老虎沟流域	选择指标：经济效益指标（系统商品率、资金生产率、劳动生产率、经济内部回收率、土地生产率）、生态效益指标（径流模数、侵蚀模数、水土流失面积治理率、林草覆盖率、种植业能量投入产出比）、社会综合效益指标（粮食满足程度、文盲率、环境人口容量、人均基本农田） 研究方法：层次分析法

　　小流域治理效益的评价是多目标、多因素、多层次和多指标的评价。评价方法从过去以定性为主的评价逐步发展为以定量为主的评价、从单因素、单目标评价到多因素、多功能、多指标的评价、从主观成分较多的经验性评价到利用数学方法对主观成分进行分析、过滤处理后的评价，效益评价的方法日渐科学和客观。小流域综合治理效益评价最基本的方法是用水保法和水文法进行

效益分析，同时，进行一些经济效益费用对比分析。但综合治理是一项系统工程，相关因子较多，因子之间关系复杂，而且，最终效益以不同形式表现在生态、经济和社会等多个方面。如为应对小流域综合治理效益评价的复杂性，后来又提出了投入产出法、层次分析法、模糊评判法。在减水减沙效益计算中，除采用常规的横向对比法（相邻两相似流域，一条布设综合治理措施，一条不予治理，保持自然状态，同步观测它们的径流泥沙情况，进行减水减沙效益对比分析）、水保法（用单项措施的径流小区资料推算流域治理效益）、纵向对比法（流域治理初期的产流产沙量与治理后期的产流产沙量进行对比）外，可应用水文模型法计算小流域综合治理的减水减沙效益，即建立降雨径流概念模型，获悉清水流量过程，推出输沙过程和输沙量，据此还原预报出未治理时的产流产沙量，算出流域综合治理的减水减沙效益。

韩冰等（1995）根据结构指标体系（生态结构、水土保持措施结构、经济技术结构）、效益指标体系（生态、经济、社会）提出了渭北黄土高原沟壑区小流域综合治理评价的指标体系，应用模糊聚类分析与模糊综合评判法，评价小流域综合治理的总体效益。李智广等（1998）对小流域治理综合效益评价的主要定量方法(加权综合指数法、加乘综合指数法和关联度分析法)的原理、适应性及其局限性进行分析后，认为三种方法的评价结论基本一致，加乘法比加权法有较高的灵敏度，而应用 GIS 技术从定量和定位两方面评价治理措施及其功能将成为分析治理综合效益的发展趋势。

2.4　水土流失治理与经济发展的关系研究

李智广（1999）通过比较研究认为，经济发展对水土流失治理具有积极作用。经济发展促进了"水保"行业投资机制和经营机制的改革，强化了社会对水土流失治理的重视程度，加大了社会对"水保"的资金投入，促进了农业科学研究的发展及其对土地的投入。

王越等（2002）探讨了水土流失和治理与区域经济发展之间的关系，认为要有效进行水土流失治理，并从根本上保护水土资源，必须加快区域经济的健康、快速发展，不断优化、升级产业结构，不断提高经济发展水平和层次，在经济发展中防止和治理水土流失。

李虹等（2005）以湖南省衡南县 2 个样本村的抽样调查为基础，对南方丘陵区农户经营土地的水土流失现状、农户的水土保持行为及其影响因子等进行了调查与分析。结果显示，农业效益低是阻碍农户进行水土保持投资的最主要因素，土地产权对农户水土保持行为影响不大，一般表现出社会经济发展水平越高，农民的产权意识越强，对其经济行为的影响越大。

2.5　国外水土保持的经济影响研究

2.5.1　水土保持影响的经济评价

基于区域水平和农户水平的各种水土保持决策理论和经验模型在国外已开发。其中，大多数理论模型运用了优化控制理论。经验模型研究采用了数学规划模型、一般均衡模型、生产函数模型、成本效益分析和计量经济学方法等。

一些学者建立线性规划模型（Seitz et al.,1979）、一般市场均衡模型（Kasal，1976）等对土壤侵蚀控制的经济影响进行研究。Seitz 等人（1979）指出，除一些激进的新技术的发展可以减少对土地的依赖性之外，维护土地资源有利于减轻后代的食物成本。

Boggess 等（1981）运用可分离的规划模型（该模型是规范的、比较静态的、含有全部标准限定假设的数理规划模型）对可选择的收入支撑和土壤保持政策进行部门分析（Sector Analysis），认为以水土保持为导向的土地退耕政策（conservation-oriented land retirement policy）可实现增加农户净收入和减少土壤侵蚀量的"双赢"。

Gould 等（1989）研究总结，对土壤侵蚀的理解是保护性耕耘方式选取的一个显著的决定性因子。

Goetz（1997）建立治理土壤侵蚀的最优作物的动态经济模型研究农业产出的多样化，结果表明，单一作物耕作在最快接近单一路径 / 稳态均衡方面显著最优；而无论如何，在稳态均衡生产情况下，混合作物较优；仅在高侵蚀作物的地带提升土壤侵蚀控制实践可能会减少长期的土壤存量，但是，在栽培特定作物的土地上征税是增加长期土壤存量的有效方法。

Jaenicke 等（1999）整合了土壤质量指标、技术效率和生产率增长的经济学概念，利用源自美国农业部在 Maryland（马里兰州）的田间实验数据，运用数据包括分析方法（DEA）技术估算了与技术效率概念一致的土壤质量指标。普通回归技术使单独土壤性能的作用在估算的土壤质量指标的严格限定的线性近似上清楚显示。

国外水土保持经济评价的方法包括离散法和连续法。离散法尝试量化分析已制定的水土保持方案，例如成本效益分析法，其效益最优表现为以最少成本实现目标，或者以固定成本实现对目标的最大贡献。与机会成本方法类似，它解决环境效益和成本的价值化问题。在连续法中，方案数量可能是无限的，例如优化模型。其他方法包括无价值规划法（例如环境影响评价）、标准价值规划法、离散型多指标分析法、规划平衡表法、影子规划法等。

在几个优化土地管理的经济模型中，研究结果取决于自然和生产投入互补的基本假设。Goetz（1997）构建了一个土地管理的动态模型，对将土壤厚度和肥料作为主导因素和作为补充因素的案例进行比较。他假设：在浅层土壤内，土壤厚度是一个有限因素，土壤厚度和肥料均为补充因素。但是，由于较低的生产边际效应，在深层土壤内，土壤厚度和肥料为主导因素。研究结果表明，案例的正确性取决于土壤存量的稳定状态、农作物价格变化或土层厚度优化水平的贴现率。Clarke（1992）的土地管理动态优化模型假设土地自然资本和生产投入是互补的，同时强调商品价格变化与可行的水土保持战略之间的关系依赖于各投入的互补性和可持续性关系。LaFrance（1992）和 Barbier（1998）假设土壤存量和耕作存在互补关系。Grepperud（1997）通过明确生产函数中的投入及其对土地质量或土壤侵蚀的影响来进行模型研究，而并非在生产函数中引入明确的土地自然资本指标。

国外大多数水土保持经济模型依托于局部均衡模型。近些年的研究主要应用一般均衡模型。Alfsen 等（1996）为尼加拉瓜开发的模型突出了导致生产力损失的土壤侵蚀的社会成本因素，尽管模型不包括异域（off-site）成本，统计数据基础也比较薄弱。Coxhead 等（1994）开发了一个用于发展中国家的模型，揭示政策变化对山区资源分配和土壤侵蚀速度的影响。但是，尚未有典型案例来反映土壤侵蚀的成本化。或许，在应用宏观方法来解决受阻于微观方法的问题时，可以期望得到体现（Erenstein，1999）。

许多学者认为水土保持决策是一个动态优化的问题。在 20 世纪 80 年代水土保持经济分析的有关文献中，动态经济模型技术最早出现在 Burt（1981）的论文中。由于土地管理的决策不仅影响当期的收入和福利，也影响后期的收入和福利，这一分析方法不断得以推进。这种方法的主要贡献在于不仅可以区别诸如价格和贴现等特殊因素对保证农民利益最大化的水土保持决策的影响，而且论证了允许一定数量侵蚀的传统农民决策的合理性。这一类型文献的研究结论中在关于特殊因素影响（特别是市场价格）的趋势通常是非决定性的。Burt（1981）利用采自美国西北部的帕罗斯地区的数据，在水土保持经济学研究中运用了动态最优模型。他运用了双态变量，即表土层厚度和表土层中有机物所占比例。预期可以影响表土层厚度和表土层中有机物含量的麦地比例，将其作为决策变量。评价标准是无限规划周期内土地资源最大净收益现值。考虑到农民的有限的规划周期，他假定土地市场会反映与不同级别双态变量相关联的固有价值。他的分析结果揭示了相对较高的粮食价格加剧了土壤侵蚀问题。但是，由于侵蚀引起的表土和有机物流失并不会对后期的土地生产力构成严重威胁，因为技术进步抵消了土壤侵蚀带来的损失。不考虑 Burt 运用动态最优模型在水土保持决策方面的前期贡献，基于他未运用水土保持耕作措施或结构性调整方案作为土壤侵蚀控制的决策变量，Burt 的研究成果受到质疑（Taylor et al.，1986）。

另一在水土保持领域较有影响的模型是 McConnell（1983）开发的。该模型是个基于优化控制理论的简单理论模型，有助于判定不同阶段间土地利用的最优路径。在模型中，土壤厚度作为状态变量，土壤流失为决策变量。McConnell 认为，土地是一种资产，必须获得和其他资产一样的回报率。农民从土地中获得的收益表现为两大要素：其一，作为当前和未来农业生产投入、以获取利润的土地要素价值；其二，受计划期末土地的数量和生产力影响的、反映资本要素的潜在转售价值。对允许土壤侵蚀以达利益最大化的农民来说，最优条件是使用土地达到某一点，在该点上，边际产品价值等于边际成本。边际产品的价值是源于当期耗竭土壤带来的额外的当前利润（当成本是先前的未来利润）加上计划期末的资本损失。这意味着，任何增加水土流失成本或者减损利益的变化将导致土壤损失的削减，反之亦然。因此，贴现率的下降或者未来价格的提高将降低土壤损失的优化速率。同样，短期内现价的增加或者贴现率的提高将导致较大的土壤损失。根据 McConnell 的理论，如果资本市场有效运作、私人和社会贴现率相等，那么，在农业生产上个体和社会目标函数是一致的，在这种情形下，私人不同时期的土地利用途径将转化为社会的土地利用途径，由此，异域生产力损失不太可能过度。

　　然而存在导致市场不完善甚至没有市场的因素，许多发展中国家的社会贴现率不等同于私人贴现率，最终导致上述结论不适用。即使存在完善市场，土壤侵蚀的社会与私人贴现率也可能不同。由于推行土地所有制管理，同时在农业用地上普遍缺乏私人市场假定效率，模型中土地转让价值的使用方法都使 McConnell 的模型在发展中国家的相关研究中难以应用。另一种对 McConnell 研究的质疑是基于他的假定，即外生变量决定的产品价格、投入成本、土地转让价值函数以及无限期的贴现率等因素，对农民来说是确定的（Kiker et al.，1986）。另有一些学者（Barrett，1991；Clarke，1992；LaFrance，1992；Hu et al.，1997）用 McConnell 的模型作为发展中国家农民水土保持决策建模的出发点。但是，土地转让价值的专题通常代表性地从最大化问题转移成无限期的规划周期。他们运用模型测定产出或投入的变化是否会影响农民的水土保持决策。价格对水土流失的效应受到广泛关注。许多农业经济学家认为，当产品价格上涨，或者农民从投入中直接得到补助，农业用地将趋于较高强度的使用，导致较低水平的土地质量均衡或者较严重的土地退化（Clarke，

1992）。伴随着取消价格支持的规范化经济效用观点的发展，关于价格支持加剧了土壤侵蚀的讨论也得以推进。在Barrett（1991）的模型中，土壤厚度被作为状态变量，耕作引起的水土流失为决策变量。LaFrance（1992）使用了两个决策变量——耕作措施和水土保持。Barrett的研究结论并没有表明产出或投入价格的变化对水土保持决策有直接的影响；但是，他认为间接影响还是可能存在的。如果水土保持显示出比非土壤投入更高的吸引力，那么价格变化可能刺激水土保持决策，诱导农民使用更多的非土壤要素投入。LaFrance论证了对水土保持进行直接补贴或税收（如单位土壤损失的税收增加、单位土壤的补贴增长和实际贴现率的降低）比对投入和产品价格补贴或征税提供了更好的激励，前者更有效地鼓励了水土保持的投资。然而，他指出，对商品价格的补贴并非总是对土壤质量产生负面效应，因为土地可以得到改良或者进一步退化。

Clarke（1992）的研究结论与其假设相矛盾，与LaFrance的观点相同，即更高的产出价格会对农业用地产生更大的压力，因而加剧土地退化。他认为理性农民的土地使用决策不会单纯地考虑水土保持措施及它们的相应成本。在这种情形下，农民面对着不同时期农地利用的选择。因此，供给决策将与独立于土地投资决策的当期产出价格之间没有相关性，而土地投资决策依赖于当期和未来产出的价格。他指出，价格变化对土地退化的影响依赖于切实可行的土壤保持技术及投入要素之间的互补或替代关系。当农民拥有可行的水土保持技术以抵消土地退化的影响时，他们对有利的价格变化态势的反应是持续增加土地投资，从而减轻土地退化的程度。但是，当农民拥有可行的水土保持技术时，任何类型（矿区土壤作为非再生资源）的有利价格也将导致土地质量均衡水平下降。

2.5.2　水土保持影响的成本效益分析

Lutz 等（1994）对中美洲的九个水土保持方案进行了成本收益分析，发现在土壤侵蚀对生产力产生影响的区域，具有最高经济回报的措施是低成本的和快回收的措施。在一个案例中，采用水土保持措施导致了农业长期回报的下降，因为修建沟渠造成生产性土地的损失和土壤侵蚀，这些对生产率都有限制作用。Barbier（1998）研究发现，控制土壤侵蚀在迦瓦的丘陵地带需要很高的劳动成本，这使得这种措施对农民没有吸引力。这种方法意味着农民损失了本来可以从劳动力等其他用途中获得的收入，也意味着生产性土地的损失。

Carcamo 等（1994）在洪都拉斯通过对减缓土地退化速度的各种措施（包括不同土地上种植不同作物、使用不同的耕作措施以及控制土壤侵蚀的各种工程建设）所获得的农地和外部收益进行比较，得知为了达到社会的最优水平，将出现农民收入减少和农民生产风险增加的现象。这就需要对农民进行补贴或转移支付以使对土地退化治理达到预期的水平。

Hwang 等（1994）对多米尼加共和国中拥有陡坡地的农户的土壤侵蚀治理动机进行了研究，发现大规模的水土流失缓解是以农田收入显著下降为代价的。即使土壤侵蚀治理措施能增加产出，采取土壤侵蚀治理措施对生产风险的影响也使其对农民不具有吸引力（Day et al.，1992；Grepperud 1997）。

土壤侵蚀治理的生物措施是研究者关注的问题之一，例如种植作物和林地覆盖物。这种措施与工程措施相比，其吸引人的地方是较低的原始投入、更少的土地面积损失和收益的实现，而不仅仅是控制土壤侵蚀——例如土壤肥力增加，土壤结构得以改善，杂草得以控制。然而，对农民而言这些增加了成本。Erenstein

（1999）对这些采用作物残留覆盖物的措施替代常规措施的成本花费给出了很多详细信息，包括增加播种、施肥和除草的成本，投入生产力的损失和牲畜放牧的损失。他也指出即使在很多案例中，采用这种覆盖技术能从总体上减少对劳动力需求，但是仍存在劳动力投入的时间转换以及与其他的活动相冲突的问题，因此这对农民来说可能不是一个可行的选择（Erenstein，1999；FAO，1999）。

针对土壤侵蚀导致的生产力损失而采用的替代和修正措施的成本就是获取和应用这些投入的成本。一般这种类型的措施具有可操作性而并非具有固定成本。例如，这种措施用于年度或特定季节而且其效果通常在同一个生产周期内呈现。因为这个原因及较低的成本，这种改良措施对农民来说通常比土壤侵蚀治理措施更有吸引力。它不涉及对较多当前资本的使用，在抗风险能力上它也有一定的灵活性，而且它在短期内就展示了可见的结果。当然改良的效果将随着土壤侵蚀的增强而降低，然而农民通常没有意识到这个问题。尽管土壤侵蚀一度增长较快，但是通过肥力的投入增加了产量使得农民忽略了这个问题，而且使得土壤侵蚀治理措施的采用变得似乎不必要了。在这里，土壤侵蚀对农民的真实成本是他们可能从降低的土壤侵蚀中获得的生产和肥力效率。然而，这些成本要么低于土壤侵蚀治理的成本，要么就是农民没有意识到这种正在增加的损失，因此土壤侵蚀治理措施没有得到采用（Graaff de.，1996）。

由于土地利用决策最终是由农民依据他们自身的目的、生产可能性和约束条件做出的，所以弄清在现有条件下他们进行水土保持投资的动机是必要的。多方案分阶段的成本效益评估反映出农民用这些方法完全投资于受益地区的动机。此类研究也形成了土地可持续利用政策工具设计的基础（Shiferaw et al.，1997b）。

从农民角度来看，经济效率是投资于土壤侵蚀治理措施的一项必要条件。当然无论如何，单纯收益目标不足以保证采用有力的措施。为了测定分析方法，假定在 t 时期内缺乏保持措施的农业生产利润是：

$$\pi_t^E = p_t f_t^E(x_i^E, q_t) - \sum_{i=0}^{n} e_i x_i^E \qquad (2-4)$$

同时，t 时期内采取保持措施的农业生产利润是：

$$\pi_t^c = p_t f_t^c(x_i^c, q_t) - \sum_{i=0}^{n} e_i x_i^c \qquad (2-5)$$

这里，$f(\cdot)$ 是生产函数、x_{it} 是在 t 时期投入要素 i 的耗费、q_t 是土壤质量指标、p_t 是产出价格、e_{it} 是 t 时期投入 x_i 的价格；上标 E 和 C 分别用以表示"侵蚀（erosive）"和"保持（conserving）"两种情势。由此，每一时期的生产是投入要素使用和土地质量的函数。使用的一些投入要素在一定意义上可能有利于水土保持，它们减轻了土壤侵蚀程度或者替代了流失的养分，而其他一些可能会加剧土地退化。假定水土保持方法中更多地使用了这些投入。农业生产从传统方法转化到水土保持措施的折现净收益如下：

$$DNG = NPV^C - NPV^E$$

$$= \sum_{t=0}^{\infty} (\pi_t^C - \pi_t^E)(1+r)^{-t}$$

$$= \sum_{t=0}^{\infty} \left(p_t \left[f_t^C(x_{it}^C, q_t) - f_t^E(x_{it}^E, q_t) \right] - \sum_{t=0}^{n} e_{it} \left[x_{it}^C - x_{it}^E \right] \right)(1+r)^{-t} \qquad (2-6)$$

其中，NPV^C 和 NPV^E 分别是有无水土保持措施的贴现后净收益；农民的私人贴现率是 r。水土保持投资的内部收益率是贴现率 γ，它等于从土壤侵蚀到采取水土保持措施过程中所获取的净现值。

$$DNG = \sum_{t=0}^{\infty} (\pi_t^C - \pi_t^E)(1+\gamma)^{-t} = 0 \qquad (2-7)$$

如果水土保持和水土流失的生产实践产生不同的产出，产出价格应该有所不同。当采取水土保持措施产生的折现净收益是正（$DNG>0$）项时，农民将从中获得经济利益。因此，明晰农民投资于新措施带来的经济收益需要对有无水土保持措施的收益流进行比较。这就需要对各种措施进行"两两比较"，以评估采用新措施所带来的净收益。由于这种方法未能从许多可能的投资方案中推导出最优解决方案，所以当几种措施均被证实为有利时，最具经济回报（最高净现值）的投资方案将被选择。

直观上可以得知，水土保持成本的持久增加将减少农民对水土保持的激励行为。如下式所示：

$$\frac{\partial DNG}{\partial e_i} = \sum_{t=0}^{\infty} e_{jt}(x_{jt}^E)(1+r)^{-t} - \sum_{t=0}^{\infty} e_{jt}(x_{jt}^C)(1+r)^{-t} \qquad (2-8)$$

对于土壤保持投入要素 x_i，由于在水土保持实践中要使用越来越多的这种投入，其成本的上涨将阻碍水土保持措施的实行。

Shiferaw 等（1997b）基于在埃塞俄比亚丘陵地带两个重度侵蚀地点采集的数据，对农户的经济激励进行了分析，对投资于水土保持工程和生物措施的成本效益进行了评估。研究结果表明，在现有生产技术条件下，农户从传统土地管理转向水土保持实践的经济收益不显著；即使在很低的贴现率下，工程技术措施也只有较低的回报，难以激励农民采取必要投资；只有在一个地区草带上的投资似乎为农户提供了显著的经济激励。推行的水土保持措施的低回报主要归因于土壤侵蚀治理的有限技术效率、较高的初始劳动成本、实施地区植被的减少，由此在第一年产生了投资的负收益。尤其是种植于浅薄土壤层原本就低产的农作物，由于在水土保持投资得到回报前土壤就迅速衰竭，其生产趋于变得无利可图。在采取水土保持措施的情形下，通过提高产量补偿地区损失（湿度不足的地区更加可能）似乎不足以弥补工程措施的低回报。但是，如果工程措施较早开发成梯田并有助于减少年维护成本、控制土壤侵蚀速度，水土保持的收益将得到改善。

2.6　小结

综观国内有关文献，对环境治理与经济发展之间关系的研究著述颇丰，但未见对水土流失治理与经济发展的系统研究；在水土流失治理层面的有关文献中，较多的是对水土流失成因的社会经济原因分析、水土流失治理的手段、方法与对策的研究、对水土流失治理效果及效益的描述性分析与评价研究等；已有的有关水土流失治理与经济发展之间关系的研究，基本上局限于定性描述层面。

国外较早涉足水土保持经济影响方面的研究，研究方法丰富多样，许多研究构建了经济模型。大多数理论模型运用了（动态）优化控制理论；经验模型研究采用了数学规划模型、一般均衡模型、生产函数模型、成本效益分析和计量经济学方法等。在评估地区或国家层面水土保持的成本收益方面，存在着方法差异。

在涉及水土保持经济模型方面的文献中，显著的差异是发展中国家很少或几乎没有这方面的经验研究。同时，存在竞争市场和土地转让价值的一般假设使得可持续农业研究在发展中国家的适用性有限，尤其是在土地不能交易和资本市场欠发达的地区。许多运用最优控制理论的研究关注的焦点是最优控制路径的产权，而不是水土保持功能的最大价值。因此，在发展中国家，这些研究结果在推进水土保持政策制定上具有很小的实践指导意义。动态规划模型的应用以体现水土保持功能的最优价值为目标，该模型在经验运用上具有较高的灵活性。

　　国外先进的理论和科学的方法往往基于相对完善的监测、统计机制之上。立足中国的发展国情，本书尽可能尝试采集水土流失治理统计信息，在"拿来"先进理论和科学方法的基础上，联系实际，力求在应用中创新、在创新中应用，基于社会经济与生态文明视角，构建经济模型对两者的关系进行探究。

第3章　研究的主要理论基础

3.1　系统论、耗散结构和协同理论、热力学定律

3.1.1　系统论

系统是由若干相互联系和相互作用的部分（要素、过程）所构成的具有特定功能的一个整体。任何一个系统都具有一定的结构和功能，并且不断演化和发展。系统结构是系统功能的基础，系统功能是系统结构的外在表现。结构决定功能，功能反作用于结构，两者任何一方的存在都以另一方的存在为条件，彼此不可分割，相互依存。比如，一定的外界环境决定着植被的类型，随着植被的生长，这些植被又可以通过各种作用来影响环境，比如形成土壤、减少土壤的侵蚀、吸收太阳能量进行光合作用，形成地域小气候等。

3.1.2　耗散结构和协同理论

比利时布鲁塞尔学派的普利高津（Ilya Prigogine）于 1969 年提出了耗散结构理论，该理论认为，一个远离平衡的开放系统，不断地与外界交换物质和能量，在外界条件的变化达到一定程度、系统某个参数变化达到一定临界值时，通过涨落发生突变即非平衡相变，就可能从原来的混沌无序的状态转变到有序状态。这种远离平衡的非线性区形成的新的有序结构需要不断与外界交换物

质和能量才能维持。普利高津指出，一个系统由混沌向有序转化形成耗散结构至少需要四个条件，即系统是开放系统、系统必须远离平衡态、系统内部各个要素之间存在着非线性的相互作用、涨落导致有序。

20世纪70年代哈肯（Hermann Haken）创立的协同理论认为，系统内部各子系统之间相互关系的"协同作用"也可以使得整个系统从无序走向有序，从而出现序参量，序参量之间的合作和竞争导致只有少数序参量支配系统进一步走向协同和有序。

耗散结构和协同理论分别从不同方面论述了关于复杂系统的自组织理论。前者着重从系统之外的负熵输入来维持系统的有序，后者认为系统内部子系统之间的相互关联也可以使系统发生从无序向有序的转变。两者相互补充和融合，共同说明了系统自组织运行和演化的规律。人类的整个地球系统或者生态经济系统是一个复杂的巨系统，由于人类的影响，这个系统的熵正在无序地增加，呈现出走向无序的势态。人类所要做的是，根据系统的演化规律，利用协同理论，从人类生态经济系统的内部各个子系统的相互关联着手，使整个生态经济系统达到可持续发展。

3.1.3 热力学定律

热力学是关于能的科学。热力学与可持续发展问题有着密切的联系，尼古拉斯·乔治库斯－罗根（Nicholas Georgescu-Roegen，1986）将热力学第二定律描述为"经济短缺的主根"。热力学第一定律意味着不允许"无中生有"，即能量和物质不能被创造也不能被消灭；热力学第二定律意味着不允许"得失相当"，即能量之间不存在完全有效率（100%）的转化，并且能量的消耗是一个不可逆转的过程。热力学的熵（一种不能用于工作的能量）理论告诉人们，一个孤立系统的一部分增加了有序度，必然要以增加另一部分的紊乱度即"熵增"为代价。

科学技术的飞跃固然提高了人类赖以生存的地球表层的某种有序度，却迟迟未觉察到 100 多年来熵理论所暗示的紊乱度究竟始于何方。20 世纪 70 年代开始，人们对地球生态系统中无声无息"增熵"的过程才若有所悟，来自不同领域的科学家通过大量的文章，滔滔不绝的演说向人类发出了紧急警报：食物缺乏、耕地蚕食、全球沙化、森林锐减、淡水告急、能源紧张、空气污染、温室效应、海平面上升、臭氧漏洞、天灾频繁、生态失衡……这些现象所勾画出的一幅幅环境被破坏的图景需要用科学技术来解决问题。

3.2　可持续发展理论

3.2.1　可持续发展观的形成

可持续发展观的酝酿和形成经历了相当长的过程，是人类实践和科学技术高度发展的产物，是人类以沉痛的代价换来的，是自然科学和社会科学两方面多种学科的专家学者经过多年共同探讨和研究而总结出来的认识成果。

18 世纪工业革命以来，人类认识自然和改造自然的能力大大加强，社会经济发展获得了空前的速度和规模，创造了日益丰富的物质财富，促进了人类文明的发展和繁荣。但是，人类过度地消耗了资源，严重污染了环境，破坏了生态平衡，从而损害了人类赖以生存的地球。现在，人类面临着一系列全球性的资源和环境问题，这些问题不但给当前的人类发展造成困难，而且也对子孙后代的生存构成威胁。寻求怎样的发展道路才能摆脱这种困境？这是全世界人民共同关注的热点和焦点问题，是列为榜首的世界性问题。可持续发展观就是为了使人类走出这种困境，使子孙后代能够正常生存和发展而提出来的一种发展战略思想。

持续发展是人类经济社会现象的一般描述。从大历史跨度看，人类的经济社会是持续发展的。从微观来看，如果出现天灾、瘟疫和人为破坏，持续发展也许会被中断。譬如，在人类历史发展中某些种族、部落和文明的消亡。在人类早期曾出现如"天人合一"、反对"竭泽而渔"的思想。这是在一定历史背景和生产力条件下的"持续发展"思想。

可持续发展的提出是建立在人类对增长和发展的概念逐步加深认识和理解的基础上的。最初人们认为发展就是增长，是指一个国家或地区在一定时期内由于就业人数的增加、资金的积累和技术进步等原因，经济规模在数量上的扩大，包括商品产出量的增加、劳务的增加。随着社会经济的进步，人类逐渐意识到增长不等于发展——增长是量的变化，发展是指社会经济质的飞跃；经济发展是经济结构的升级与优化，是经济技术的进步，是经济增长能力的增强，是核心竞争力的增强，是制度的进步，是经济效率的提高。从工业革命延续到20世纪50年代，人们对发展的理解是走向工业化或技术社会。二战后"发展就是经济增长"成了当时主流的发展观。据联合国开发计划署1996年《人类发展报告》，由于对增长和发展的认识错位，在一些地方出现"无工作的增长（jobless growth）""无声的增长（voiceless growth）""无情的增长（ruthless growth）""无根的增长（rootless growth）""无未来的增长（futureless growth）""无发展的增长"，甚至是"负发展的增长"——经济总量扩大了，但结构没有优化，经济质量没提高，综合实力和生活质量无实质性提高；或者是，虽然经济总量扩大了，但经济结构恶化了，环境破坏了，人类生存发展条件变差了（李雪松，2006）。

20 世纪中叶，随着科技进步、经济高速发展和人口剧增，在传统的经济增长方式背景下，出现了世界性的严重人口膨胀、南北差距扩大、资源枯竭、环境污染和生态失衡等问题，严重威胁着人类生存和发展。日益尖锐的生态与经济的矛盾推动了世界范围内有关环境与发展的运动开展，人类开始反思传统的发展道路和发展模式，努力探寻新的思维方式和文明的增长方式。

一般认为，在 20 世纪中叶，欧美和日本的工业污染引发了一系列公害事件，唤起了人们对环境问题的警觉。1962 年蕾切尔·卡逊（Rachel Carson）的《寂静的春天》第一次提出了是由于人类的经济活动带来环境污染问题，在世界范围内引发了人们关于发展观念的争论。B. 沃德和 R. 杜博斯（Ward,B.& Dubos,R.，1972）在《只有一个地球》（副标题"对一个小小行星的关怀和维护"）中，从整个地球的发展前景出发，呼吁重视维护人类赖以生存的地球的生态平衡；同年，丹尼斯·L·梅多斯（Dennis L. Meadows）等在《增长的极限》（1972）中构建了"世界末日"模型，提出"零增长"理论，把人类生存和环境的认识推向了一个新的境界。自联合国的《人类环境宣言》（1972）发表以来，人们便将发展看作是追求社会要素（政治、经济、文化、人）和谐平衡的过程，注重人与自然的协调发展。1978 年国际环境发展委员会首次在有关文件中正式使用了"可持续发展"概念。1987 年世界环境与发展委员会（WCED）的长篇报告《我们共同的未来》将可持续发展定义为："满足当代人的需要，又不对后代人满足自身需要的能力构成危害的发展。"1992 年联合国通过了《里约热内卢环境与发展宣言》（简称《里约宣言》）和全球《21 世纪议程》，确立了走可持续发展的道路。《里约宣言》提出了致力于可持续发展的 27 条原则，号召各国政府和人民开辟新的合作层面，建立一种新的、公平的全球伙伴关系。全球《21 世纪议程》的中心内容是寻求人类与自然协调相处的方式，寻求获得可持续发展的条件和方式。《21世纪议程》围绕着保护全球生态环境，有效利用自然资源，消除贫困，保护和促进人类健康，动员全世界各社会阶层公众本着伙伴精神广泛参与可持续发展等重大议题，分别阐述了有关可持续发展的40个领域的问题，提出了120个实施项目，目的是使人类的生产方式和消费方式通过改革，与地球的有限承受力相适应，使人类社会在21世纪转变为可持续发展的社会。这次会议标志着可持续发展理论的最终形成，并使其成为世界各国人民的共识。

中国政府在1992年联合国环境与发展大会之后，于1994年发表了《中国21世纪议程——中国21世纪人口、环境与发展白皮书》，指出"走可持续发展之路，是中国在未来和下一世纪发展的自身需要和必然选择"。并于1996年正式宣布可持续发展是中国的基本发展战略，成为中国制定国民经济和社会发展计划的一个指导性文件。

总体而言，可持续发展理论形成于20世纪80年代，是长期以来人们在发展理论的指导下应追求财富最大化和不断提升生活质量的需求而进行社会实践并取得一定进展、同时又面临若干重大社会现实问题亟待解决的背景下产生的。可持续发展理论的形成，是人类社会进入到一个新的发展阶段后，新的社会生活观在经济理论上的直接反映，是在新的发展阶段对既往的发展观的扬弃。从经济理论发展史的角度来看，可持续发展理论的出现，是科学发展观取代单纯的经济增长观后的又一次理论飞跃。

3.2.2 可持续发展的定义和内涵

"可持续发展"一词1980年首次出现在《世界自然保护大纲》之中，但当时及之后的一段时期，全球范围内对可持续发展问题的讨论形成阵阵热潮，人们都是从自己的研究领域加上自己的理解对这一新概念加以运用。1987 年 WCED 对可持续发展的概括成为人们普遍接受的定义。然而，从逻辑学对定义的要求以及可持续发展理论本身涉及的关于人口、资源与环境和谐发展的内容来看，该定义过于抽象且概括不足，突出表现在该定义外延过宽和内涵不足。经济学家、社会学家、自然科学家等分别从各自学科的角度对可持续发展进行了阐述，给出了各自的定义。

3.2.2.1　从自然属性定义可持续发展

1991 年国际生态学联合会和国际生物科学联合会联合举行的关于可持续发展问题的专题研讨会将可持续发展定义为"保护和加强环境系统的生产和更新能力"。从生物圈概念出发定义可持续发展，是从自然属性角度表示可持续发展的另一方面，即认为可持续发展是寻求一种最佳的生态系统，以支持生态的完整性和人类愿望的实现，使人类的生存环境得以持续。

3.2.2.2　从社会属性定义可持续发展

1991 年世界自然保护同盟、联合国环境规划署和世界野生生物基金会共同发表的《保护地球——可持续性生存战略》提出可持续发展是在不超出维持生态承载能力的情况下，提高人类的生活质量，并提出可持续生存的 9 条原则，既强调了人类的生产方式和生活方式要与地球承载能力保持平衡，保持地球的生命力和生物多样性，同时又提出改善人类生活质量、创造美好环境的价值观的行动方案，着重论述了可持续发展的最终落脚点是人类社会。

3.2.2.3　从科技属性定义可持续发展

实施可持续发展，除了政策和管理因素之外，科技进步起着重要作用。没有科学技术的支持，人类的可持续发展便无从谈起。因此，有学者从技术选择的角度扩展可持续发展的定义，如司伯斯认为"可持续发展就是转向更清洁、更有效的技术，尽可能接近零排放或密闭式工艺方法，尽可能减少能源和其他自然资源的消耗"；世界资源研究所认为，污染不是工业活动不可避免的结果，而是技术差、效益低的表现，因此可持续发展就是建立极少产生废料和污染物的工艺或技术系统。

3.2.2.4　从经济属性定义可持续发展

这类定义虽然表达方式不同，但是都认为可持续发展的核心是经济发展。皮尔斯等（Pearce et al., 1993）定义可持续发展为"当发展能够保证当代人的福利增加时，也不应使后代人的福利减少。"世界银行在 1992 年度《世界发展报告》中定义可持续发展为"建立在成本效益比较和审慎的经济分析基础上的发展和环境政策，加强环境保护，从而导致福利的增加和可持续发展水平的提高。"

上述从不同角度、在不同领域中对可持续发展应该实现的目标及其方式和途径的解释和发挥是在公认的可持续发展概念下对其内涵的进一步丰富和完善。综其所述，可持续发展的内涵可总结为：在资源和环境支持的限度内，通过科学技术知识的运用和人类广泛的共同参与和合作，在保持生态环境可持续能力的前提下，尽力实现经济社会的发展、人类福利的最大化和社会公正。它要求在生态持续的基础上，运用科技手段，实现经济持续和社会持续；其中生态持续、经济持续、社会持续和科学技术——四个方面互相关联，密不可分。具体而言，生态持续是基础，经济持续是核心，社会持续是目的，科学技术是手段。可持续发展追求的是自然、经济和社会复合系统的健康、持续、稳定和谐和发展。

3.2.3　可持续发展的原则

可持续发展实践的原则可分为宏观层次的一般性原则和微观层次的具体可操作性原则。

3.2.3.1　宏观层面的一般原则

可持续发展的一般性原则可概括为公平性原则、可持续性原则和共同性原则。

第一，公平性原则。可持续发展强调"人类需求和欲望的满足是发展的主要目标"。经济学上讲的公平是指机会选择的平等性。可持续发展的本质是平等。需求的公平是一种需要的平等，是满足需要的"条件"的平等，包括空间上的平等（即地区间、国家间、群体间的平等）、时间上的平等（即今天与明天、近期与远期、代与代之间、同代之间的平等）、发展权、生存权、环境权、资源权上的平等以及最重要的机会平等。马克思主义认为，平等是发展着的平等，是有条件的平等，是起点、过程和结果的平等，必须摒弃抽象的道德上的"平等"。可持续发展追求的公平性原则包括三个方面：其一，同代人之间的横向公平。可持续发展要满足全体人员的基本需求和给全体人员机会以满足他们对较高生活的愿望；要给世界以公平的分配和公平的发展权，要把消除贫困作为可持续发展进程中特别优先的问题来考虑。其二，代际间的公平，即世代人之间的纵向公平性。人类赖以生存的自然资源是有限的，当代人不能因为自己的发展与需求而破坏人类世世代代满足需求的条件——自然资源与环境。要给世世代代以公平利用自然资源的权利。其三，公平分配有限资源。目前的现实是，占全球人口 26% 的发达国家消耗的能源、钢铁和纸张等占全球的 80%。美国总统可持续发展理事会（PCSD）在一份报告中也承认："富国在利用地球资源上有优势，这一由来已久的优势取代了发展中国家利用地球资源的合理部分来实现他们自己经济增长的机会。"联合国环境与发展大会通过的《里约宣言》已把这一公平原则上升为国家间的主权原则："各国拥有着按其本国的环境与发展政策开发本国自然资源的主权，并负有确保在其管辖范围内或在其控制下的活动不致损害其他国家或在各国管辖范围内以外地区的环境的责任。"由此可见，可持续发展不仅要实现当代人之间的公平，而且也要实现当代人与未来各代人之间的公平，向当代人和未来世代人提供实现美好生活愿望的机会。这是可持续发展与传统发展模式的根本区别之一。

第二，可持续性原则。WCED论述了可持续发展的"限制"因素——"人类对自然资源的耗竭速率（提醒我们）应考虑资源的临界性"，"可持续性不应损害支持地球生命的自然系统：大气、水、土壤、生物……"，"发展"一旦破坏了人类和生存的物质基础，"发展"本身也就衰退了。可持续性原则的核心指的是人类的经济和社会发展不能超越资源与环境的承载能力。

第三，共同性原则。虽然世界各国历史、文化和发展水平不同，但是可持续发展作为全球发展的总目标，所体现的公平性和可持续性原则是相同的。并且，实现这一总目标必须采取全球共同的联合行动。可持续发展的战略就是要促进人类之间及人类与自然之间的和谐。如果每个人在考虑和安排自己的行动时都能考虑到这一行动对其他人（包括后代人）及生态环境的影响，并能真诚地按共同性原则办事，人类内部及人类与自然之间就能保持一种互惠共生的关系。也只有这样，可持续发展才能实现。

总之，可持续发展的概念内涵极其丰富。就其社会观而言，主张公平分配，既满足了当代人又满足后代人的基本要求；就其经济观而言，主张建立在保护地球自然系统基础上的持续经济发展；就其自然观而言，主张人类与自然和谐相处。这些观念是对传统发展模式的挑战，并为人类所谋求的发展模式奠定了基础。

3.2.3.2　微观层面的具体原则

许多研究者从具体的操作层面探讨社会实践活动中应该遵循的原则。其中，赫尔曼·戴利（Herman Daly，1990）提出了可持续发展的可操作性的三原则——第一，再生性资源使用原则。所有再生性资源的利用水平要小于或等于其种群的生长率。如对森林的采伐不应该超出其生长量、草场的牲畜承载量不应该超出饲料生长的供给能力等。第二，污染排放原则。要求所有可降解污染物的排放低于生态系统的净化能力。这一原则与前述的再生性资源使用原则是相通的。事实上，在许多人看来，自然界对污染物的自我降解能力本身即是一种再生性资源。第三，非再生性资源使用原则。要求将非再生性资源的开采所得的收益分解为两部分，即收入流和投资流。投资流指应该投入对这种非再生性资源具有替代作用的再生性资源开发与利用之中，从而保持资源的动态平衡。

3.2.4　马克思主义的可持续发展观

马克思主义的可持续发展观是历史唯物史观的发展观。马克思主义认为，生产力是社会生产中最革命最活跃的因素，生产力决定生产关系，经济基础决定上层建筑，生产关系和上层建筑反作用于生产力和经济基础。这两对基本矛盾运动推进了人类社会进步与发展。这是对人类社会发展规律的科学描述，揭示了发展的动力、本质和规律。自然社会是在自然选择过程中进化和发展的；而人类社会则是在生产力和生产关系、经济基础和上层建筑的对立统一运动中发展的。

马克思主义的可持续发展观是以人为本的发展观。马克思主义认为，经济增长并不等于经济发展，增长只是量的变化，而发展则是质的跃迁。经济发展是指社会、经济、生态结构性的变化和系统性的进化。马克思主义还认为，经济增长并不等于发展，经济增长只是实现人的全面发展的手段。而发展的终极目标是人的发展，是人的全面发展。人的全面发展是社会经济发展的尺度。人的全面发展是指人的彻底解放，是指把人从被物的统治和被人的统治中彻底解放出来。

马克思主义的可持续发展观是全面发展的发展观。马克思主义不但告诫人类不能随意征服自然，否则会受到自然的惩罚，而且更强调人与人的和谐关系。可持续发展不仅是指人与自然的和谐发展，还包含人与自然、人与人、自然与自然的和谐发展。

3.2.5 水土流失治理与可持续发展的关系

可持续发展以人为中心，以资源环境保护为条件，以经济社会发展为手段，实现当代人与后代人共同繁荣、持续发展的目的。水土是人类和一切生物赖以生存和发展的自然资源和物质基础；水土资源是生态环境的基本要素，是生态环境系统结构与功能的组成部分，是环境与发展问题的核心因素；水土资源是国民经济和社会发展的重要物质基础。没有水土资源为保证，社会经济将无法持续发展。

可持续发展理论是水土保持的理论指导，是水土流失治理理论创新的目标和遵循的原则。水土流失治理必须要体现可持续发展的公平性原则、可持续性原则、共同性原则和可操作性原则，以实现水土资源的可持续利用。

3.3 制度经济理论

水土流失治理既有技术问题，又有制度问题。技术问题产生于人与水土资源的关系和作用，制度问题产生于在与水土资源相互作用时所形成的人与人之间的关系。中国许多领域的应用技术缺乏技术普及化的内在冲动，缺乏市场机制和制度环境，因此制约着可持续发展。

3.3.1　制度的概念和内涵

19 世纪 20 年代托斯丹·邦德·凡勃伦（Thorstein B Veblen）和约翰·R·康芒斯（John R. Commons）创立了制度经济学派。20 世纪 60 年代加尔布雷斯（Galbraith John Kenneth）、阿兰·G·格鲁奇（Alan.G. Grutsch）等发展了制度经济学，形成了主张国家干预的新制度经济学。20 世纪 70 年代以后，随着凯恩斯主义的没落，新制度经济学变得活跃起来，以罗纳德·哈里·科斯（Ronald H. Cose）和道格拉斯·诺斯（Douglass C.North）为代表的新制度经济学派提出了顺应经济自由的思想，主张通过适当的制度来消除市场不稳定性。

不同历史阶段、不同学派对于制度的概念界定不一样。凡勃伦（1964）主要从社会学的角度研究与分析制度及制度对经济运行与发展的作用。康芒斯（1994）主要从法学的角度研究和分析制度对经济运行和发展的作用，他认为制度是集体行动控制个人行动。西奥多·舒尔茨（Theodore W. Schultz，1994）认为"一种制度定义为一种行为规则，这些规则涉及社会、政治及经济行为。例如，它们包括管束结婚与离婚的规则，支配政治权力的配置与使用的宪法中所包含的规则，以及确立由市场资本或政府来分配资源与收入的规则。"弗农·卫斯理·拉坦（Vernon Wesley Ruttan，1994）认为制度是一套用于支配特定的行为模式与相互关系的行为规则。林毅夫（1994）同样认为制度是社会中个人所遵循的行为规则。诺斯（1997）认为"制度是一系列被制定出来的规则、守法程序和行为的道德伦理规范，它旨在约束一些追求主体福利或效用最大化的个人行为。"学者们对制度的定义表述不一，但是基本含义一致，即制度是约束人们行为的一系列规则，这些规则覆盖了社会、经济以及政治等多个方面，是一个不断发展的概念，具有深刻而丰富的内涵。

其一，制度与人的动机及其行为有着内在的联系。人类社会的发展史也是一部制度演化史，人类社会诞生以来就一直生活在一定的制度框架之中。历史上的任何制度的产生都是基于当时制定人的利益，进行多重博弈的结果。制度影响与制约着人的动机与行为。人们在追求物质和非物质财富最大化的过程中，受到人们"发明"或"创造"的一系列规则、规范等的制约。如果没有制度对人们的行为进行约束，那么人们在追求效用最大化的过程中，由于自私的动机驱使，将产生行为的失范，造成社会、经济生活的混乱或者低效率。

其二，制度是一种"公共品"。制度作为一种行为规则，针对的是某一特定的利益集团或者一定的人群。它是一种公共规则、一种无形的公共品，是人的思想观念的体现以及在既得社会利益格局下的公共选择。它可以表现为规则，可以表现为法律制度，可以表现为一种习俗等。制度与其他有形的一般公共品有一定的区别：一般有形的公共品不具有排他性，但作为无形公共品的制度，却具有一定的排他性，如对大多数人有益的制度可能对少数人并不利。这是因为一些制度是根据少数服从多数的原则形成或者由权力中心强制推行的。

其三，制度的概念包含组织的含义。拉坦认为"一种制度被定义为一套行为规则，被用于支配特定的行为模式与相互关系。一种组织则被看作一个决策单位——一个家庭、一个企业、一个局——由它来实施对资源的控制。就我们的目的而言，这是一种没有差别的区分。一个组织所接受的外界给定的行为规则是另一组织的决定或传统的产物，诸如有组织的劳工、一个国家的法院体制或一种宗教信仰。"

明确与制度相关的几个概念对理解制度内涵是必要的。"制度环境"是指一系列用来建立以生产、交换与分配为基础的基本的政治、社会和法律的基础规则，如一个国家的宪法具有相当的稳定性。"制度安排"是约束特定行为模式和关系的一套行为规则，是支配人们相互之间可能选择合作或竞争不同方式的一种安排，如产权规则、自愿性契约等。

3.3.2　制度的构成

3.3.2.1　正式制度

正式制度是人们针对特定目的而有意识地创造出来的一系列法律法规、政策规定，包括政治规则、经济规则、契约以及由这一系列规则构成的一种等级结构，从宪法到成文法和不成文法，再到特殊的细则，最后到个别契约，共同约束、规范人们的相互行为。新制度经济学认为，正式规则中的政治规则通常决定经济规则，而在经济规则中，产权处于基础性地位。一个社会的经济发展，关键在于要产出有效率的产权制度。

3.3.2.2　非正式制度

非正式制度是人们在长期的日常生活交往中形成的，是逐渐演化的文化中的一部分，主要包括价值信念、意识形态、伦理规范、道德观念、风俗习惯等。其中，意识形态处于核心地位，是人们关于世界的一套信念，这些信念使人们倾向于从道德上判断劳动分工、收入分配和现行制度结构等。非正式制度不仅蕴涵着价值信念、价值规范、道德观念和风俗习性，还在形式上构成某种正式制度安排的"先验"模式。

3.3.2.3 实施机制

一个社会制度运行效率的高低，除了正式制度与非正式制度的完善之外，还要看是否有强有力的实施机制。一个"人治"的社会，并非指没有法律，而是指没有建立起与法制相配套的实施机制。检验一个国家的制度实施机制是否有效关键是看违约成本的高低。一个强有力的实施机制将使微观经济行为主体的违约成本大于违约收益，这样便阻止违约行为的发生，有利于维持正常的合作与竞争关系。

制度的三个基本要素之间有着密切的联系。一方面，正式制度与非正式制度二者具有互补性，它们分别作用于不同层面、不同领域，并具有相互促进的作用；另一方面，正式制度作用的有效发挥必须以与非正式制度相容为前提条件。而强有力的实施机制是正式制度和非正式制度发挥有效作用的必要条件。

3.3.3 制度的功能

对于制度功能的描述，国内外的一些学者发表了一些见解。诺斯（1990）认为，制度具有激励、减少不确定性、降低交易成本等功能；舒尔茨（1994）从经济层面上分析认为制度的基本功能是为经济提供服务；林毅夫（1994）把制度功能归纳为安全功能（对付不确定性）和经济功能（规模经济和外部效果内部化）；盛洪认为制度一般具有激励、资源配置和利益分配功能等。借鉴前人的研究成果，李雪松（2006）将制度的主要基本功能归结为节约交易成本、优化资源配置、为合作创造条件、提供激励条件、提供保险机制等。

制度具有多种基本功能，但是制度如果不作用于生活在其中的人类的行为之上，其功能不可能有效发挥。任何新的制度安排都必须以经济社会的客观需要为前提，通过作用于处在其中的微观经济主体的行为，充分发挥其功能，以达到促进经济发展的目的。

3.3.4　制度与经济发展

制度（如厂商、家庭、契约、市场、规则和条例以及社会规范等）对经济发展的重要性在古典经济学家如大卫·休谟、亚当·斯密、约翰·斯图亚特·穆勒和其他一些人的著作中已有所反映。刘易斯、库兹涅茨、米尔达尔和其他一些现代发展经济学家也对制度影响经济发展的方式进行了许多细致深入的考察。

制度与经济发展之间存在着清晰的双向关系：一方面，制度影响经济发展的水平和进程；另一方面，经济发展可以而且确实经常导致制度变迁。

发展中国家与发达国家之间生产力和制度等存在差异，制度变迁是发展中国家经济发展的一个组成部分，如果没有一个已被验证的制度和制度变迁的理论，就难以完全了解经济发展过程。对于某些发展中国家，利用制度改革作为突破他们所陷入的低水平均衡陷阱的手段也许是迫切的。一国从何处开始及如何进行改革是一个令人深思的问题，唯有对该国现存的制度结构和人力与自然的禀赋加以严肃思考之后才可能做出回答。

现代经济学的分析工具为解决发展中国家所遇到的问题提供了启示，缩小了理想制度的选择范围，总结了成功改革的必要条件，并可资发展中国家借鉴。由此，对国家制度和制度变迁的研究不仅会为一般经济学理论的发展作出贡献，而且会使该国的制度改革获益匪浅。这个领域是发展经济学家"能干好且在行善"的领域（Tullock，1984）。

3.3.5　制度创新

3.3.5.1　创新与制度创新

制度创新是新制度经济学研究的尖端问题。《现代汉语词典》将"创新"定义为："抛开旧的，创造新的。"从经济学的角度讲，创新是生产要素的重新组合，其目的是为了获取潜在的利益。但创新并不一定是获取一种全新的东西。旧的东西也可以以新的形式出现或与新的方式结合，这也是创新。在现代社会创新范围得以扩展，包含各种能提高资源配置效率的新活动。一切能从根本上调动、鼓励和保护人类的积极性、主动性和创造性的规约系统的变迁和超越活动都是创新，其中，既有涉及技术性的创新，如产品创新、技术创新、过程创新，也有涉及非技术性的创新，如制度创新、观念创新、市场创新等。

相对于技术创新、产品创新，制度创新最为根本，其发生的机制也不同。一项制度制定得再完美，如果得不到实施或实施不力，也不是一种创新。制度创新就是指能够实现使创新者获得追加利益而对现存制度的变革。制度创新的动力源于新制度的实行可能带来的预期收入。一旦预期收入大于制度创新所引起的阻力和支出增加等创新成本时，制度创新的受益者就会努力推动创新的发生和成功实施；反之就采取维护旧制度的做法。因此，制度创新可以说是指制度的重新设计和变革，并可以带来一定的社会效益和经济效益的动态过程，是"人类根据新的环境要求而不断地对旧制度进行修正或者强化的过程，亦即新经验对旧制度的不断反馈过程。"（张立昌，1999）

制度创新作为一项创新活动，必须具备创新的本质特征，即新颖性、继承性、价值性、先进性和未来性。

新制度经济学认为制度创新是使创新者或创新集团通过制度

的调整与变革能取得替代收益的一种创造性活动，认为它是制度变迁的一个环节。制度变迁是指制度形成、变更及随着时间变化而被打破的方式。它可以被理解为一种效益更高、交易费用更低的制度对另一种效益较低、交易费用较高的制度的替代过程。新制度经济学派利用现代的产权理论说明制度变迁与经济增长的关系，指出制度变迁是经济增长的因素之一，并把制度作为经济增长的内生变量加以考虑。但是，他们只把一些影响经济增长的外在因素作为制度创新的动力，把制度创新看作是外部环境推动的结果，是一种被动应付的过程。

3.3.5.2　马克思主义对制度创新的理解

马克思主义的创新观是一种综合的多元创新观，是从宏观的、社会发展的、综合的视角阐释创新。马克思主义认为创新是一个具有规律可循的社会现象，创新的目标有两个——经济发展和人的全面发展。马克思主义认为创新包括制度创新、技术创新和科学创新，三者中既强调制度创新的作用，也提倡科技创新。马克思主义认为，内因是事物发展的根据，要使制度创新成为一种动态的、高效运转的过程，要使制度创新主体能积极、主动投入到创新活动中，只有从内部培植和完善制度创新机制。马克思主义认为制度创新的动力来源于社会发展的基本矛盾运动。在社会发展中，生产力和生产关系、经济基础和上层建筑的矛盾运动共同推动着人类社会不断向前发展。社会制度作为一种上层建筑，也必须随着生产力和生产关系的变革而不断地调整。制度创新是社会发展的必然要求和结果。一种旧的制度，当它严重影响社会生产力的继续发展时，它的变革显得越来越迫切——这是社会历史发展的必然性的体现。

3.3.5.3　制度创新对经济发展的作用

社会经济发展的过程是一个制度不断创新的过程。制度创新对社会经济发展有着巨大的促进作用。

第一，制度创新能通过建立新的交易规则或重塑微观经济活动主体如个人或组织的发展动力来规范人们的行为，扩展人们的经济活动和选择的范围，在人与人之间重新确立一种新的关系、一种新的激励结构，引导资源从低效率组织、部门或行业流向高效率组织、部门或行业，实现资源的合理配置，促进产业结构不断优化，最终推动社会经济的发展。

第二，制度创新能通过新的有效的制度安排来替代不合理的原有制度或弥补原有制度的缺陷，如放开不合理的价格管制，建立现代企业制度，重塑微观经济行为主体等，进而矫正价格信号的扭曲，发挥市场机制的作用，促进社会经济的发展。

第三，制度创新可以通过提供一种有效的新的制度安排来明确产权界定并为产权提供可靠的保护（如专利法），这样有利于克服各种外部性问题和"搭便车"问题以及诸多不确定性因素，使行为主体形成对自己和别人行为的合理预期，维持正常的合作与竞争关系，促进市场经济的有效运行，激发各微观经济行为主体积极从事技术创新和其他生产性活动，最终推动社会经济的发展。

第四，制度创新能够通过新的制度安排来降低交易费用，给专业化和劳动分工的发展提供更广阔的空间，进而推动社会经济的快速发展。

制度经济理论是评价和分析现行水土流失治理制度的理论基础，也是构筑水土保持制度的指导思想。

3.4　生态补偿理论

经济学的相关理论认为，在产权不明晰或（和）缺乏产权主体的情况下，人类的经济活动将会产生经济的外部性，即市场主体行为对第三者造成了影响，市场主体却并不因此受损或获益，于是导致经济活动中的私人成本与社会收益不一致。为解决这个问题，福利经济学提出了征收"庇古税"的方法，形成了生态补偿机制的理论基础。

3.4.1　私人成本与社会收益的冲突

一个区域的各种生物及其周围环境共同构成了具有一定特性的自然生态系统。生态系统的自身属性造成生态建设中私人成本与社会收益的冲突。生态系统在自身的生存与发展过程中，为人类提供了一系列的生态服务功能。生态服务和产生这些服务功能的自然资本直接或间接为人类提供各种利益，并因而成为整个地球上经济价值的一部分，对于地球生命保障系统至关重要。可以说，自然环境中的各种生态系统为人类提供了生态产品。但生态服务具有空间流转性，决定了生态产品的公共物品属性，从而导致外部性的产生，引发了私人成本与社会收益的冲突。

3.4.1.1　生态服务功能的空间流转性

生态服务功能的空间流转是指生态系统的一些服务功能可能会通过某些途径在空间上转移到系统之外，在某些具备适当条件的外部地区产生效能。因此，某地域的生态与环境问题的形成不仅是本地域的人地冲突所致，而且也是相关地域和背景地域的人地冲突所致。前者为本域生态与环境问题，后者为异域生态与环境问题。

许多重要的生态服务功能都具有空间转移的特性，这种特性使得生态系统的服务功能能够在比其他生物占据的栖息地空间大得多的范围内产生经济价值。某地域实行生态建设，不仅可以协调本域的人地关系，而且有利于他域人地关系的协调。

3.4.1.2　公共物品属性

由于生态功能的空间流转特征，使得生态系统及自然环境成为典型的公共物品，具有了效用的不可分割性、消费的非竞争性和受益的非排他性等特征。消费中的非竞争性往往导致过度使用的"公地悲剧"；消费中的非排他性往往产生"搭便车"的心理和行为，由此往往导致供给不足。政府管制和（或）政府买单是有效解决公共产品供需矛盾的机制之一；让受益者付费、使生态建设者和保护者得到补偿等制约和激励手段也是有效的解决机制。

3.4.1.3　外部性

外部性是指在没有市场交换的情况下，一个生产单位的生产行为（或消费者的消费行为）影响了其他生产单位（或消费者）的生产过程（或生活标准）。

新古典经济学认为，在完全竞争的市场条件下，社会边际成本与私人边际成本相等，社会边际收益与私人边际收益相等，从而可以实现资源配置的帕累托最优。现实中，由于外部性等因素的存在，帕累托最优往往成为福利经济学上的"乌托邦"。

对于生态与自然环境来说，开发利用资源的边际机会成本为边际生产（直接）成本、边际耗竭（使用）成本和边际外部（环境）成本三者之和。有效配置生态与自然环境资源的必要条件之一是使该种资源的价格等于其边际机会成本。现实中自然环境中资源价格一般都远远低于边际机会成本，因为资源开发者或消费者并不承担边际耗竭成本和外部成本。因此，生态自然环境外部性问题的解决，实际上就是如何将这两部分费用转嫁到生态产品的开发者或消费者手中。

由于自然生态环境是一种具有正外部效应的公共物品，其价值在消费过程中往往被忽略，市场机制不能使生态质量在经济扩张过程中得到充分的保障，即出现"市场失灵"。生态服务功能的外部性具有地域性，随着生态功能辐射程度的变化，不同地区的生态功能正外部收益程度并不均等，外部性内部化途径选取因此受到挑战。

3.4.2　外部性的内部化

外部性的内部化就是将外部性的边际价值定价。对于正外部性而言，就是将外部边际收益加计到私人边际效益之中，从而使物品或服务的价格得以反映全部的社会边际效益。

3.4.2.1　庇古税和补贴

在存在外部性的情况下，边际私人纯产品和边际社会纯产品、边际私人纯收益（$MNPB$）和边际社会纯收益（$MNSB$）、边际私人成本（MPC）和边际社会成本（MSC）是不一致的。当存在外部不经济时，其经济主体的实际产量高于最佳产量；当存在外部经济时，其经济主体的实际产量低于最佳产量。因此，存在外部性时，完全由市场来调节就不能达到资源的最优配置，社会福利也就不能达到最大。为改变这种状况，庇古提出的政策主张是：对外部不经济的产商征税（后来的学者称之为"庇古税"），使之降低产量，对外部经济的厂商给予适当的补贴，鼓励增加产量。

庇古税可以用图 3 - 1 加以说明。其中，$MNPB$ 是边际私人纯收益曲线，MEC 是边际外部成本曲线。污染造成的损失由周围的居民来承担。在没有政府干预的情况下，企业的产量数额确定是为实现其利润最大化，只要 $MNPB > 0$，企业就会扩大生产，直到 $MNPB=0$，也就是说，企业将把其产量确定为 Q_1。但从全社会的角度看，其产量为 Q_1 时，社会承担的外部成本是较大的，边际社会纯收益为负（即 $MNSB = MNPB - MEC < 0$）。随着产量的降低，MEC 逐步减少，$MNPB$ 不断增加，$MNSB$ 也不断增加，产量减少到 Q_e 时，$MNSB$ 由负数变成 0；当产量小于 Q_e 时，

$MNPB > MEC$，$MNSB > 0$，表明企业增加产量对社会有利，因此，从社会的角度看最优产量是 Q_e。为了保证企业的产量达到社会最优水平，政府应该采取征集税收的办法，假设单位产量的税收为 T^*，这样，就使企业在产量为 Q_e 时，税后 $MNSB=0$。这里的 T^* 即为庇古税。

用数学式来解释图 3－1：$MNPB = MPB - MPC = P - MPC$（$MPB$ 为边际内部收益，P 为价格），$MEC = MSC - MPC$；当 $MNPB > MEC$，即 $P > MSC$ 时，表明增加生产对社会有利；$P < MSC$ 时，减少生产对社会有益；当 $MNPB=MEC$ 时，社会增加生产或减少生产都不利，因此处于均衡状态；当 $MNPB=MEC=T^*$ 时，有 $MPB=P=MPC+T^*=MPC+MEC$，这里私人的边际收益不仅包括自身成本，而且还包括大小等于税收的边际外部成本，即外部性内部化了。

3.4.2.2 科斯定理

庇古解决外部性问题的核心思想是：在存在外部性的条件下，要达到社会最优产出，政府的干预是必要的。科斯（1995）在《社会成本问题》一文中就外部性问题进行了研究，认为"在交易成本为零或者交易成本极小时，只要产权明确，有关方面之间通过协商（或讨价还价）能够实现资源的最优配置，即达到产出的最大化。"科斯指出，交易成本较大时，不同产权的初始界定对于经济效率有较大影响，即在交易成本较大时，产权制度是极其重要的。

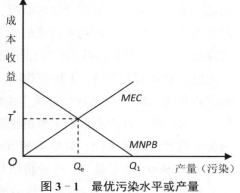

图 3－1　最优污染水平或产量

庇古等经济学家考虑外部性问题的出发点是污染者甲给被污染者乙造成损害，因此，解决的主要问题是如何制止甲。科斯认为这一解决外部性问题的方法掩盖了不得不作出的选择的实质，他认为这一问题具有相互性，即避免对乙的损害将会使甲遭受损害。这样必须决定的问题是——允许甲损害乙，还是允许乙损害甲？而实际上关键在于避免较严重的损害。科斯所考虑的问题是，解决问题的关键在于使社会产出最大。

科斯定理实质上概括了科斯关于产权制度安排、交易费用高低与资源配置效率三者关系的思想。由于经济学家们的角度不同，对科斯定理重要意义的认识也有所差别，新制度经济学家往往强调产权制度初始安排（以及与此相关的交易成本）的重要性，强调市场机制的学者们则比较重视市场的作用（即有关方面的协商，如同买卖双方的协商一样）。总之，针对解决外部性问题，科斯定理可表述为：只要把外部性作为一种财产权明确下来，而且谈判的交易费用不大，外部性问题就可以通过当事人之间的自愿协商而得到有效解决。

3.4.3　生态补偿的内涵

"生态补偿"的概念是"庇古税"应用于生态经济领域的延伸。在国内外研究中生态补偿还没有统一的概念。《环境科学大辞典》将"自然生态补偿"定义为："生物有机体、种群、群落或生态系统受到干扰时，所表现出来的缓和干扰、调节自身状态使生态得以维持的能力；或者可以看作生态负荷的还原能力。"或是"自然生态系统对社会、经济活动造成的生态破坏所产生的缓冲和补偿作用"。一般人们将生态补偿理解为资源环境保护的一种经济手段；将生态补偿机制看成调动生态建设积极性、促进环境保护的利益驱动机制、激励机制和协调机制。

一般认为，中国最早的生态补偿实践始于 1983 年云南省对磷矿开采征收覆土植被及其他生态与自然环境破坏恢复费用。最初，生态补偿通常被认为是生态与自然环境加害者支付赔偿的代名词，相当于污染者付费。章铮（1995）认为，狭义上的生态与自然环境补偿费是为了控制生态破坏而征收的费用，其性质是行为的外部成本，征收的目的是外部成本内部化。庄国泰等（1995）将生态补偿定义为"以防止生态与自然环境破坏为目的，以对生态与自然环境产生或者可能产生不良影响的生产、经营、开发者为对象，以生态与自然环境整治及恢复为主要内容，以经济调节为手段，以法律为保障条件的环境管理制度。"庄国泰等将征收生态环境补偿费看成对自然资源的生态环境价值进行补偿，认为征收生态环境费（税）的核心在于：为损害生态环境而承担费用是一种责任，这种收费的目的在于它提供一种减少对生态环境损害的经济刺激手段。

总体而言，在 20 世纪 90 年代前期的文献中，生态补偿通常是生态环境加害者付出赔偿的代名词。20 世纪 90 年代后期以来，生态补偿则更多的指对生态环境保护者、建设者的一种利益驱动机制、激励机制和协调机制。

1998 年长江流域洪灾后，随着国家对环境保护与生态建设的进一步重视和森林生态效益补偿基金在法律上的确立，生态补偿更多侧重于落实对环境保护、生态建设者的财政转移支付补偿机制（例如，国家对实施退耕还林的补偿等）。同时，国内出现了要求建立区域生态补偿机制、促进西部的生态保护和恢复建设的呼声，生态补偿因此增加了新的内涵。

洪尚群等（2001）将生态补偿机制看成调动生态建设积极性，促进环境保护的利益驱动机制、激励机制和协调机制。毛显强等（2002）从经济学的角度给了生态补偿一个较为直观的定义，即

"通过对损害（或保护）资源环境的行为进行收费（或补偿），提高该行为的成本（或收益），从而刺激损害（或保护）行为主体减少（或增加）因其行为带来的外部不经济性（或外部经济性），达到保护资源的目的"。吕忠梅（2003）认为"生态补偿从狭义角度理解就是指对由人类的社会经济活动给生态系统和自然资源造成的污染进行补偿、恢复、综合治理等一系列活动的总称。广义的生态补偿还应包括对因环境保护丧失发展机会的区域内的居民进行资金、技术、实物上的补偿，政策上的优惠，以及为增强环境保护意识，提高环境保护水平而进行的科研、教育费用的支出。"生态保护补偿机制就是通过制度创新实现生态保护外部性的内部化，让生态保护成果的"受益者"支付相应的费用；通过制度设计解决好生态产品消费中"搭便车"的现象；激励公共产品的足额提供，通过制度变迁解决好生态投资者的合理回报，激励人们从事生态保护投资并使生态资本增值的一种经济制度。生态补偿已经不是单纯意义上对环境负面影响的一种补偿，它也包括对环境正面效益的激励，涉及的范围也不再是单纯的项目建设，还包括政策、规划、生态保护等多个方面（沈洪满等，2004）。

生态补偿是人类社会为了维持生态系统对社会系统的永续支持能力，从经济社会系统向生态系统反哺投入。这种反哺投入表现为通过补偿制度设计而实现某种形式的转移支付，从而起到维持、增进自然资本（包括自然生态资源和自然环境容量）的存在和扩张或者抑制、延缓自然资本的耗竭和破坏过程的作用，并最终实现社会经济系统本身的永续发展（谢剑斌，2004）。

综上所述，国内众多学者已从多个角度对生态补偿的内涵、目的、方法进行了描述，并达成了某些共识——生态补偿的理论基础是生态与自然环境的外部性内部化，包括破坏生态与自然环境的行为造成的负外部性的内部化，以及保护和建设生态与自然环境产生的正外部性的内部化；生态补偿的目的是保护人类赖以生存的生态与自然环境。然而，在某些方面，不同学者存在着意见分歧：有人认为，生态补偿是保护生态与自然环境的各种具体措施的总称，经济支付只是为保证各种措施有效实施的一种辅助手段；有人认为，生态补偿是一种管理体制，通过其管理使得生态系统与社会经济系统有机联系起来，其实质是从社会经济系统向生态系统反哺投入，其最终目的是实现社会经济系统本身的永续发展。

席慕谊等（2005）针对中国当前大规模生态建设的现状，认为将生态补偿视为一种管理制度更为合理。他们认为，生态补偿可看作是从保护环境、恢复生态、维持生态系统对社会经济系统的永续支持的能力出发，通过一定的经济手段，将自然生态系统与社会经济系统有机联系起来，为解决生态与自然环境在开发利用、建设以及保护过程中产生的外部性问题而建立起来的一种管理制度。

随着经济的发展，资源在不断满足经济增长的需要而渐显紧张或短缺，同时人类生存的生态环境进一步恶化。人们一直在探索如何合理保护资源、如何做到生态资源保护和经济发展的协调，实现经济社会的可持续发展。王干（2006）研究认为，生态补偿制度作为推动可持续发展的一个微观方面，是一个不容忽视的生态、经济、法律综合体；生态补偿是对因保护环境而丧失发展机会的区域内的居民进行的资金、技术、实物上的补偿，政策上的优惠，以及为增强环境保护意识，提高环境保护水平而进行的科研、教育费用的支出。其目的在于消除过多人工能量的加入导致的原有生态系统的失衡状态。

在发达国家，生态补偿理念产生的比较早。德国 1976 年开始实施的 Engriffsregelung 政策、美国 1986 年开始实施的湿地保护"零净损失"（no-net-loss）政策等都体现了生态补偿原则，可以看成是生态补偿的起源（蔡邦成 等，2005）。早期的生态补偿被认为是对遭受破坏的生态系统进行修复或者进行异域重建，以弥补生态损失的做法（Cuperus et al., 1999）。或者是为了维护生态系统服务功能的长期安全，通过可持续的土地利用方式，由生态系统服务功能的受益者对提供这些服务的生态功能进行补偿的行为。显然，生态补偿被认为是生态恢复、重建或建设的代名词，而生态补偿中的经济支付仅仅被视为生态保护和建设的一种辅助手段。在国外，与中国的生态补偿概念更为接近的是"生态环境服务付费（payment for ecosystem services, PES）"，即根据生态服务功能的价值量由受益者向自然资源管理者支付的费用。美国、哥斯达黎加、厄瓜多尔、哥伦比亚、墨西哥等国家已经实施生态环境服务付费制度。

尽管"生态补偿"在国内外没有统一的定义，但其基本理论来源一致，即环境外部成本内部化原理，其目的是为了解决资源与环境保护领域的外部性问题，使资源和环境被适度、持续地开发、利用和建设，从而达到经济发展与生态保护平衡协调，促成可持续发展的最终目标实现（徐启权，2002）。

从自然生态补偿方向来看，一个生态系统的稳定与否，主要看该系统的各个组成部分是否平衡，其相互关系是否协调。同样，在小流域生态系统中，如果其发展不平衡，没有形成良好的贡献——补偿的关系，那么这个生态系统的平衡就会受到威胁，就会逐渐向另外的状态转化，而元素分配的不平衡只会造成系统向低级的平衡状态演替。这样，整个流域的可持续发展就不可能实现（蔡晓明，2002）。从社会学的角度看，生态补偿是指对损害资源与环境的行为进行成本收费，加大该行为的成本，以刺激损害行为的主体减少其行为带来的外部不经济性，或对保护资源

与环境的行为进行补偿或奖励，以达到保护资源环境、促进区域
协调发展的目的（唐国清，1995）。

生态补偿已成为与生态环境保护密切相关的一种经济手段
（李瑞娥，1999）。建立生态补偿机制就是要通过制度创新，实
现生态保护外部性的内部化，让生态保护成果的受益者支付相应
的费用；通过制度设计解决好生态资源消费中的合理价值定位；
通过制度变迁维护好生态投资者的合理回报，激励人们从事生态
保护投资，并使生态资本增值。

3.4.4　生态补偿的类型

生态补偿的类型多样（见表 3-1）。通过什么样的途径来实
现补偿决定于补偿方式，例如：货币补偿可以采用增收税款和财
政转移等途径来实现补偿，智力补偿（技术补偿和人才补偿）可
以通过协助培养和无偿转让或者限期转让等途径来实现等。只有
理清、理顺各种补偿方式的作用和操作流程以及涉及的相关内容，
才能更好地进行组合分析，才能更进一步深入研究（洪尚群等，
2001）。

表 3-1 生态补偿的类型

划分依据	补偿类型	补偿类型释义	补偿类型适用的范围
补偿实施的目的	抑损补偿	一种赔偿性的补偿，或者说是资源有偿使用意义上的补偿，旨在抑制生态资源过快受损，带有被动和弥补倾向。形成这种补偿的依据有两点：一是使经济活动造成的外部经济内部化；二是使生态资源的稀缺性形成局部受益和全社会平摊的关系	生态补偿的早期形态，针对补偿的实施者而言。如"污染付费"原则
补偿实施的目的	增益补偿	一种激励性的补偿方式，即对生态保护和建设者给予经济上的补贴，以增加其从事生态保护与建设的积极性；是一种能够促进自然资本存量增长的主动补偿方式，更多地考虑了补偿对自然资本发展的主动增益作用	相对于补偿的接收者而言；随生态问题受关注程度的日益加深和国家对生态建设力度的加大而倍受关注，其理论和政策也逐渐成为研究的热点
补偿实施的形式	政策补偿	中央政府对省级政府、省级政府对市级政府等自上而下的权力和机会补偿。受补偿者在授权的权限内，利用制定政策的优先权和优惠待遇，制定一系列新的政策，促进发展，并筹集资金	在资金匮乏的情况下，"给政策，就是一种补偿。"
补偿实施的形式	资金补偿	根据补偿金的来源和支付形式，主要包括财政转移支付、项目支持（生态建设与环境保护项目、生态保护区域替代产业和替代能源发展项目、生态移民项目等）、征收生态与自然环境补偿税（费）三种类型	财政转移支付是目前中国最主要的补偿途径
补偿实施的形式	实物补偿	补偿者运用物质、劳力或土地等进行补偿，解决受补偿者部分的生产要素和生活要素，改善受补偿者的生活状况，增强生产能力	
补偿实施的形式	智力补偿	补偿者开展智力服务，提供无偿技术咨询和指导，为受补偿地区提供技术支持和管理方法，提高受补偿者的生产技能、技术含量和组织管理水平	

续表

划分依据	补偿类型	补偿类型释义	补偿类型适用的范围
资金的转移方式	区域之间的补偿	建立在区际公平基础上的同一区域间的补偿形式，如省内跨市、县的补偿、经济比较发达的下游地区"反哺"上游地区等；从大范围来讲，包括全球范围内国家之间的补偿，如对温室气体排放量高的国家征收碳税以补偿温室气体排放量低的国家	
	部门之间的补偿	从受益部门集团征收部分费用支付给投入部门集团，进行利益再调配的补偿方式	

资料来源：席慕谊等著.西部生态建设与生态补偿——目标、行动、问题、对策[M].北京：中国环境科学制版社，2005.10:42-44.

3.4.5 国内外生态补偿相关研究的进展

虽然生态补偿还没有一个明确的定义，但许多国家都进行了广泛的尝试。国外对生态补偿的研究早于国内，生态补偿的有关政策也较为完善。由于国家经济实力和生态状况的差异，国外的研究主要侧重于生态补偿资金的有效配置。美国和欧洲的一些国家在这方面的研究较为深入。早在 19 世纪 70 年代，美国麻省马萨诸塞大学的 Larson 和 Mazzars 就提出了第一个帮助政府颁发湿地开发补偿许可证的湿地快速评价模型（Larson，1994）。随后，美国、英国、德国等建立起矿区的补偿保证金制度（赵景逵等，1991）；欧洲、美洲的一些国家和地区设立了森林建设补偿制度等。

荷兰政府在 1993 年修建高速公路时，引入了生态补偿原理（Cuperus et al.，1996）。这种补偿是指对开发建设项目进行合理规划，在尽量避免和减缓开发建设对生态自然环境产生恶劣影响的同时，对一些不可避免的损失通过异域重建新的生态环境的方式来进行弥补。目的是为了在大规模开发建设项目中提高对自然保护的投入，并弥补这种开发所造成的恶劣生态影响，以使生态与自然环境不产生净损失。通过近十年的研究和实践，荷兰政府具体提出了生态补偿的法律依据、补偿额度的估算、补偿标准的确定以及补偿实施的方案。

Junjie Wu 等（1999）在美国研究了针对具体生态建设项目的生态补偿金的区域分配问题，以使生态保护的资金投入能获得最大的收益。研究结果表明，补偿金的分配必须考虑生态功能的累积效应以及各种生态功能间的相互作用和联系。美国1985年设立了保护与储备计划（Conservation Reserve Program，CRP）这是一个与中国正在实施的退耕还林还草工程相似、长期由政府资助、农场主自愿参加的退耕计划。针对该项目，美国学者做了大量研究，如 Plantinga 等（2001）研究了不同补助条件下农民愿意退耕的供给曲线，并利用供给曲线预测未来可能的退耕量和补助标准；Hamdar（1999）运用线性规划和灵敏度分析确定农民退耕的机会成本，通过与机会成本比较给出了可能的补助水平。Copper 等（1998）针对农民的意愿开展调查，通过运用序贯响应离散选择模型（ordered response discrete choice model）和随机效用模型（random utility model），分析了农民愿意继续维持 CRP 合同的比率和相应的补助要求水平。

爱尔兰的生态补偿政策实施较早。20世纪20年代，爱尔兰就开始了对私有林的补助，通常采取分期付款的方式。1989年又实施了森林奖励方案，从此，种植者可以每年领取一次补助，使造林水平不断提高。然而，自1994年实施农村环境保护计划（Rural Environment Protection Scheme，REPS）等农业补贴方案之后，农用地的边际价值得到提高，进行农业生产比造林更具有吸引力，造林水平开始下降。Mcharty 等（2003）就如何协调造林与耕作之间的关系进行了研究，运用回归分析计算了林业和农业政策的经济激励对私人造林倾向的影响，其研究结果表明，要在实施农业补贴政策的同时提高造林水平并获得最佳成本效益，就需要提高造林的预付补助金。

德国的 Drechsler（2001）、Johst 等（2002）针对生物多样性保护的生态补偿机制进行了较为深入的研究。他们利用生态学与经济学的交叉方法，提出了一套生态经济模拟程序，用以设计生物多样性保护的生态补偿方案。此程序可以解决一些复杂的补偿分配问题，如当涉及多区域的补偿问题时，如何设计一种合理的支付方案，使补偿金在时间和空间上的配置最为合理、有效。

国内的生态补偿研究起步相对较晚，始于 20 世纪 80 年代，到 20 世纪 90 年代出现高峰，至今仍是研究的热点，不过已逐渐由政策性研究转入定量化研究阶段。一些研究（梁巧转等，1999；谢利玉，2000）对补偿的具体计量方法进行了探讨，提出公益性项目（工程或设施）的环境和社会效益评价指标体系，并以边际机会成本作为定价标准，进行价格调整，使部分外部收益内部化。另一些研究（张宝声，2000；彭珂珊，2000；黄富祥等，2002）主要针对国家投资在西部的特大项目（如三峡工程）和长远战略性措施项目（如黄土高原退耕还林）中的社会收益与私人成本的冲突问题，提出解答问题的思路，例如损失补偿问题、资金合理使用问题。洪尚群等（2001）指出，补偿途径和补偿方式多样化是生态补偿顺利开展的需求，并提出四种类型的补偿方式：政策补偿、实物补偿、资金补偿、智力补偿。宗臻玲、欧名豪等（2001）在长江上游地区生态重建的经济补偿机制研究中，提出了内部补偿、外部补偿和代际补偿相结合的补偿模式。王黎明等（2001）对三峡库区退耕坡地环境移民的安置补偿途径进行了探讨。毛显强等（2002）应用博弈论的方法进行了湖区的生态补偿研究。

在生态补偿的政策探讨及实践方面，中国也不断地进行探索和尝试。1998 年修订的《中华人民共和国森林法》规定："国家建立森林生态效益补偿基金，用于提供生态效益的防护林和特种用途林的森林资源、林木的营造、抚育、保护和管理。"2000 年，国家又发布《森林法实施条例》，规定防护林、特种用途林的经营者有获得森林生态效益补偿的权利。此外，中国还建立了耕地占用补偿制度，对实现耕地"占补"平衡起到了积极有效的作用，对土地资源实行了有效的管理与保护。

中国的生态补偿政策理论已经形成了以不断完善的政策法规体系为支撑，以一系列重大战略规划为导向，以中央财政转移支付为主要投资渠道，以重大生态保护和建设工程及其配套措施为主要形式，以各级地方政府为实施主体的生态补偿总体框架（图3－2）。

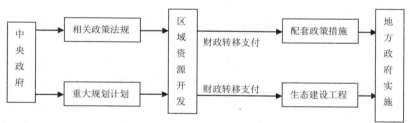

图 3－2 中国国家尺度生态补偿的总体框架

总体上看，国内从经济学的角度（即收益与成本一致性的角度）分析生态建设补偿机制的研究并不多，即使已有这类文献，也存在三个比较大的缺陷：第一，没有贯彻经济学的基本概念。虽然有些研究也提到补偿、收益等概念，但其更基本的思路是这些项目对"全局"、对国家有益，因此，私人利益、地方利益应该服从公共利益。从市场经济的角度看，这种认识是不彻底的，对有效推进生态建设工程的实施不利。第二，几乎全部是定性分析。具体的定量分析不多见，也没有适宜的指标体系进行客观论证。例如一个生态建设项目，其社会收益和私人收益、社会成本与私人成本之间的差距到底有多大，没有见到令人信服的计量。这种粗略的研究成果若付诸实践，要么导致补偿不足、要么导致补偿过度——两者都会造成资源的浪费。第三，提出思路建议的较多，而在实践中可具体执行和操作的政策指导意见很少，这种研究对解决实际问题作用不大。

综上所述，国内外生态补偿研究各有侧重。欧洲、北美等发达国家拥有雄厚的经济实力，研究的重点在于补偿金的有效配置，以使得生态补偿的投入能获得最大的收益；而在中国，目前的研究仍停留在补偿资金的筹集方式和相关政策的制定方面，且生态补偿实施的领域有限，补偿形式较为单一，财政转移支付是生态补偿的主要形式。

3.4.6　生态补偿制度的历史演进

中国是世界上开展生态补偿工作较早的国家之一。1992 年末，原林业部邀请十部委进行了林区考察调研，面对林业恶化的严峻现实，他们提出了必须尽快建立中国森林生态补偿机制，但这个方案未得到很好的实施。1998 年长江洪灾之后，国家实施了天然林资源保护、退耕还林等工程；同时，生态补偿作为一种可持续的生态环境保护机制再次被专家学者们提及，国家对此项工作更加重视，有关部门对此项工作的态度也发生了明显的转变，由原来的被动支持变成了主动积极配合。1998 年 7 月 1 日重新修改的《中华人民共和国森林法》明确规定：国家建立森林生态效益补偿基金，用于提供生态效益的防护林和特种用途林的森林资源、林木的营造、抚育、保护和管理。2000 年，国家又发布了《森林法实施条例》，规定补偿基金必须专门用于营造坑木、造纸等用材林，不得挪作他用。

目前开展的生态补偿工作主要包括：第一，在生态环境补偿费的理论与实践方面进行了许多前沿性的探索和试点工作；第二，建立了耕地占用补偿制度，基本实现了耕地占补平衡，从而对土地资源实行了有效的管理与保护（张智玲等，1997）；第三，通过制定森林资源保护的法律、法规和林业可持续发展行动计划，实施天然林资源保护、退耕还林还草、"三北"及长江流域等防护林体系建设等林业生态体系建设工程，加强森林资源的生态补偿；第四，通过制定草原法及配套法规，加强草原资源的生态补偿；第五，通过湿地资源保护行动，使全国各类湿地保护区的生态补偿取得了重要进展；第六，通过自然保护区生态补偿的实施，使自然保护区建设规模与管理质量有了显著提高，大部分具有典型性的生态系统与珍稀濒危物种得到了有效的保护（杨从明，2005）。此外，各个地方也陆续开展了具体的相关措施，比如：增加水电的费用收入以补贴上游、从煤炭收入中抽取一部分资金用于植被恢复、下发森林生态效益补助资金等。

国外的研究更加精细也更实用。巴西实施了生态增值税、建立永久性的私有自然遗产保护区和实施储藏量的可贸易权等措施来遵循"谁保护谁受益"的原则。哥斯达黎加近年来除了通过立法手段来保证生态效益外部性的内部化外，还采用市场手段对私人生产者所提供的生态效益进行补贴，或为政府保护生态效益行为提供财政支持。德国生态补偿机制最大的特点是资金到位、核算公平，资金支出主要是横向转移支付（杜振华等，2004）。所谓"横向转移"，就是由富裕地区直接向贫困地区转移支付。通过横向转移，以改变地区间既得利益格局、实现地区间公共服务水平的均衡。美国的生态补偿由政府承担大部分资金投入，由流域下游水土保持受益区的政府和居民向上游地区做出环境贡献的居民进行货币补偿。以色列采用水循环利用的方式（即"中水回用"的做法）来进行生态补偿，占全国污水处理后出水总量的46%直接回用于灌溉，其余32.3%和约20%分别回灌于地下和排入河道（龚亚珍，2002）。此外，还有一些国家对道路建设以及资源开发产生的生态环境影响应该做出哪些补偿也做了相应的研究（Ruud Cupers，1996、1999）。

3.4.7　技术进步、产业结构与经济发展

产业结构的高级化是经济发展的核心，而产业结构的变化离不开技术的进步，没有技术进步，就不可能有经济的持续发展。技术进步是指在创造和掌握新知识的基础上进一步在生产领域的各个阶段和非生产领域中应用新知识的过程，表现为技术革命和技术革新。产业结构则是指各产业在国民生产中的所占比重及其结合的状态。而经济发展是指一个国家或地区人口平均的福利增长过程，不仅是财富和经济机体量的扩张，而且意味着质的变化，即经济结构、社会结构的创新、社会生活质量和投入产出效益的提高，是在经济增长的基础之上、经济结构和社会结构持续高级化的创新过程和变化过程。

经济增长是经济发展的基础。对经济增长内在动因的探究是学术界与实践工作者长期探究的议题之一。区域经济增长率决定于该地区各产业部门的经济增长率和产业结构。在除去资本、劳动力等要素投入的增长外，区域经济增长的动力主要来自于产业结构优化与升级效应和技术进步效应。

在经济增长的理论与模型方面，哈罗德（Roy Forbes Harrod，1939）和多马（Evsey David Domar，1946）基于凯恩斯理论提出的"哈罗德－多马"经济增长模型（Harrod–Domar model）开辟了现代经济增长理论研究。该模型在凯恩斯"储蓄－投资"分析

上引入时间变量，将短期研究比较静态分析进行长期化和动态化，但模型结论是"经济增长是不稳定的"。索洛（Robert Solow，1957）和斯旺（Trevor Winchester Swan，1956）在"哈罗德 – 多马"经济增长模型中引入市场机制，并改变"资本 – 产出"比率为常数的假定，将资本劳动比和劳动生产率内生化，以保证经济增长的稳定性和长期性，开发出了新古典经济增长模型。米德（1951）在"索洛 – 斯旺（Solow–Swan）"模型中加入技术进步要素，将经济增长和技术进步因素融合，改进了柯布 – 道格拉斯（Cobb-Douglas）生产函数模型。

国外一些学者探究了影响经济增长的因素。丹尼森（Edward Fulton Denison，1962）的研究归结影响经济增长的因素有资本要素、劳动力要素存量、经济规模效应、生产要素配置、技术和其他影响单位经济产出的因素等六类，并测算各要素对经济的影响程度——劳动力要素对经济增长影响最显著，其次是技术因素。库兹涅茨（Simon Smith Kuznets，1971）的研究归结经济增长源于知识存量增加、劳动生产率提升以及产业结构变迁效应等的共同驱动。肯德里克（John Whitefield Kendrick，1961）、乔根森等（Dale W. Jorgenson et al.，1967）、丹尼森（1974）等通过深入研究技术进步要素，强调了技术进步的贡献。钱纳里（1975）基于多国的产业结构分析，阐明了产业结构变迁效应对各个经济体增长的影响。克鲁格曼（Paul R. Krugman，1994）研究归结于技术进步是促进经济长期增长的源泉，由此东亚的经济增长模式不具备可持续性。法格伯格（Fagerberg，2000）、蒂默等（Timmer et al.，2000）分别运用偏离 – 份额（Shift–Share）分析法将劳动生产率进行分解，阐释了新兴经济体增长中的技术进步效应和产业结构变迁效应。Peneder（2003）检验了"结构红利假说"，研究归结指出，在各个产业部门生产效率不同的情况下，经济体经济增长的重要驱动力是生产要素的优化配置和生产要素流动的结构性调整。

基于经济增长理论与模型，国内一些学者对经济增长的动力源开展了积极与有效的探究。刘伟等（2008）利用实证归结技术进步与产业结构升级是促进经济增长的重要因素，在改革开放三十年里，产业结构变迁对中国经济增长贡献显著，但随着市场化程度的提高，产业结构变迁对经济增长的贡献呈现不断降低的趋势，技术进步的贡献逐步凸显；但结构变迁效应的减弱并不表明市场化改革的收益将会消失，某些发展和体制因素仍然阻碍着资源配置效率的进一步提高，完善市场机制的工作仍然任重道远。章祥荪等（2008）在评述 Malmquist 指数法的基础上，解析中国 1979—2005 年的全要素生产率，阐明由于地区之间技术差距过大，中国没有出现全要素生产率的趋同效应。曾光等（2008）研究发现，产业结构及其变动在很大程度上推动或制约着经济增长，不同时期和不同地区产业结构的演进对经济增长的绩效不一样。如果将劳动生产率提高的影响因素归结为技术进步，那么经济体长期经济增长的推动因素主要源于要素投入的增长、技术进步、和产业结构变迁。张辉等（2009）利用劳动生产率分解式和全要素生产率分解式，分解测度产业结构变迁对经济增长的贡献，研究发现，当不同产业之间的资源配置效率的差距较大时，产业结构变迁对经济增长的贡献较大，从而导致一个经济体的不同发展阶段的结构效应不同；经济发展水平越高，经济增长越依赖于技术进步；同时，其贡献情况也和资源在产业之间的转移方向有关。王小鲁等（2009）考察了中国经济增长方式的转换，研究发现导致改革开放以来中国全要素生产率（TFP）上升的因素在发生变化——外源性效率提高的因素在下降，而技术进步和内源性效率改善的因素在上升；教育带来的人力资本质量提高正在替代劳动力数量简单扩张带来的作用。干春晖、郑若谷（2009）在三次估算产业资本存量后，利用偏离 – 份额（Shift-Share）分析法分析产业结构变迁的全要素生产率增长效应，研究发现，产业结构效应对经济增长的影响呈现明显的阶段性特征；全要素生产率的增长主要源自第二产业内部；资本要素在产业间流动存在"结构负利"，而劳动力要素在产业间转移具有"结构红利"。合理的技术选择及资本深化会通过促进产业结构升级间接影响经济增长（Peneder，2003；Helene，2000）。黄茂兴等（2009）通过构建技术选择、产业结构升级与经济增长的关系模型，实证分析了三者之间的内在关系，指出实现经济快速增长可以通过技术选择和资本深化的途径促进产业结构升级和提升劳动生产率。1978 年以来中国工业在持续的结构改革中经历了强劲的增长和生产率水平的不断提高，张军等（2009）对工业分行业利用随机前沿生产函数进行了估算，对 TFP 进行分解，分析了第二产业增长中的产业结构变迁效应和技术进步效应，通过因素回归分析，阐明中国要素市场的改革和工业行业的结构调整主导了要素配置效率变化的总体走势，并造成了不同行业要素配置效率的显著差异。袁富华（2012）提出长期增长过程中存在"结构性加速"与"结构性减速"的观点，基于历史统计数据库对发达国家增长因素进行分析，推证出 20 世纪 70 年代后发达国家经济增长的减速与生产率增长的减速密切相关，而产业结构服务化这一因素导致生产率的减速；在技术进步的过程中，要素在部门内的生产效率提高会促进经济的增长；同样，在产业结构升级的过程中，要素在部门间的流动所形成的结构效应也会促进经济的增长。在中国处于经济增速放缓和结构转型的关键时期，发挥市场资源配置的决定性作用、优化产业结构是经济体制改革的重点，在此背景下，王鹏等（2015）在 TFP 分解的基础上，对要素配置的"结构红利假说"进行"再检验",研究发现,总体上资本和劳动要素的"结构红利"效应显著,但相比较,资本要素的红利效应比较微弱;产业内部增长效应是TFP增长的主要源泉。

第 4 章　中国水土流失治理的变迁

中国在历史上曾经森林茂密，但由于自然气候的变化和几千年来人类活动的破坏，到 20 世纪初，中国已成为世界上水土流失最严重的国家之一。中国也是世界上水土保持历史最悠久的国家之一，早在远古时期，我们的祖先在农业生产中，已有了水土保持的意识，公元前 956 年，《吕刑》中有"平水土""平治水土"的记载。新中国成立后，伴随着经济发展和社会进步，中国的水土流失治理在生产实践的基础上，借鉴国内外成功经验，形成了具有特色的治理变迁历程。

4.1　综合防治政策的演变

水土流失防治政策指国家为防治水土流失所制定的一系列控制、管理、调节等行动准则的总和，主要包括防治政策结构、政策安排、政策成本、政策效率、政策均衡、政策创新等要素，其实质主要体现在人与人之间的关系上。新中国成立以来，基于国家经济政治体制改革形势和社会经济发展的需要，适应水土流失地区经济发展的实际需求，本着完善自身的理念，借鉴国外如美国、日本、澳大利亚、印度、奥地利等国的经验，中国逐步构建了管制性与激励诱致性协同的水土流失防治政策体系（图 4-1）。

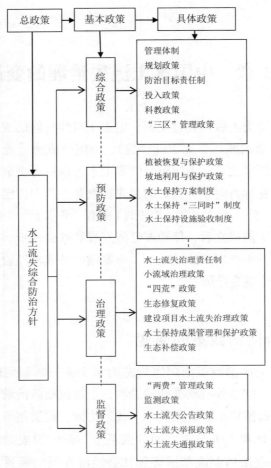

图 4 - 1 中国水土流失综合防治政策体系框架

其中，"两费"——水土保持设施补偿费、水土流失防治费；

"三区"——重点预防保护区、重点监督区、重点治理区；

"三同时"——一切新建、改建和扩建的基本建设项目（包括小型建设项目）、技术改造项目、自然开发项目、以及可能对环境造成损害的其他工程项目，其中防治污染和其他公害的设施和其他环境保护设施，必须与主体工程同时设计、同时施工、同时投产；

"四荒"——荒山、荒沟、荒丘、荒滩（包括荒地、荒沙、荒草和荒水等）。

中国的水土流失综合防治政策的演变大体经历了以下几个阶段：

4.1.1　探索和发展阶段（20 世纪 50 年代—20 世纪 70 年代）

在建国初期全民社会主义建设中，农民为改变自身的生存条件，开展了平田修地、兴修水利、绿化荒山等生产实践运动，至此防治水土流失由最初的启蒙探索进入示范推广、发展阶段。20 世纪 50 年代国家确定黄河中上游为全国水土保持治理地区；山西、陕西等省的一些地区，在支毛沟流域进行了生物措施与工程措施相结合的综合治理试验。1956 年，黄河水利委员会肯定了这类"以支毛沟为单元综合治理"为方向的经验，并在全流域部署推广。之后，类似以支毛沟为单元的综合治理在黄河流域迅速发展，并逐步影响到全国。进入 20 世纪 60 年代，水土保持工作转入以基本农田建设为主要内容，把水、坝、滩地和梯田确立为主攻目标。到 20 世纪 70 年代，全面开展以"改土治水"为中心的示范项目，探索"山水田林路"综合治理的途径。

4.1.2　综合治理阶段（1980—1990 年）

20 世纪 70 年代末，中国农村实行了以家庭联产承包为主的责任制，在这种经营体制的推动下，不少地区创造和积累了一套"责、权、利"统一和"治、管、用"相结合的水土保持责任制。其中最突出的是山西省河曲县出现的以户承包治理小流域的责任制，这种形式就是农村家庭联产承包责任制在防治水土流失过程中的具体运用。1980 年水利部在山西省吉县召开了 13 个省（区、市）参加的水土保持小流域综合治理工作会议，系统总结了各地水土流失综合治理的经验，提出了以小流域为单元，山、水、田、林、路统一规划，生物措施、工程措施和耕作措施科学配置，生态效益、经济效益和社会效益统筹兼顾的治理模式。随后这种模式在全国迅速推广。在统一规划的前提下，落实承包治理责任制，签订承包治理合同。治理以户或者联户承包，可以统一组织治理，也可以分户管理，还可以专项承包。水利部下发的《水土保持小流域治理管理办法》（1987）明确规定："小流域要实行综合治理、集中治理、连续治理。贯彻"谁所有，谁治理，谁管理，谁受益"的政策。必须明确土地权属，明确治理责任和收益分配。治理水土流失而新增加的土地，根据国家规定，由受益年算起，3～5 年不计征购。"同时也制定了小流域治理标准：①治理程度逐步达到 70% 以上，林草面积达到宜林宜草面积 80%以上；②建设好基本农田，改广种薄收为少种高产多收，做到粮食自给（商品粮基地除外）；③通过治理，农民人均经济收入增加 30%～50%；④防洪效益显著，减沙效益达到 70% 以上；⑤各地自行规定工程设施拦蓄雨量标准，做到汛期安全。该《办法》总结了治水与治山相结合、治沟与治坡相结合、工程措施与生物措施相结合、田间工程与蓄水保土耕作措施相结合、水土资源整治与生产利用相结合等综合治理原则，对全国水土保持工作的开展起到了导向作用，指导着在全国范围内陆续开展长江、黄河等七大流域水土保持工程建设，开创了大江、大河、大湖、大库大规模综合治理开发的新局面。从此，水土流失防治工作进入了以小流域为单元综合治理的新阶段。水土保持工作由试验示范到逐步推广，由零星的分散治理转变为以小流域为单元的集中连片治理，由单一措施转变为多种措施优化配置，由西北黄土高原扩展到其他水土流失地区。

1982 年国务院批准发布了《中华人民共和国水土保持工作条例》，在方针、政策、预防保护、综合治理、科研教育、奖励惩罚等方面作了明确规定，确立水土保持工作方针为"防治并重，治管结合，因地制宜，全面规划，综合治理，除害兴利"，对小流域综合治理技术路线以法规形式进行界定（本条例第十七条）。同年 8 月全国第四次水土保持工作会议研究贯彻《水土保持工作条例》的指导，提出了"广泛宣传、坚决保护、治理"的近期工作指导原则。1983 年确定黄河流域的无定河、黄甫川，三川河和甘肃省的定西县，辽河流域的柳河，海河流域的永定河上游，长江流域的江西省兴国县，湖北省葛洲坝库区为全国八大片治理区（简称"八片"）。"八片"水土保持防治工程是中国第一个由国家安排专项资金，有计划、有步骤、大规模集中连片开展水土流失综合治理的生态建设工程，由财政部和水利部分期分阶段规划实施。1986 年安排中央水利基建投资实施黄河中游治沟骨干工程。1989 年开展长江上游水土保持防治工程建设，并逐步启动全国七大流域水土保持治理工程。户包小流域治理也相应地进入一个新的发展阶段，即以户包为基础，专业队为骨干，民众集中治理为动力，形成户、队、群三方结合的多种治理格局。由于户包治理小流域直接与农民的切身利益紧密相连，较好地解决了以往防治水土流失中"责、权、利"分离和"治、管、用"脱节的问题。

4.1.3　综合防治阶段（1991—1997 年）

1991 年第七届全国人大常委会第二十次会议审议通过并颁布了《中华人民共和国水土保持法》（简称《水土保持法》）。1993 年国家又颁发了《水土保持法实施条例》。《水土保持法》规定了国务院和各级人民政府在水土流失治理工作中的职责。同时规定了在组织实施治理水土流失工作中应采取的一些行政措施和优惠政策。通过贯彻执行《水土保持法》，建立健全了水土保持配套法规体系和监督执法体系。国家对水土保持工作实行"预防为主，全面规划，综合防治，因地制宜，加强管理，注重效益"的方针。加强执法监督，禁止陡坡开荒，加强对开发建设项目的水土保持管理，控制人为水土流失。国务院和地方人民政府将水土保持工作列为重要职责，采取措施做好水土流失防治工作。要求从事可能引起水土流失的生产建设活动的单位和个人必须采取措施保护水土资源，并负责治理因生产建设活动造成的水土流失。全国30个省（自治区、直辖市）建立了水土保持监督执法机构，依法发布实施了《水土保持法》实施办法，水土保持设施补偿费、水土流失防治费征收使用管理办法和水土流失防治区划分公告；县级以上制定了3 000多个《水土保持法》配套法规；水利部作为水土保持主管部门，分别与计划、环保、铁道、交通、国土、电力、有色、煤炭等部门先后联合制定和颁布了一系列相配套的部门规章和规范性文件。水利部、流域机构和各省水保部门相继制定了一系列有关水土保持综合治理的国家标准，包括《水土保持综合治理规划通则（GB/T 15772-1995）》《水土保持综合治理验收规范（GB/T 15773-1995）》《水土保持综合治理效益计算方法（GB/T 15774-1995）》《水土保持综合治理技术规范（GB/T16453.1-6-1996）》等。这些标准不仅是中国现今水土保持规划设计的技术依据，也是生态建设、荒漠化治理、防护林体系建设等生态工程规划设计的重要参考依据。

进入20世纪90年代，小流域综合治理进入规模经营、深度开发、治理与开发相结合阶段，突出社区水土流失治理与经济发展的协调统一。小流域综合治理成为中国农村防治水土流失、合理利用土地资源、改善生产和生活条件、减缓贫困的有效途径。

水土流失治理工作进一步深化改革，在以户承包治理小流域的基础上，总结推广山西省拍卖"四荒"使用权的经验，将市场机制引入到水土流失治理工作中，形成了以承包、拍卖使用权为主、租赁经营、股份合作制等多种治理组织形式共存的新格局。水土保持工作由防御性治理转向开发性治理，并逐步走向产业化。许多小流域在基本控制水土流失的前提下，结合地方优势开展了不同种类的开发性研究与建设项目，按照"谁治理、谁所有、谁管理、谁受益"的原则和相关政策规定依法促进水土保持项目建设，在适应市场经济发展的条件下运用税收优惠、信贷政策等经济手段调节、推动土地合理流转。

4.1.4　生态建设与修复阶段（1997 年至今）

随着国家经济实力的增强以及全国粮食问题的基本解决，国家调整了水土流失治理和生态建设的思路。1997 年我国制定了"治理水土流失、改善生态环境、建设秀美山川"的重要政策，进入了开展水土保持生态建设的新阶段。国家实行积极的财政政策，开展大规模的生态建设，在长江上游、黄河中游等水土流失严重地区，实施了水土流失治理、退耕还林还草、防沙治沙、天然林保护等一系列重大生态建设工程。同时，注重安排生态用水，在塔里木河及黑河流域下游和扎龙湿地成功实施了生态调水，对改善生态环境，恢复沙漠绿洲，遏制沙漠化起到了积极的作用。1998—2000 年国务院先后批准实施了《全国生态环境建设规划》《全国生态环境保护纲要》，对 21 世纪初期的水土保持生态建设做出了全面部署，并将水土保持生态建设确立为 21 世纪经济和社会发展中一项重要的基础工程以及中国实施可持续发展战略和西部大开发战略的根本措施，确立了"到 21 世纪中期，全国水土流失面积基本得以治理，完成一批水土保持生态环境建设项目，坚决控制各种新的水土流失的产生，遏制水土流失的发展趋势，建立起较完善的水土流失预防监督体系和水土流失动态监测网络，为经济和社会可持续发展创造一个良好的生态环境"的战略目标。《全国生态环境建设规划》对水土保持来说是一个很重要的计划。该计划及其相关政策在保证经济发展的同时更加注重生态保护、加大水土保持工程投资力度、突出水土保持在生态环境保护中的作用，促使水土保持进入一个大规模开展的新阶段。在规划的总投资中，水土保持工程占 60%，体现了水土流失综合防治在生态环境建设中的主体地位。《全国生态环境建设规划（水土保持部分）》将水土保持和国家经济发展进行了有效协调，旨在贯彻实施中国土地利用政策的大前提之下提高人民生活水平并有效防止水土流失；通过区域集中治理，扩大生产规模，带动区域第二、第三产业的发展，实现生产、加工、销售一条龙，最大限度地发挥水土流失治理的经济效益。1999 年中央经济工作会议上中国政府提出西部大开发战略。西部大开发战略的全面实施，有效推进了水土保持生态建设。

进入 21 世纪以后，全国水土流失综合治理力度加大，治理范围扩大。在原全国"八片"防治工程的基础上，实施了"国家水土保持建设工程"，启动了黄土高原淤地坝工程、东北黑土区和珠江上游南北盘江石灰岩地区水土保持综合防治试点工程等。同时，加大了对长江上中游水土保持防治工程、黄河上中游水土保持防治工程、京津风沙源治理工程、21 世纪初期首都水资源可持续利用规划水土保持工程、晋陕蒙砒砂岩区沙棘生态工程、地方性国债水土保持防治工程和国家农业综合开发水土保持项目等的实施力度。

从 2000 年开始，水利部、财政部联合启动了"十百千"（10个城市、100 个县、1000 条小流域）示范工程。在"十百千"示范工程的带动下，各地根据社会经济发展水平和不同的自然地理状况，因地制宜，注重精品示范工程建设，在机制、措施、规模、效果、模式等方面进行了探索，建设和培育了一大批水土保持生态园区、精品小流域和集中连片的示范区，使小流域治理上档次、上规模、上水平，对推进全国水土保持生态建设发挥了示范带动的重要作用。

2002年中国启动实施了全国水土保持生态修复试点工程，2003年在全国29个省（自治区、直辖市）实施的128个生态修复试点县，年内实施生态修复面积51 212 km^2。其建设投资以地方为主，中央给予适当补助。中央补助投资根据各流域机构对各试点县实施方案的审查意见，从国家现有水土保持防治工程中安排。"试点工程"以县为单位，集中连片，实施规模一般不小于200 km^2，实施期限3年。省级水利部门具体负责"试点工程"的组织实施；流域机构负责技术指导和检查验收。"试点工程"要求制定"县级水土保持生态修复综合规划"，"规划"以封育保护为目标，根据影响当地生态环境的主要因素，因地制宜，统一规划退耕还林、基本农田建设、水源及节水工程建设、以电代柴、生态移民等生态建设项目的布局。优化、调整农业生产结构，促进农牧业生产方式的转变。"规划"提出必要的人工辅助措施，如小型水利水保工程、围栏设施、人工补植、补播和林草培育等，为生态的自我修复创造条件。同时，制订试点工程实施区监督管护方案，明晰产权，落实管护责任，责任落实到人、到户。此外，把试点工程实施区预防保护工作纳入水土保持监督执法日常工作。

为进一步落实国务院批准的《全国生态环境建设规划》和《全国生态环境保护纲要》确定的任务，2004年水利部组织制定了《全国水土保持预防监督纲要（2004—2015）》，以加快建设水土保持监测系统，建立水土保持预防保护区，全面推进生态修复，强化监督区和"四荒"土地开发的管理，加强治理成果管护，推进城镇水土保持建设。

在生态环境建设与农村经济体制改革背景下，实施水土保持生态修复项目逐步纳入国家基本建设程序管理，中国进入以重点区域为单元的全面生态建设与生态修复阶段。党的十八大以来，生态文明建设成为特色社会主义"五位一体"总体布局的内在要求，水土保持生态建设迎来发展机遇的同时也面临新形势、新任务和新要求。

4.2 治理技术的进展

由于中国特殊的自然气候和地理环境条件，自古以来水土流失就是人民生活、生产面临的严重问题，劳动人民一直重视采用科学的方法预防和治理水土流失，减轻水土流失损害。古代水土保持措施主要是从初期的一些思想观念和农民的实践经验中逐步形成的，例如沟洫、畦田、区田水土保持耕作措施；陂塘、陂田、梯田和汰沙淤地等农田建设及小型水利工程；封禁护林和营造经济林果以及林草与工程相结合的拦泥护堤、护沟等措施。以上措施多各司其职，尚未形成统一体系。近百年来"治水与治源""治河与治田"思想和实践的发展，尤其是在近半个世纪以来以小流域为单元的综合治理，逐步形成水土保持耕作、工程和生物三大措施的结合。随着生产发展的需要，以"保水保土"为主要目标的三大措施，逐渐渗透了资源合理利用以及寓开发于治理之中的新思路，形成了由水土保持农业技术措施、水土保持工程措施和水土保持林草植被措施组合的三大措施系统工程。

新中国成立以后，特别是改革开放以来，水利部、科技部和中国科学院先后多次组织开展了水土保持重大科技攻关项目、创新项目和"948"科技引进项目，开展了国家级水土保持试验区建设和研究。20 世纪 80 年代以来，水土保持工作者不断探讨新技术在水土保持中的应用。自动化控制技术、计算机网络技术、数据库技术、无线通信技术、"3S"技术（遥感 RS、地理信息系统 GIS 和全球定位系统 GPS）、计算机辅助设计（CAD）技术等日新月异的发展，为现代水土保持调查、规划设计、工程施工、监理、监测等各个方面的应用提供了新的契机，水土保持工作日益自动化、数字化和高效化。一些水土保持工作者基于新技术应用体系，提出了把水土保持工作各项内容纳入统一的空间信息管理系统之中。

随着以"3S"为代表的现代信息管理技术取得重大突破和广泛应用，水土保持管理水平得以不断提高，基本建立和形成了中国水土保持科学与技术体系，培养了一大批科学技术人才，为水土保持生态环境建设提供了有力的科技支撑。2006 年 2 月国务院发布《国家中长期科学和技术发展规划纲要（2006—2020 年）》（简称《科技规划纲要》）后，制定实施《科技规划纲要》的投入、税收激励、金融支持、政府采购、技术引进、知识产权创造与保护、人才队伍、教育与科普，科技创新基地与平台等配套政策，为全国科技发展营造了自主创新的新环境，为水土保持科技发展提供了政策保障和发展机遇。

在水土保持生产实践中，中国充分发挥科学技术的先导作用，加强国际合作与交流，积极引进国外先进技术、先进理念、先进管理模式和先进管理经验；注重科技成果的转化，大力研究推广各种实用技术，采取示范、培训等多种形式对农民民众进行科普教育，增强农民科学防治水土流失的意识和能力，从而提高水土流失综合防治的质量和效益。

目前，中国已相继启动实施水土流失综合治理工程、荒漠化防治工程及其他相关的项目，如防护林体系建设工程、天然林保护工程、退耕还林还草工程、草原保护和建设工程、内陆河流流域综合治理项目等工程。中国在不同生物气候带建立了多种类型的水土保持、荒漠化治理示范区，采用生态保护和恢复技术进行水土流失防治，包括土壤改造技术、植被的恢复与重建技术、防治土地退化技术、小流域综合整治技术、土地复垦技术等。还形成了荒漠化防治的一系列技术，如高大沙堤加机械沙障阻沙技术、化学固沙技术、生物固沙技术、草方格沙障固沙技术、沙地农业高产技术、沙地果树栽培技术、荒漠化草场改良技术等。这些技术的运用，形成了适合当地自然和社会条件的土地退化整治模式，推动了荒漠化的区域治理。

4.3　组织结构的变迁

新中国成立以来，为建立和完善结构科学、人员精干、灵活高效的党政机关，历经了"1951—1953 年→ 1954—1956 年→ 1956—1959 年→ 1960—1965 年→ 1966—1975 年→ 1976—1981 年→ 1982 年→ 1988 年→ 1993 年→ 1998 年→ 2003 年→ 2008 年"等多次"精兵简政"。在改革中水土流失防治协调机构与主管部门也进行相应调整，构建了涉及主管部门（派出机构）、协同管理部门、其他有关部门等"统一规划，明确任务，部门配合，高层协调"的水土保持管理体系（水利部等，2010）。

4.3.1　协调机构的变迁

新中国成立之初，为了加强水土保持工作的统一领导和部门之间的密切配合，1957 年成立了在国务院领导下的全国水土保持委员会。20 世纪 60 年代，为加强黄河上中游地区的水土保持工作，1964 年 8 月正式成立了黄河中游水土保持委员会。"文革"期间委员会曾一度撤销，1980 年 5 月又重新恢复。在 1982 年国家农业委员会撤销之前，黄河中游水土保持委员会由国家农业委员会归口管理；农业委员会撤销后，由水利电力部领导。1982 年国务院决定成立全国水土保持工作协调小组，后于 1988 年由国务院决定予以撤销，成立全国水资源与水土保持工作领导小组。20 世纪 80 年代末 90 年代初，为加强长江上游地区的水土保持工作，1988 年国务院批准成立长江上游水土保持委员会。

目前，除黄河中游水土保持委员会、长江上游水土保持委员会，福建、江西、山西等 16 个省（区、市）也仍然保留水土保持委员会的机构建制，此外，水土流失严重地区的市、县两级政府大都设有水土保持委员会。

4.3.2　主管部门的变迁

水利部是主管水行政的国务院组成部门，成立于 1949 年 10 月。当时农田水利和水土保持管理还归属农业部。1952 年农业部农田水利局转为水利部建制，水土保持工作划归水利部。1958 年，水利部与电力工业部合并成立水利电力部，国务院决定将原由水利部主管的农田水利工作划归农业部统一管理。水土保持日常工作除黄河流域仍由黄委会负责外，其余由农业部负责。1965 年 6 月 21 日，国务院将农田水利业务和水土保持的工作交还水电部管理。同年，水电部成立了农田水利局，主管农田水利和水土保持工作。1977 年 10 月，为及时了解农田基本建设运动情况，协调解决有关问题，国务院决定成立全国农田基本建设办公室，归属水利部，负责处理日常工作（国发 [1977]129 号）。1979 年中央决定撤销水利电力部，分设水利部和电力工业部。水利部成立了农田水利局，设立了水土保持处，切实加强对水土保持工作的领导。1982年机构改革将水利部和电力工业部合并设水利电力部，农田水利局改名为农田水利司，归口管理全国水土保持工作。同年，国家农业委员会撤销，由其领导的水土保持工作归水利电力部主管。同年出台的《水土保持工作条例》明确水利电力部主管全国水土保持工作。1986年水利电力部决定农田水利司更名为农村水利水土保持司。为了加强全国水土保持工作的组织领导，1988年国务院成立了全国水资源与水土保持工作领导小组，办公室设在水利部，由农村水利水土保持司承担有关水土保持的日常工作。1991年《水土保持法》出台，明确水行政主管部门主管水土保持工作。在1993年的国务院机构改革中，水利部成立了水土保持司，主管全国水土保持工作。1998年国务院机构改革调整了水利部水土保持司的管理职能：由国家林业局承担在宜林地区以植树、种草等生物措施防治水土流失的政府职能，由水利部组织全国水土保持工作、研究制订水土保持的工程措施规划、组织水土流失的监测和综合防治。

4.3.3 管理组织机构体系概况

当前，中国水土保持管理的组织工作是在各级政府的领导下、由各级水行政主管部门主要负责管理。水土流失治理组织机构涉及主管部门（派出机构）、协同部门、相关部门等（图4-2）。尽管《水土保持法》明确规定由水行政主管部门主管水土保持工作，但在现有的管理体制中，水土保持的具体职责实际是分散在水利、农业、林业等多个部门中。

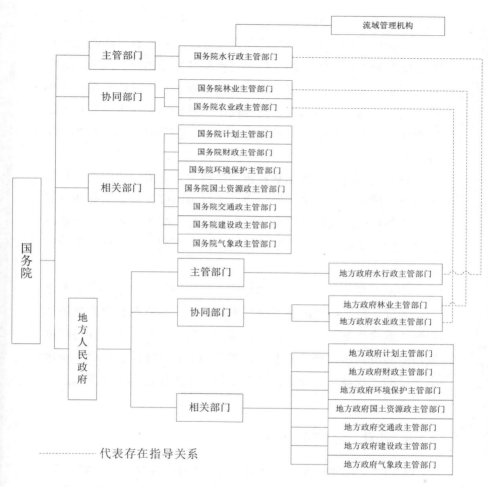

图 4 - 2 中国水土保持管理组织机构体系

4.4 制度安排的演变

人们的行为规则可分为个体规则与社会规则两类。制度是一个社会的游戏规则,是人类相互交往的规则,是关于人们的权利、义务和禁忌的一系列规定，包括上述两类规则。它抑制着人际交往中可能出现的任意行为与机会主义倾向。制度有内在制度和外在制度两种类型。内在制度简言之就是经过长期社会活动积淀在社会深层、被人们广泛接受了的行为准则。它们从内心深处来规范人们的行为，包括习惯、伦理规范、道德和礼仪等。外在制度因设计而产生，被自上而下地强加执行，包括由政府制定的法律、政策等。

良好的制度是一种稀缺资源，能够促进资源优化配置，从而加速经济增长。反过来，经济增长能够为制度优化创新营造更好的背景条件。度量制度安排优劣的标准是：能否为农户和企业提供更有效的激励、更充分的选择空间，能否规范农户和企业的行为。

制度总是处于"均衡→非均衡→新的均衡"的循环式上升之中。制度均衡是指在既定的制度安排下，社会资源和要素能够达到最优或次优配置，效益或利润能够实现最大化。水土保持制度创新的实质是通过利益的调整，使社会更容易实现经济增长与水土保持的"双赢"，而不是经济增长与水土保持呈现"两张皮"的状态。

4.4.1 法律、法规的演进

4.4.1.1 《中华人民共和国水土保持暂行纲要》（1957年5月24日国务院全体会议第二十四次会议通过）（以下简称《纲要》）

这是我国第一部从内容到形式都比较系统、全面、规范的水土保持法规。《纲要》规定国务院和有水土保持任务的省成立由政府领导的水土保持委员会，划分了各业务部门担负水土保持工作的范围。各业务部门在水土保持委员会的统一领导下，密切配合，积极开展工作。要求把水土保持列为山区的主要工作，水土保持工作规划列入农业生产和土地利用规划，还要求制定水土保持工作的分期实施计划，统一安排各项水土保持措施。《纲要》提出在合理规划山区生产的基础上，有计划地采取封育措施，保护植被；禁止开垦 25° 以上的陡坡；各单位在开采土、石、沙料和开采矿山占用土地的时候，均应该负责做好必要的水土保持措施。开发荒山荒地的收益归合作社所有，并视情况减免农业税。《纲要》为推动中国水土保持工作提供了法规依据。

4.4.1.2　《水土保持工作条例》（国发 [1982]95 号）

在总结《中华人民共和国水土保持暂行纲要》实施经验的基础上，国务院于 1982 年制定了《水土保持工作条例》。《水土保持工作条例》的实施，推动了小流域综合治理工作。主要内容如下：

①规定了水土保持工作方针：防治并重，治管结合，因地制宜，全面规划，综合治理，除害兴利。

②明确了水土保持主管部门和协调机构。全国水土保持工作的主管部门为水利电力部，并成立有关部、委参加的协调小组。由防治水土流失工作任务的地方各级政府应制订计划，组织水利、农业、林业、畜牧、农垦、环保、铁道、交通、工矿、电力、科研等部门密切协作。

③对预防水土流失做了明确规定。25° 以上陡坡地禁止开荒种植。在黄土高原的丘陵沟壑等水土流失地区和自然保护区等生态敏感地区禁止开荒。兴建工程或进行生产应避免破坏地貌和植被。

④提出综合治理的措施。山区、丘陵区应按照当地自然条件，以小流域为单元，实行全面规划，综合治理、集中治理和连续治理。注意五个结合：当前利益与长远利益相结合，植物措施和工程措施相结合，坡面治理和沟道治理相结合，田间工程和蓄水保土耕

作措施相结合，治理和生产利用相结合。

⑤高度重视水土保持教育与科学研究。规定教育、水利、农业、林业等部门应在有关高等院校设置水土保持专业或课程，水土流失严重的省、自治区可设立中等水土保持学校或在水利、农业、林业等中等专业学校设置水土保持专业或课程，大力培养水土保持科学技术人才。中小学的有关课程应有水土保持内容。

《水土保持工作条例》（国发[1982]95号）在1991年6月29日《中华人民共和国水土保持法》公布时同时废止。

4.4.1.3　《中华人民共和国水土保持法》（1991年主席令第49号）

改革开改后，人为活动加剧了水土流失，迫切需要加强预防和监督工作，而《水土保持工作条例》的内容和权威性都不能适应新的情况。为此，在《水土保持工作条例》的基础上，于1991年颁布施行《中华人民共和国水土保持法》，这标志着中国水土保持工作进一步走向法制轨道。1991年水土保持法的特点如下：

①确定了新的水土保持工作方针。将《水土保持工作条例》中的"防治并重"改为"预防为主"，将预防、保护和监督工作提到首位，改变重治理轻预防的状况。

②调动各方面的力量治理水土流失。对已明确了使用权的土地，由使用者负责治理；对荒山、荒沟、荒丘、荒滩水土流失的治理，由土地所有权人或者使用权人与承包者签订水土保持承包治理合同，明确双方的责、权、利，并保护承包者在承包治理合同有效期内的合法权益。

③建立了开发建设水土保持方案编报审批管理制度。规定基本建设和生产单位在基本建设和生产过程中造成的水土流失，必须按照水土保持方案的要求进行治理。

4.4.1.4　《中华人民共和国水土保持法》（2010 年主席令第 39 号）

1991年《中华人民共和国水土保持法》（以下简称为"原《水保法》"）的公布施行对于预防和治理水土流失、改善农业生产条件和生态环境、促进中国经济社会可持续发展发挥了重要作用，而随着经济社会的迅速发展和人们对生态环境要求的不断提高，原《水保法》对新形势新任务的要求显现不适应表征——其一，原《水保法》的一些规定已经不适应落实科学发展观、建设生态文明、实践可持续发展治水思路以及社会主义市场经济体制的要求；其二，各级地方人民政府的水土保持责任不明确、水土保持公共服务和社会管理职责不完善影响了水土保持工作的开展；其三，随着各类生产建设活动大量增加，人为水土流失加剧，而原《水保法》规定的生产建设项目水土保持制度对象范围偏窄、管理措施单一、管理机制不健全，与水土流失预防和治理任务要求不相适应；其四，2003年《行政许可法》出台以后，原《水保法》许多涉及水土保持行政许可方面的规定已不适应依法行政的要求；其五，原《水保法》水土保持预防、保护、治理的措施不够健全，而各地在预防和治理措施方面的许多创新与发展的经验需要以法律的形式制度化；其六，原《水保法》法律责任的种类和手段较为单一，处罚力度不够，可操作性差，存在守法成本高、违法成本低的问题。

由此，为了预防和治理水土流失，保护和合理利用水土资源，减轻水、旱、风沙灾害，改善生态环境，保障经济社会可持续发展，2005 年 6 月水利部正式启动了《水土保持法》的修订工作，在全面总结原法实施以来的经验并借鉴国内外水土保持立法经验的基础上，2010 年 12 月 25 日第十一届全国人大常委会第十八次会议审议通过修订后的《中华人民共和国水土保持法》（以下简称为"新《水保法》"），修订后正式颁布实施（2010 年中华人民共和国主席令第 39 号）。

新《水保法》在原《水保法》的基础上修改、补充和完善为 7 章 60 条，呈现一些亮点：

①再次强化地方政府主体责任。新《水保法》第四条规定"县级以上人民政府应当加强对水土保持工作的统一领导，将水土保持工作纳入本级国民经济和社会发展规划，对水土保持规划确定的任务，安排专项资金，并组织实施。"第五条第四款规定"县级以上人民政府林业、农业、国土资源等有关部门按照各自职责，做好有关的水土流失预防和治理工作。"进一步强化了政府水土保持责任，对充分发挥政府主导作用、组织发动单位和个人开展水土流失预防和治理提出了明确要求。

②新增"规划"专章。新《水保法》第二章专章法定"规划"，对水土保持规划的种类、编制依据与主体、编制程序与内容、编制要求与组织实施做了全面规定，进一步确立了规划的法律地位，为水土保持规划的操作性提供了法律支撑。

③突出"预防为主、保护优先"的方针，强化特殊区域的禁止性和限制性规定。新《水保法》第十六条规定"地方各级人民政府应当按照水土保持规划，采取封育保护、自然修复等措施，组织单位和个人植树种草，扩大林草覆盖面积，涵养水源，预防和减轻水土流失。"第十七条、第十八条、第二十条分别对崩塌、滑坡危险区和泥石流易发区，生态脆弱区、生态敏感区以及 25°以上陡坡地作出了禁止和限制一些容易导致或加剧水土流失活动的规定，扩大了保护范围，强化了保护措施。

④前置"水保"方案编制。新《水保法》第二十五条第一款规定"在山区、丘陵区、风沙区以及水土保持规划确定的容易发生水土流失的其他区域开办可能造成水土流失的生产建设项目，

生产建设单位应当编制水土保持方案，报县级以上人民政府水行政主管部门审批，并按照经批准的水土保持方案，采取水土流失预防和治理措施。没有能力编制水土保持方案的，应当委托具备相应技术条件的机构编制。"进一步完善了生产建设项目水土保持方案制度，明确了水土保持方案编制机构应具备的资质，进一步确立了水土保持方案在生产建设项目审批立项和开工建设中的前置地位。

⑤强调"谁开发、谁治理、谁补偿"，完善水土保持投入保障机制。新《水保法》第三十一条规定"国家加强江河源头区、饮用水水源保护区和水源涵养区水土流失的预防和治理工作，多渠道筹集资金，将水土保持生态效益补偿纳入国家建立的生态效益补偿制度。"将水土保持补偿定位为功能补偿，从法律层面建立了水土保持补偿制度。第三十二条第一款和第二款分别规定"开办生产建设项目或者从事其他生产建设活动造成水土流失的，应当进行治理。""在山区、丘陵区、风沙区以及水土保持规划确定的容易发生水土流失的其他区域开办生产建设项目或者从事其他生产建设活动，损坏水土保持设施、地貌植被，不能恢复原有水土保持功能的，应当缴纳水土保持补偿费，专项用于水土流失预防和治理。专项水土流失预防和治理由水行政主管部门负责组织实施。水土保持补偿费的收取使用管理办法由国务院财政部门、国务院价格主管部门会同国务院水行政主管部门制定。"这充分体现了"谁开发、谁治理、谁补偿"的原则。

⑥强化法律责任。新《水保法》第五十四条规定"违反本法规定，水土保持设施未经验收或者验收不合格将生产建设项目投产使用的，由县级以上人民政府水行政主管部门责令停止生产或者使用，直至验收合格，并处五万元以上五十万元以下的罚款。"最高罚款限额由原《水保法》规定的 1 万元提高到 50 万元，大

幅度提高了罚款标准，加重了违法成本。在加大对各种违法行为的处罚力度的同时，新《水保法》增加了法律责任的种类，从行政、刑事、民事三方面对多种违法行为设置了法律责任，增加了滞纳金制度、行政代履行制度、查扣违法机械设备制度，强化了对单位（法人）、直接负责的主管人员和其他直接责任人员的违法责任追究制度；新《水保法》还增强了执法的可行性，改变原《水保法》"罚款由县级人民政府水行政主管部门报请县级人民政府决定。责令停业治理由市、县人民政府决定，中央或者省级人民政府直接管辖的企业事业单位的停业治理须报请国务院或者省级人民政府批准。"的规定，新《水保法》第五十七条规定"违反本法规定，拒不缴纳水土保持补偿费的，由县级以上人民政府水行政主管部门责令限期缴纳；逾期不缴纳的，自滞纳之日起按日加收滞纳部分万分之五的滞纳金，可以处应缴水土保持补偿费三倍以下的罚款。"减少了执行环节。

4.4.2　指示决定的演进

4.4.2.1　1952年中央人民政府政务院《关于发动群众继续开展防旱、抗旱运行并大力推行水土保持工作的指示》（以下简称《指示》）

《指示》明确了水土保持工作的地位，指出了水土保持工作特点，指明了开展水土保持工作的方向，对后期水土保持工作具有重要的指导意义。《指示》指出，水土保持工作是国家重要的建设事业，是一项长期的改造自然的工作。水土保持是具有民众性、长期性和综合性的工作。必须结合生产的实际需要，发动民众组织起来长期进行，必须与农林、水利和畜牧各项开发计划密切配合。《指示》明确了全国治理流域，要求集中在一条或几条支流开展治理工作，这是流域综合治理的有益探索。

4.4.2.2　国务院批转《国务院水土保持委员会关于加强水土保持工作的通知》

由于机构改革等原因，部分水土保持领导机构被撤销，全国水土保持工作受到一定的影响。1962 年国务院水土保持委员会重新成立，并做了加强水土保持工作的工作报告，经国务院批转后成为《水土保持工作条例》出台之前指导中国水土保持工作的重要文件。该通知提出了加强水土保持工作的四点意见：①黄河流域是全国水土保持的重点，但其他地区也不能忽视；②水土保持工作是一项长期的改造自然的艰巨任务；③水土保持工作必须密切结合农林牧业生产，密切结合民众当前利益，结合当地民众生产的需要；④加强水土保持工作的领导。这四点意见在随后的水土保持工作中得到了贯彻，对加快黄河流域乃至全国的水土流失治理步伐起到了重要作用。

4.4.2.3　《国务院关于加强水土保持工作的通知》（国发[1993]5 号）（以下简称《通知》）

为了贯彻 1991 年颁布的《中华人民共和国水土保持法》，从根本上改善农业生产条件，促进国民经济的发展，发挥治理水土流失对于加快贫困山区脱贫致富、保护国土、改善生态环境等方面的作用，国务院下发了此通知。《通知》对开展水土保持工作具有重要的意义，目前一些地方仍没有完全贯彻《通知》精神。

①确立了水土保持基本国策地位。《通知》指出："水土保持是山区发展的生命线，是国土整治、江河治理的根本，是国民经济和社会发展的基础，是我们必须长期坚持的一项基本国策，进一步增强对水土流失治理的紧迫感，把水土保持工作列入重要的议事日程，加快水土流失防治的速度。"

②建立两项基本制度。《通知》要求，水土流失严重地区的人民政府，要建立每年向同级人民代表大会常委会及上级水行政

主管部门报告水土保持工作的制度，并建立政府领导任期内的水土保持目标考核制，层层签订责任状。

③为水土保持预防、监督工作提供了经费保障。《通知》指出，在水土保持经费中安排 20％的资金用于预防、监督和管护。

④建立补偿机制。《通知》指出，对已经发挥效益的大中型水利、水电工程，要按照库区流域防治任务的需要，每年从收取的水费、电费中提取部分资金，由水库、电站掌握用于本库区及其上游的水土保持。

4.4.3 经费保障制度的演进

4.4.3.1 《小型农田水利和水土保持补助费管理的规定》（（87）财农字第 402 号）

本规定是在1979年4月25日水利部、财政部联合发布的《关于小型农田水利补助费（包括水土保持补助费）和抗旱经费使用管理的试行规定》的基础上制定的。1979年规定水土保持补助费仅对社、队开展的水土保持中必要的工程、材料及树种、树苗、草籽等费用进行补助。随着农村经济体制改革的深化，原规定不能适应形势的要求。新规定明确水土保持补助费使用范围为综合治理小流域的水土流失所需树种、树苗、草籽、工具、材料费用和技工工资补助。这样就为小流域综合治理提供了一定的经费支持。

4.4.3.2 《国务院批转财政部、水利电力部关于水土保持经费问题的请示的通知》（国发 [1982]69 号）

此通知明确了水土保持补助费占小型农田水利建设补助费的比例。以前国家支援农村社队进行小型农田水利建设的补助费中包括水土保持补助费，但未明确比例。此通知规定，从小型农田水利补助费中划出 10％～20％的经费用于水土保持。水土流失严重、治理任务重的地区，比例可以大些。据调查，此通知执行不是很好，一些地方没有按比例安排水土保持补助费。

4.4.3.3　水利部《关于加强水库、水电站水土保持工作的通知》（水农水 [1992]24 号）

为了全面贯彻落实 1991 年颁布的《中华人民共和国水土保持法》和全国第五次水土保持工作会议精神，加强水利水电工程的水土保持工作，水利部下发了此通知。该通知要求，各水电工程管理单位（不包括径流电站）每年要从收取的电费中，每度电征收一厘钱；有条件的水库灌区从水费中提取一定比例或水费附加一定比例用于库区的水土流失治理。该通知的主要内容被写入 1993 年《国务院关于加强水土保持工作的通知》（国发 [1993]5 号）。

4.4.4　组织保障制度的演进

4.4.4.1　《中华人民共和国水土保持暂行纲要》（1957 年 5 月 24 日国务院全体会议第二十四次会议通过）（以下简称《纲要》）

《纲要》明确在国务院领导下成立全国水土保持委员会，下设办公室进行日常工作。有水土保持任务的省，都应该在省人民委员会领导下成立水土保持委员会，下设办公室；任务繁重的省还可以成立水土保持工作局。水土流失严重的专区、县也应该成立水土保持委员会和专管机构或设专职干部（人员由农、林、水等有关部门抽调，不另增加编制）；一般地区的专区、县仍由原农林水利科（局）或建设科负责。专区、县以下的农业技术推广站、造林站、水土保持试验站，都应该积极帮助农业生产合作社进行水土保持工作。根据《纲要》的要求，国家成立了国务院水土保持委员会，一些地方也成立了水土保持委员会。

4.4.4.2 《国务院办公厅关于成立全国水土保持工作协调小组的通知》（国办发 [1982]47 号）

1982 年机构改革，国家农委被撤销。为加强全国水土保持工作，国务院决定水土保持工作由水利电力部主管，并成立由有关部门负责同志组成的全国水土保持工作协调小组，协调小组办公室设在水利电力部，负责日常工作。全国水土保持工作协调小组成立后，召开了全国第四次水土保持工作会议，这是继 1958 年以来第三次全国水土保持工作会议之后的又一次全国性会议。

4.4.4.3 《国务院办公厅关于成立全国水资源与水土保持工作领导小组的通知》（国办发 [1988]55 号）

1988 年机构改革对一些非常设机构进行精简，全国水资源协调小组和全国水土保持协调小组合并为全国水资源与水土保持工作领导小组。领导小组是国务院协调、审议全国水资源与水土保持工作的机构。由原国务院副总理田纪云担任组长。领导小组办公室设在水利部。领导小组成立后，主持编制了《全国水土保持规划纲要》，参与了《水土保持法》的起草工作，召开了全国第五次水土保持工作会议。

4.4.4.4 《国务院办公厅关于印发水利部职能配置、内设机构和人员编制方案的通知》（国办发 [1994]7 号）

这是水利部的"三定"方案，水利部内设水土保持司，主管全国水土保持工作，组织全国水土保持治理区的工作，协调水土流失综合治理；对有关法律、法规的执行情况依法实施监督。水土保持司的成立为全国水土保持工作的全面开展提供了组织保证。

4.4.5 治理措施规定的演进

4.4.5.1 综合防治

1. 《国务院关于印发全国生态环境建设规划的通知》（国

发〔1998〕6 号）

该通知对21世纪初期的水土保持生态建设做出了全面部署，并将水土保持生态建设确立为21世纪经济社会发展的一项重要的基础工程，以及中国实施可持续发展战略和西部大开发战略的根本措施。这是之后开展水土保持工作的主要依据。

2．国务院《关于全国水土保持规划纲要的批复》（国函[1993]167 号）

为了适应国民经济和社会发展的需要，有计划，有步骤地防治水土流失，1990 年 11 月，国家计委商请水利部主持编制了《全国水土保持规划纲要》，当时提出两套方案。国务院批复了第二套方案，即每年治理 4 万 km^2。

4.4.5.2　小流域治理：水利电力部、农村水利水土保持司关于颁发《水土保持小流域治理试点管理办法》的通知（（87）农水保字第14号）

这是关于小流域治理的重要文件，该办法明确了试点的目的、需要探索的问题、选点原则、规划原则、规划内容、治理标准、投入政策、项目管理与验收等。该办法提出的小流域治理标准对小流域综合治理起到了重要的引导作用。

4.4.5.3　四荒治理：《国务院办公厅关于治理开发农村"四荒"资源进一步加强水土保持工作的通知》（水保[1996]260 号）

20 世纪 80 年代以来，一些"四荒"资源较多的地方，出现了以家庭承包、联户承包、集体开发、租赁、股份合作和拍卖使用权等多种方式大规模治理开发"四荒"的好势头，也收到了很好的效果。为了进一步调动广大民众治理开发农村集体所有的"四荒"资源的积极性，国务院下发了此通知。该通知肯定了治理开发"四荒"的重要意义，提出治理开发"四荒"的基本原则，出台了治理优惠政策，明确水利部归口管理"四荒"治理开发工作。

根据该通知精神，水利部积极推动"四荒"治理开发工作，取得了显著的效果。

4.4.5.4 城市水保:《关于开展城市水土保持试点工作的通知》（水保 [1997]374 号）

这是水利部关于城市水土保持的第一个文件。1996 年水利部在大连召开了城市水土保持工作会议，决定在各省推荐的试点城市中，选定 10 个城市开展试点工作。为推动城市水土保持工作，水利部印发了此通知。

4.4.5.5 生态修复:水利部《关于实施全国水土保持生态修复试点工程的通知》（水保［2002］365 号）

为贯彻落实中央治水方针和部党组新的治水思路，充分发挥生态的自我修复能力，加快水土流失防治步伐，推进全国水土保持生态建设，水利部决定，从 2002 年起启动实施全国水土保持生态修复试点工程，为推动试点工作，印发了此通知。该通知明确了试点工程建设规模、建设内容、试点期限、组织实施形式。

4.4.5.6 开发建设项目水土保持方案:关于印发《开发建设项目水土保持方案管理办法》的通知（水利部、国家计委、国家环境保护局水保 [1994]513 号）

此通知是根据《中华人民共和国水土保持法》第十八条、第十九条和《中华人民共和国水土保持法实施条例》第十四条规定，由水利部、国家计委、国家环境保护局共同印发的关于开发项目水土保持方案管理的规范性文件。《通知》明确了水土保持方案适用范围，审批与验收程序等。相关部门积极贯彻此通知，有效扼制了人为水土流失。

4.4.5.7 激励政策:《国务院关于奖励人民公社兴修水土保持工程的规定》（国农办恢字 [1962]159 号）

为了鼓励人民公社、生产大队、生产队兴修水土保持工程，国务院决定出台激励政策：①在原有坡耕地上修梯田、培地埂等，增加了产量的，其增产部分，归参加兴修的生产队所有，由受益年算起，3～5年不计征购；②在荒沟修淤地坝、谷坊等新淤出的耕地，其全部产量归参加兴修的生产队所有，由受益年算起，3～5年不计征购。

4.5　水土流失治理投入机制的演变

4.5.1　投入体制演进

中国改革开放前水土保持没有专门的经费。1979年出台了《关于小型农田水利补助费（包括水土保持费）和抗旱经费使用管理的试行规定》（1979年水农字第1号），明确了小型农田水利补助费包括水土保持费，但没有明确水土保持费占小型农田水利补助费的具体比例。1980年开始，国家增拨了一部分小流域治理试点经费，经费补助方式仍以社队自力更生为主、国家支援为辅；国家同意从小型农田水利补助费中划出10%～20%的经费用于水土保持。1982年《水土保持工作条例》出台，明确国家在经费、物资方面给予必要的扶持，对地区给予较多的援助。1983年国家实施水土保持建设工程，第一次明确由国家每年财政安排专项资金3000万元在水土流失严重的贫困地区开展水土流失综合治理。1987年财政部、水利电力部明确水土保持补助费实行有偿和无偿相结合的办法。1988年财政部把水土保持补助费与水土保持事业费单列。1991年颁布了《水土保持法》，按规定拓宽了水土保持投入渠道，增加了水土保持投入资金。1992年水利部在《关于加强水库、水电站水土保持工作的通知》（水农水[1992]24号）中要求各水电工程管理单位（不包括径流电站）每年从收取的电费中每度电征收一厘钱、有条件的水库和灌区从水费中提取一定比例或水费附加一定比例用于库区的水土流失治理。1993年国务院在《关于加强水土保持工作的通知》（国发[1993]5号）中要求采取多种形式、多渠道增加投入，大力开展水土保持工作。之后，全国各地积极贯彻落实，部分省已落实从水费、电费中提取一定比例用于库区及其上游治理水土流失的政策。到1996年，广东、辽宁、云南、江西、山东、四川、山西、宁夏、天津等省、自治区、直辖市或部分地区、部分工程落实了从已发挥效益的大中型水利水电工程收取的水、电费中提取部分资金用于治理水土流失的政策。

总体而言，在1998年之前，中国水土保持工程没有纳入国家基本建设计划，治理水土流失，主要依靠民众和集体经济组织，以民众集体的力量为主，国家支援为辅。

1998年发布的《全国生态环境建设规划》将国家生态环境建设工程项目纳入国家基本建设计划，由地方按比例安排配套资金；地方性的建设项目，由地方负责投入；小型建设项目主要依靠广大民众劳务投入和国家以工代赈，并广泛吸引社会各方面的投资。同年，国家计委和水利部出台文件要求有条件的水土保持生态建设项目要推行项目法人制、招投标制和建设监理制。随后，国家和地方启动建设了许多水土保持生态建设项目，其投资开工已由原来的小型农田水利补助费转为国家基本建设投资，如以国债投资、基建投资、银行贷款、国外融资等多种形式投入水土保持生态项目建设。过去以民众自建、自管、自用的建设和管理模式转变为国家基本建设项目的新模式（姜德文，2001）。2003年水利部印发了《水土保持工程建设管理办法》，进一步要求水土保持工程参照基本建设项目管理程序进行管理，进一步规范了水土保持的投入。

4.5.2　投入结构动态（1950—2000 年）

《全国水土保持效益分析报告 (1950—2000 年)》和《中国水土流失防治与生态安全·水土流失防治政策卷》显示，按 2000 年价格（保持不变）计算，1950—2000 年水土保持的总投资 1 968.80 亿元，其中 1950—1990 年投资 1 443.76 亿元；1991—1995 年投资 212.69 亿元；1996—2000 年投资 312.35 亿元，分别占总投资数额的 73.33%、10.08%、15.86%。在全部总投资中，中央资金 136.69 亿元，地方资金 183.45 亿元，民众投劳折资 1 648.66 亿元，分别占总投资比例的 6.94%、9.32%、83.74%。

"十五"期间，中国在继续实施长江、黄河上中游水土保持防治、京津风沙源治理、晋陕蒙砒砂岩沙棘生态工程、黄土高原水土保持世行贷款项目二期、国家"八片""农发"水土保持等工程建设的基础上，新启动实施了首都水资源水土保持项目、黄土高原地区淤地坝建设工程、东北黑土区和珠江上游石灰岩区水土流失综合防治工程 4 项工程，国家级水土保持工程数量由"九五"时期的 7 个增加到现在的 11 个，全国实施国家水土保持防治的县（市、区）超过 700 个，比"九五"时期增加 120 多个。新华网 2006 年 05 月 24 日记载，在不包括其他行业相关投入，开发建设项目防治经费以及群众自筹的情况下，我国"十五"期间水土保持总投入达到 122.6 亿元，是"九五"期间总投入的 2 倍。其中，中央投资 81.6 亿元，地方配套 28.5 亿元，利用外资 1.5 亿美元。

由上述水土保持投入的动态变化可见：①民众投劳对中国水土保持生态建设的贡献率最大，1950—2000 年水土保持投入的主要模式是"政府引导投入，民众投劳为主"；②政府对水土保持的财政投入呈不断增长的态势，1995 年以前，政府投入以地方财政为主、中央财政为辅；20世纪90年代后期，中央财政投入逐渐超过地方财政投入；③2000年以来，在逐步取消"两工"（农村义务工和劳动积累工）制度后，政府公共财政支出在水土保持生态建设中承担着主导作用。

4.5.3 "两工"到"一事一议"的创新与进步

"两工"是农村义务工和劳动积累工的统称。自新中国成立到20世纪80年代中期，水土保持主要靠民众投入义务工。从1991年《农民承担费用和劳务管理条例》规定"两工"到2000年党中央、国务院开始取消"两工"的10年间，为了实现规模治理、集中治理、尽快取得经济和生态效益，主要采取"以乡会战、推磨转圈、轮流坐庄、先后受益"的形式，农民投入水土保持生态建设的"两工"累计122.3亿个工日，折资1199.59亿元，平均每年投入"两工"数达12亿个工日。据统计，1950—2005年间民众用于治理水土流失的投劳累计达到347.88亿工日，占总投入的84.64%，其中，1950—1990年间投劳168.98亿工日，占总投入的70.95%；1991—1995年间投劳52.81亿工日，占总投入的93.35%；1996—2000年间投劳69.49亿工日，占总投入的90.99%；2001—2005年间投劳56.6亿工日，占总投入的80.11%。"两工"构成了水土保持工程建设投入的主要来源，是水土保持工程建设贡献的主体。

2000年，中共中央从"三农"工作的实际出发决定取消"两工"，国务院规定村内进行农田水利基本建设、修建村级道路、植树造林等集体生产公益事业所需劳务，实行"一事一议"，即由村民大会民主讨论决定，村内用工实行上限控制。"一事一议"政策较之"两工"政策是一项制度创新，是社会民主的进步（表4-1）。但是，基于当前的经济发展水平，由于水土保持具有外部经济性和经济效益的相对滞后性，在逐利动机和"短视"通病的共同作用下，"一事一议"政策无法有效解决水土流失治理投入不足或（及）效率低下的问题。

表 4 - 1　水土流失治理义务工制度与"一事一议"制度的比较

制度类别	治理性质	治理方式	制度核心
义务工制度	强制性制度安排	自上而下	要农民干
"一事一议"制度	诱致性制度安排	自下而上	农民要干

4.6　水土流失治理监督管理体制的演变

4.6.1　治理模式从计划主导向市场延伸

新中国成立以来，中国水土流失治理模式历经数次变化。20世纪 50 年代采取的是国家引导、集体治理的模式，即依靠国家投入的资金培养典型，为集体组织水土流失治理提供示范。此时强调的是大局意识，主要措施是种树种草和挖鱼鳞坑，以减少水土流失对大江大河的负面影响，而很少考虑如何通过水土流失治理增加参与者的收入问题。

20 世纪 60 年代和 70 年代（或人民公社时期），水土流失治理以建设基本农田为切入点，旨在解决粮食短缺问题。但由于未能妥善处理田、林、草三者之间的关系，影响了治理的效果和效益。

20 世纪 80 年代初，伴随着"依靠千家万户治理千沟万壑"的思路的提出，开始推广户包治理小流域模式。此时强调的是"四荒"资源的公平分配，主要措施是开发利用"四荒"资源，以增加农民收入和提升所需的效用。例如，山西省偏关县 1982—1983 年期间有 9 847 个农户承包了 6 224 条小流域，承包面积

356 km²，其中，250 个农户的承包面积超过 0.01 km²，两年内治理了 28 km²，其中大多是条件相对较好的近沟、小沟和肥沟。由于远沟、大沟和瘦沟未能得到及时治理，20 世纪 80 年代后期在国家治理区内推出了专业队治理模式。

20 世纪 80 年代的水土流失治理与前 30 年相比发生了三大变化：一是在治理目标上，将"以粮为纲"调整为以林牧生产为主；二是在治理资源的筹集上，将国家、集体、个人齐上调整为个人、集体、国家齐上，以家庭投入为主；三是在治理措施上，将以工程措施为主调整为以生物措施为主。

20 世纪 90 年代推出了"四荒"拍卖、租赁、股份合作等多种治理模式，强调的是"四荒"资源的择优配置，主要目的是解决资源不匹配的问题，使"四荒"资源转化为具有市场竞争力的生产性资源，从而为治理者带来更多的收益或利润。伴随着"四荒"分配集中度的提高，水土流失治理的速度和效益有较为显著的提升。期间，一些较早进入非农产业并获得成功的农民企业家，选择了旨在改善社区发展环境的治理模式。他们通过改善社区福利水平或回报父老乡亲的方式实现了自己的功利性目标。

随着市场经济体制的逐步深入，水土流失治理又纳入了区域化布局、规模化治理、集约化经营的轨道，并在实践的基础上概括出了"三个结合、三个延伸"的经验，即改善生态环境与建设主导产业相结合、与开发资源和发展区域经济相结合、与脱贫致富相结合和向大农业延伸、向非农产业延伸、向市场延伸。

4.6.2　监管手段多样配置

借鉴国外先进经验，结合国内实情，中国已经发展了一个包括行政规制、经济强化、公众参与等多样配置的水土流失防治监管体系（表 4-2）。

表 4 - 2　中国水土流失治理的监管体系

行政规制	经济强化	公众参与
水土保持影响评价		
"三同时"制度	户包小流域	水土信息公开
限期治理	水土流失防治费	水保宣传
集中治理	"四荒"使用权承包、租赁	水保教育
生态修复	拍卖、股份合作	土地使用权公平竞争
水土流失治理目标责任制		

水土流失是中国的重要生态环境问题，从 1952 年的《关于发动群众继续开展防旱、抗旱运动并大力推行水土保持工作的指示》到 1993 年明确了预防、治理、监督范围和职责的《中华人民共和国水土保持法实施条例》及 2005 年的《开发建设项目水土保持技术规范》，几十年来一系列配套监测监理、审查审批、规费征收、技术服务、评估论证等法规、条例、规章、规范和办法的出台，我国基本形成了以国家法律（《中华人民共和国水土保持法》）为基础，国家、部门和地方法规、规章、办法相配套的政策法规体系。以预防保护为主的"水土保持方案报告""三同时"制度和以治理为主的"三项制度"等已被社会广泛认知和接受。在预防和治理水土流失，保护和合理利用水土资源，减轻自然灾害和泥沙危害，促进国民经济和社会可持续发展方面，特别是在水土流失治理方面，形成了较完备的工作制度、管理机制和规范标准，促进了水土保持工作向制度化方向发展，为水土保持政策执行提供了强有力的保障体制。

4.6.3　激励机制多元导向

4.6.3.1　经济奖励

为了鼓励农民治理水土流失的积极性，有关部门将原初按照治理工作量发放补助的制度改为根据治理结果给予奖励的制度。

这种将补贴改为奖励的做法，促使农民的治理观念由"要我治"转变为"我要治"，克服了"等、靠、要"的想法。例如，山西省偏关县和岚县的具体做法是：第一，绿化达标村的村干部养老保险金为 1 000 元；另外，县政府拿出 10 万元资金，为治理水土流失成绩突出的村支书发放补贴；第二，当年造林 5 000 m^2 或种植 10 000 m^2 的农户，奖励 300 元；第三，农户每建设 100 m^2 机修梯田，奖励 200 元；第四，治理上富有成果的承包户，享有贷款优先的待遇；第五，成绩特别显著的治理户，可荣获"绿化英雄"和（或）"治荒功臣"等称号，甚至树碑立传，载入县志。四川省蒲江县在水土保持经费使用上坚持先治理、后奖励的办法，具体做法是：事先向水土保持部门提出治理申请，治理过程按水土保持部门规定的技术标准组织施工，事后通过水土保持部门验收，按规定获得水土保持经费的奖励。云南省元谋县把扶持治山治水专业户作为一项政策措施，打破行政区域和所有制界限，并将承包期延长至 30 ～ 70 年，对办理承包"四荒"土地使用许可证实行免费办理政策，调减电力"增容"费，将所征收的农林特产税的一半返还给纳税人。

4.6.3.2 职位升迁

为了提高干部组织农户和企业治理水土流失的积极性，有关部门实行了根据管理范围内的治理结果作为升迁与否的重要指标的制度。这种将环境治理绩效纳入干部政绩考核体系的制度，是对水土资源的可持续利用和生态环境的可持续维护的一项重大保障。例如，山西省偏关县对治理水土流失成绩显著的干部，优先提拔、晋级、解决"农转非"；山西省岚县把水土流失治理与干部的政绩考核挂钩，提拔重用治理水土流失成绩突出的干部等。

4.6.3.3 专利保护

美国前总统亚伯拉罕·林肯曾致力于美国专利制度的实施，

宣称"专利是浇在智慧火花上的利益之油",开创了"尊重原创、强化专利"的时代,促进了美国科技进步和经济发展。中国是"四大发明"的沃土,"四大发明"不能只是古代的专利。

为激励技术人员进行有关治理水土流失的技术创新,有关部门从专利机制入手,保护技术创新的知识产权,使创新者的贡献得到社会的承认,并得到应有的回报。例如,黑龙江省海伦市海南乡林业技术人员何义在培育果树过程中,针对果树腐烂的不同症状直接影响到果树的成活率和产出率变化的实际情况,进行果树防腐剂的研制。经过多次反复试验攻关,终于研制成功专治果树防腐的特效药"治腐 1 号"。1997 年黑龙江省农业科学研究院授予他科研成果一等奖,特效药也获得了国家专利。

西北师范大学化工学院王云音教授主持研究了"多功能高分子植物生长剂"技术。这项技术是把具有抗旱、耐盐碱、缩小树叶、草叶面穿孔方式以减少蒸发等功能的植物生长剂与超强吸水剂相结合,以形成具有固沙保水等作用的多功能节水农业高分子新材料。多种生物活性试验和农业大田试验表明,这项技术在种草、植树、固沙等方面具有很好的效果(在兰州市"两山"绿化中,西北师范大学负责的 500 亩造林任务使用了植物生长剂,成活率达 90%)。这项成果已获得国家发明专利,并给参加科研项目的人员带来了相应的经济回报。知识产权得以保证,更加激发了科研人员的技术创新动力,增强了他们服务于西部生态环境改善的信念。

中国科学院、水利部水土保持研究所不断探索与国际科研机构接轨的用人机制与管理模式,大胆改革人事制度,最终形成符合市场经济的激励机制。按学科方向合理设岗,按条件公开招聘,打破职称与薪酬挂钩的旧观念,实行"低职高聘"和"高职低聘",为优秀人才脱颖而出创造机遇。同时,对招聘上岗人员进行严格考核，考核分年度考核与合同期满考核，凡考核不合格者及时解聘，考核严格、公正、公平，既不压制人才，又不庇护庸才。对少数优秀人才采取"不求所有，只求所在"的灵活政策，即其人事关系可以保留在原单位，定期在所内工作，期满后来去自由。同时，强化绩效奖励的导向作用，奖励争取课题、承担项目、人才培养、科研成果、论文发表等个人业绩，制定定量指标评价体系，拉开收入差距。这种基于市场经济优胜劣汰的分配机制，激发了人才创新的积极性。

4.6.3.4 产权明晰

"四荒"既是治理水土流失的载体，又是一种可供利用的资源。产权机制在"四荒"资源的配置中具有关键性的作用。中国针对"四荒"资源产权的具体做法主要是：明确界定"四荒"资源的产权；以市场机制的方法决定"四荒"资源产权的归属；诱导"四荒"资源的产权朝着利用效率更高的方向流动。

1. "四荒"资源的产权界定

产权界定是确保产权发挥作用的最基础环节。第一，产权界定是保护产权免遭侵犯的基础；第二，产权界定是确保"四荒"资源的经营者形成稳定的收益预期，从而有可能采取可持续的治理措施的基础；第三，按照产权经济学的理论，资源的产权流向资源利用效率更高的企业要比资源产权初始分配的公平更重要，而产权界定是产权流动的基础。

户包治理是中国水土流失治理最基本的形式。从理论上讲，户包治理使农民获得了"四荒"的使用权。这种内生的激励机制有助于诱发农民治理水土流失的积极性，也有利于降低治理的监督成本，有助于拓宽农户家庭经营的空间，也有利于利用农村闲置资源。但是，现实中出现的却是投入普遍不足、进度慢、质量差、甚至"包而不治"。一般认为，农民担心政策多变是造成这种局面的主要原因。而政策多变的结果之一就是产权不稳。户包治理模式仅赋予了"四荒"的使用权，而没有赋予产品的处置权，更没有考虑如何对"四荒"治理带来的正外部性给予补偿。从而影响了农户对"四荒"治理的投入。因此，"四荒"资源的产权界定，不是简单发一个产权证就能通盘解决。为妥善处理这些尚未解决的问题，使"四荒"资源的产权界定有更为具体的内容，各地政府相应出台了有关"四荒"承包、拍卖治理的一些规定，"四荒"的产权归属渐趋明晰化。

2. "四荒"资源的产权竞争

产权竞争的目的是为了保证资源得到更有效率的利用，从而使"四荒"资源得到更加有效的开发治理。为提高水土流失治理速度，扩大水土流失治理规模，1992 年山西省吕梁地区率先推出了拍卖"四荒"的制度创新，随后全国各地纷纷响应。"四荒"资源产权分配具有购买、承包、租赁、股份合作等形式。"四荒"拍卖采取了步骤程序化、契约证件化、考核目标化、资金专项化和管理制度化的"五化"标准，以及"先治后卖"和"先卖后治"相结合的方法。全国初步形成了农民、工人、干部、企事业单位共同参与，个人、集体、国家齐上，多种治理形式并存的格局，推动了水土流失治理进程。

3. "四荒"资源的产权流动

中国各地农村生产条件迥异、产业发展不平衡，区域"四荒"资源的产权流转的具体途径和确认没有固定的模式可遵循。为适应不同地区和农户对水土流失治理方式和产业结构调整过程中"四荒"资源产权流动方式的不同选择，一些地区安排、实施了多种灵活的"四荒"资源产权流转形式，供广大农民自主选择。如"四荒"地转包、委托经营、互换、转让、入股、租赁、反租倒包等。从总体上看，农户之间的"四荒"地转包的形式要比有集体单位介入的"反租倒包"的形式更容易操作和推广。

4.6.3.5 市场调配

1. 市场游戏规则

"四荒"资源开发者具有自愿转移"四荒"资源使用权的能力，但如果交易成本过高，会限制这一权能的具体实现。稳定"四荒"资源开发者的效益预期，不仅需要完备的产权制度安排，同时也需要完备的市场制度安排。利用市场机制，能够促进"四荒"资源的有效配置和合理流动。

随着中国经济体制由计划向市场的逐步转轨以及市场经济的不断深入发展，市场游戏规则也逐步渗透于水土流失治理领域。山西省岚县的"四荒"拍卖程序和方式已市场化：一是社区内竞标拍卖。首先，由群众选出的代表组成评议小组，查清"四荒"资源底数，确定标底；其次，各家填写《四荒拍卖参与登记表》；再次，召开拍卖大会，公开招标，公平竞争，价高者中标。二是开放式招标拍卖。即定出标底后，本着村民优先的原则向社会公开招标；成交后，买卖双方签订契约，并经公证部门公证，使其具有法律效力。三是治理成果的转让、买卖。

在开发利用"四荒"资源过程中，一些地方相继建立了耕地或"四荒"资源使用权市场及中介服务组织。例如，山东省济南市建立了农村"四荒"资源开发服务中心，为"四荒"资源使用权市场提供了一个交易的组织依托；陕西延安成立了集体土地交易管理所，负责办理集体土地使用权的出让、转让、出租、抵押等多项业务。

2. 效率优先机制

如果"四荒"资源产权流转市场发育程度低，必然使"四荒"使用权交易成本较高；最终将影响"四荒"资源的配置效率，更会对"四荒"开发者的筹资产生直接影响。20世纪80年代，在"四荒"资源的分配上强调的是公平；进入20世纪90年代，关注点由原来的公平优先转为"效率优先，兼顾公平"。这一转变，推动了开发利用"四荒"机制的成熟，也促进了水土流失治理的进程。

4.7　个案探析：国家政策体系下的　　福建水土流失治理机制

4.7.1　国家政策体系下福建水土流失防治的进展

福建地处中国东南，地理上"依山傍海"，地貌以侵蚀海岸为主，境内"八山一水一分田"，85%以上面积为山地丘陵，陆域介于北纬23°33′～28°20′、东经115°50′～120°40′之间，靠近北回归线，属于南方红壤区，土壤化学风化剧烈、抗蚀能力弱；受季风环流和地形的影响，形成暖热湿润的亚热带海洋性季风气候，区域差异较大，各气候带内水热条件的垂直分异也较明显；根据福建省2010年第六次全国人口普查主要数据公报，福建人口密度约每平方米298人。先天"峰岭耸峙，丘陵连绵，河谷、盆地穿插其间"的自然地理环境和人稠地狭的突出矛盾等情境使福建水土流失具有严重性和不稳定性（林捷，2015）。

新中国成立后，特别是1978年党的工作重点转移到经济建设以来，福建水土流失治理工作稳步、健康发展——在指导思想上强调治理与开发并行、生态与经济效益兼顾；在治理措施上融合生物措施与工程措施等；在经营形式上因地制宜地推行小流域综合治理、多种形式的承包治理等。通过治理，建设了"五江一溪"（闽江、九龙江、晋江、汀江、赛江、木兰溪）两岸及其上游水土保持林、水源涵养林，建立了基于"3S（遥感、全球定位系统、地理信息系统）"技术的水土保持监测网络和信息系统（赵昭柄，2002）。"十二五"期间，福建省先后出台一系列重要政策文件，创新实施了创建 22 个省级水土流失重点县、100 个省级水土流失重点乡镇和 60 个水土保持生态村等治理项目，全省累计完成水土流失综合治理面积 0.8 万 km^2，《福建省水土保持条例》《福建省水土保持补偿费征收使用管理办法》等法律法规相继出台，人为造成的水土流失得到有效控制；长汀、德化、永春、尤溪、武夷山、光泽、宁化、平和 8 个县成功创建国家水土保持生态文明工程。截至 2015 年底，福建省水土流失率降到 8.87%（福建省水利厅，2016）。

4.7.1.1 累计治理面积总体非平衡非线性增长

从历史数据描述统计可见，福建省历年水土流失累计治理面积（简称"累计治理面积"）的时间序列有位移且有明显上升趋势（图 4 - 3）。从折线点图可以直观看到，1999 年由于修复 1998 年特大洪水的冲击，累计治理面积没有增减；2003 年面对"非典"疫情和罕见的持续干旱，累计治理面积有较大幅度的提高；2012 年有一个明显的飞跃，累计治理面积较之 2011 年翻番有余。在此期间，2011 年 12 月 10 日、2012 年 1 月 8 日习近平对长汀水土流失治理工作进行批示并要求"进则全胜，不进则退"，福建省委省政府落实、加大了水土流失专项治理资金投入及政策扶持。

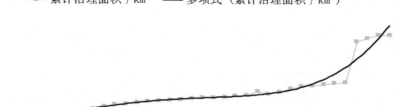

图 4‑3　福建省历年（1978—2015）水土流失累计治理面积

借助 Eviews 软件，对该时间序列进行单方根检验，结果（表 4‑3）表明，累计治理面积时间序列不平稳，难以用一个简单的非平稳过程模型来反映其过去和未来。

表 4‑3　序列 CCA（水土流失累计治理面积）的 DF 检验结果

Null Hypothesis: CCA has a unit root；　Exogenous: Constant, Linear Trend；　Lag Length: 0 (Automatic – based on SIC, maxlag=9)		
	t–Statistic	Prob.*
Augmented Dickey–Fuller test statistic	−0.915226	0.9434

从图形直观判断，序列存在多阶相关时间趋势，由此构建累计治理面积与时间趋势变量模型（T = @trend（1978））之间的回归模型：

$$CCA_t = c + \sum_{i=1}^{5} c(i) T_t^i + \mu_t \qquad (4-1)$$

t 代表年份，c 和 $c(i)$ 为估计系数，μ 为扰动（残差）项，经 Ramsey RESET 检验（加进 CCA_t^2 作为解释变量），累计治理面积与时间趋势变量之间的一阶、二阶、三阶、五阶回归都存在模型误设定问题（检验统计量 F 值对应的 P 值分别为约 0.0000、0.0000、0.0002、0.0143），而四阶回归时该 P 值为 0.5099，不拒绝模型无误设定的原假定（$\alpha = 0.01$）。由此，建立时间趋势变量四阶回归模型：

$$CCA_t = C(1)*T_t + C(2)*T2_t + C(3)*T3_t + C(4)*T4_t + C(5)+\mu_t \quad (4-2)$$

其中：$T2 = T^2$、$T3 = T^3$、$T4 = T^4$。回归估计结果显示，估计回归方程显著（Prob(F-statistic) = 0.000000），回归预测值与实际观测值高度拟合（Adjusted R-squared = 0.941325），扰动项 u_t 之间无自相关（DW $_{(4,38)\,L}$ = 1.261 < Durbin-Watson stat = 1.583798 < DW $_{(4,38)\,U}$ = 1.722）。

对回归结果进行怀特异方差（White Heteroskedasticity）无交叉项（no cross term）检验，检验统计量 Obs*R-squared 对应的 Prob. Chi-Square 为 0.0002，是小概率事件，表明模型中扰动项 u_t 之间存在异方差。由此，采用加权最小二乘法（WLS）重新进行参数估计。估计回归方程为，方程显著（Prob(F-statistic) = 0.000000），修正判定系数（Adjusted R-squared）为约 0.999771，模型预测值与观测值高度拟合。

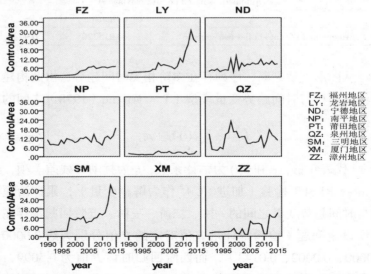

FZ：福州地区
LY：龙岩地区
ND：宁德地区
NP：南平地区
PT：莆田地区
QZ：泉州地区
SM：三明地区
XM：厦门地区
ZZ：漳州地区

图 4-4 1990—2015 年福建省分地区各年水土流失当年治理面积（km²）

数据来源：根据福建省水利厅调查统计数据编制。

4.7.1.2　当年治理面积分区与全省相关强度、灰色关联度有别

福建省下辖福州（包括平潭综合实验区）、厦门、莆田、泉州、漳州、龙岩、三明、南平、宁德九个设区市地形地貌、气候水系、人口面积等存在区域差异，水土保持工作难易、轻重有别。从 1990—2015 年福建省分地区当年治理面积时间序列数据折线图（图 4 - 4）观察，九地区变化情况复杂多样。从各地区与福建全省当年合计治理面积的相关性看（表 4 - 4），三明、龙岩、漳州与全省呈显著极强相关，福州、南平、宁德与全省呈显著强相关，泉州与全省呈显著中等程度相关，莆田与全省正相关性不显著，而厦门与全省呈不显著负相关。水土流失综合治理是含有确知、未知和非确知信息、关系、结构的灰色系统（黎锁平，1994），各地区防治面积的影响因素不明确、因素间关系复杂，为此，基于灰色系统理论（Ju-Long D，1982），对上述时间序列数据采用均值化法无量纲化，计算得出各地区与全省的灰色关联系数（分辨系数 ρ 取值 0.2）从大到小依次为三明（0.715538）＞南平（0.698172）＞宁德（0.693605）＞泉州（0.641434）＞莆田（0.641141）＞龙岩（0.623594）＞漳州（0.605543）＞福州（0.604096）＞厦门（0.478454）。厦门地区上述相关系数的非正性及灰关联系数的最弱性可能由其岛域水土属性决定。

表 4 - 4　福建九地区与福建全省水土流失当年治理面积的相关性

		福州	龙岩	宁德	南平	莆田	泉州	三明	厦门	漳州
福建	Pearson 相关性	.749**	.915**	.622**	.680**	0.314	.456*	.968**	−0.054	.801**
	显著性（双侧）	0	0	0.001	0	0.118	0.019	0	0.792	0
	N	26	26	26	26	26	26	26	26	26

**. 在 0.01 水平（双侧）上显著相关；*. 在 0.05 水平（双侧）上显著相关。

4.7.1.3 防治机制的演进

1. 防治管理体制与协调机制的演进

新中国成立初，1950 年 9 月，福建省政府即号召"保持水土，严禁开荒，提倡封山育林"的行动，开始了群众性治理水土流失工作。为了加强对水土保持工作的统一领导和部门之间的密切配合，1957 年国务院发布了《中华人民共和国水土保持暂行纲要》，依此，这一时期国务院和地方水土保持委员会发展鼎盛。之后，几经变革，国家层面的全国水资源与水土保持工作小组于 1992年撤销。福建省水土保持委员会（简称"福建水保委"）设立于1956 年，之后几经中断与恢复，保留了各级水土保持委员会及其办公室。目前，"福建水保委"由福建省委宣传部、省发展改革委、财政厅、水利厅、农委办、经贸委、科技厅、建设厅、农业厅、林业厅、司法厅、交通厅、国土资源厅、环保局、福建团省委、闽江水利水电工程局、省建材（控股）有限责任公司、省冶金（控股）有限责任公司、省煤炭工业有限责任公司、福州铁路分局、省水文水资源勘测局、省水土保持委员会办公室等政府职能部门和企事业单位组成。"福建水保委"办公室设在水利厅，作为日常办事机构，同时承担水利厅的水土保持行政管理职能。相应地，配置了较为健全的水土保持监督管理、试验研究和监测等组织机构。实践中形成了一整套运行机制，包括定期召开会议、不定期召开工作协调会、明确各成员单位的责任和义务、发挥统筹、协调、指导作用、发挥办公室的沟通、协调作用、建立信息互通制度等，从而便于听取并审议各成员单位工作汇报、决定重大方针任务、协调各成员单位工作，推动了水土保持事业的发展（中国水土流失与生态安全综合科学考察南方红壤区福建组，2006）。

2. 防治投入机制的演进

福建是改革开放的前沿省份之一，引进外资、发展经济是福建各级政府的工作重点之一。福建的水土保持工作不属于全国的重点地区,中央的支持满足不了水土流失防治的投资需求。1992年以来福建就开始酝酿引进国际金融组织贷款,1995年签订了"福建水土保持与乡村发展"的亚行贷款,开创了亚行贷款防治水土流失的全国首例。

"十二五"期间,福建水土流失综合治理投资在未考虑价格变动的绝对量上总体有所增加,2012年较2011年综合治理投资大幅增加,之后基本上处于平稳波动(表4-5)。在此期间,习近平在2011年12月、2012年1月先后两次对长汀水土流失治理工作作出重要批示,推动了全国水土流失治理工作,掀起了福建水土流失治理的新高潮。但是,福建的水土保持工作不属于全国的重点地区(中国水土流失与生态安全综合科学考察团南方红壤区福建组,2006),因此在有限的国家公共财政统筹安排下,配套地方政府财政、吸纳社会资本、政府财政担保国际贷款、"一事一议"科学有效引导农民投资投劳等是这些非重点地区水土流失防治投资的主渠道。

表4-5 2011—2015年福建水土流失综合治理投资及"中央及省级专项补助"概况

年份	综合治理投资/万元	中央及省级专项补助金额及其占综合治理投资比例		中央级补助金额及其在"中央及省级专项补助"金额中的比例	
		金额/万元	所占比例/%	金额/万元	所占比例/%
2011	45 179	12 640	27.98	9 080	71.84
2012	161 700	57 830	35.76	29 270	50.61
2013	168 000	55 000	32.74	21 000	38.18
2014	163 000	57 000	34.97	23 000	40.35
2015	176 000	56 000	31.82	22 000	39.29

数据来源:根据相关年份《福建水土保持公报》及《中国水利年鉴》编制。

3．防治功能机制的演进

首先，激励机制层面。在水土流失防治的探索与实践中，福建省出台了水土流失防治的财政补助和专项奖励政策，基于"谁治理谁受益"的交易补偿原则，建立山林权流转制度，建立"优惠政策引导、经济利益激励、公共服务外包"的市场运作机制，稳定山林经营权 30 年不变，推行承包、租赁、股份合作等治理开发模式，挖掘水土流失区域的资源的经济和生态价值，引导、带动社会资本参与水土流失区域的开发性治理，形成了多元化的资金筹集格局。

其次，科教支持体系层面。20 世纪 80 年代，基于对水土流失生态安全和环境保护重要性的意识，原福建省委书记项南在调研的基础上总结提出了水土保持"三字经"，在全省掀起一轮群众性治理水土流失的高潮。21 世纪以来，为配合国家跨世纪环境建设工程和生态省建设的需要，2002 年开始，福建在全省范围内开展以青少年为主要对象的水土保持普及教育活动，水土保持部门与教育部门联合，培训师资、依据教育部 2003 年颁布的《中小学环境教育实施指南》编写适合普及教育的水土保持乡土教材，制作水土保持多媒体教学光盘，建立并开通水土保持网站，日常教学中融入与推广水土保持科普教育，渗透滋润幼小心灵。全省相继建成了福州金山、南平闽北、厦门集美、漳州漳浦、龙岩长汀、泉州惠安等水土保持科教园。同时，各地还与德育基地和素质基地等联合，建设了水土流失人工模拟降雨对比实验等形式多样的水土保持普及教育设施，成为培养青少年水土保持意识的重要平台（高建进等，2008）。例如，福建省南平市采用显性和隐性的课程方式，通过思想道德教育、综合实践活动、生态环境素质教育、研究性学习、校本课程等五个端口融入中学课堂，优化学生的知、情、意、行，让水土保持成为中小学生日常生活学习中不可或缺的组成部分，形成"参与→感化、体验→强化、感悟→深化、激励→固化、养成→内化"的"水保"教育模式，对推动水土保持工作产生了深远的影响（朱秀端，2015）。

最后，地方性法规、实施办法、制度等层面。1995 年福建省通过了《福建省实施〈中华人民共和国水土保持法〉办法》，1997 对该办法进行了修订。2012 年福建省制定出台了《福建省水土流失综合治理专项资金管理办法》（闽财农 [2012]84 号），以加强和规范专项资金管理，确保专项资金运行的安全高效，提高水土流失治理质量和效果。2014 年 7 月 1 日起《福建省实施〈中华人民共和国水土保持法〉办法》予以废止，代之实施的是 2014 年 5 月 22 日福建省十二届人大常委会第 9 次会议通过的《福建省水土保持条例》。该条例是 2014 年国务院印发《关于支持福建省深入实施生态省战略加快生态文明先行示范区建设的若干意见》后福建省通过的第一个生态环保地方性法规（吴亚东，2014）。同时，福建省相继出台《福建省水土保持补偿费征收使用管理办法》和《福建省水土保持补偿费征收标准》，进一步完善社会评价体系和考核体系，基本形成一套自上而下的法律法规体系。

4. 防治机制概述

在国家水土保持政策体系框架下，适应地域风土人情，经过多年的水土保持探索和实践，福建省逐步形成了"政府引导、统筹规划、群众主力、社会参与、典型示范、市场运作"的水土流失防治机制（胡熠等，2014）。

4.7.1.4　防治模式的演进

20 世纪 80 年代起，福建省基于生态经济观念，按照各地区水土流失的特点，采取多种途径治理水土流失，包括"封禁补植""草、灌、乔"结合、建立立体果园、"三跑（跑水、跑土、跑肥）"茶园改造、崩岗治理与利用等（陈敏才等，1989）。在实践发展中，福建长期坚持中小河流整治、美丽乡村建设、农村环境综合整治三者相结合，随同全国"从"户包"小流域到"四荒"拍卖，从租赁到股份合作"等的演进趋势，树立了"长汀品牌"、建立了首批"国家水土保持生态文明县"，如长汀、德化以及福建版"清明上河图"永春桃溪流域等。

其中，长汀县基于各级政府的高度重视，坚持生态立县发展战略，坚持将水土保持与调整产业结构、壮大后续产业、发展经济有效结合，坚持"草—牧—沼—果"模式。通过多方面筹集资金，包括向社会筹集善款，建立多元化、多层次的投资机制，并改革资金管理办法以提高资金利用率，引入企业和个人创业项目，落实多种形式的责任制，通过公益事业建设实施开发性治理，将单一的崩岗生态治理转变为生态经济型综合治理，形成了循环种养、休闲旅游等生态特色产业，形成了以政府为主导、群众为主体、社会广泛参与的合作网络治理模式（唐丹，2016）。安溪县在原有崩岗治理模式上，把崩岗区变为农业综合示范场。永春、长泰等地结合美丽乡村建设，建设生态清洁型小流域工程，打造水土保持生态公园。德化县实施产业集中战略和能源革命，发展清洁生产和循环经济，通过以电代柴、发展农村小水电、沼气综合开发利用等方式推进生态能源建设，利用当地废旧陶瓷尾料加工空心砖，创新研发"空心砖坡改梯"治理茶园水土流失技术，起到保水、保土和保肥作用，一定程度上化解"林瓷"矛盾，促进生态修复（胡争上，2013）。各地通过工程、植物、农业技术等措施有机组合治理，陆续培育出安溪茶业、诏安荔枝、宁化茶油、平和蜜柚、建宁黄花梨等山区特色产业，带动地方支柱产业持续发展。

4.7.2　尚须解决的一些机制问题

无论是国家尺度，还是以福建为考察点的省域尺度，水土流失防治机制在实践与改革中不断改进的同时，仍存在着一些共性问题。

4.7.2.1　配套统计机制不健全

水土流失治理面积等统计信息是水土保持工作的信号和消息，发挥着国民经济行业宏观调控和地区规划与发展的监测、决策或咨询的参考作用。现实中宏微观数据，如水土流失治理面积数据存在失真、不协同等问题，由此导致基于数据的统计与计量分析可能无法科学有效地揭示或挖掘潜在的真正规律（王伟等，2016）。

4.7.2.2　协调机制缺位

协调机制缺位是中国水土流失防治的突出问题之一，表现在政府各相关部门间协调合作成本尚有很大的值得消减甚至归零的空间，并且在水土流失防治工作的诸关系上缺乏统筹把握。

4.7.2.3　水土保持生态补偿投入长效机制未真正建立

伴随全球生态环境危机意识和可持续发展观意识的增强，中国对生态补偿的研究和实践不断深入，生态补偿相关的机制有生态修复补偿机制和生态建设补偿机制，前者包括实行"谁破坏谁补偿"、自行补偿和委托补偿、等量补偿和加倍补偿、治理补偿等；后者包括实行"共享共建"、以上级财政转移支付为主要途径补偿、合理确定补偿、"飞地补偿"等。具体政策实践中生态环境服务付费主要涉及以森林生态系统服务为核心的生态服务付费、农业相关生态服务付费、流域生态环境服务付费、与矿产资源开发相关的生态补偿制度等。但是，即便是多年实践并取得一定成效的"退耕还林"，在执行过程中尚存在"生态目标不到位"和"给农民的补偿不到位"的问题。建立和完善生态补偿机制是一项复杂的系统工程，真正的生态补偿机制的建立是一种远比想象的更深刻的社会利益大调整和制度创新，目前尚有许多方面需要生态机制，目前尚有诸多问题亟待进一步科学探究。在水土资源环境管理层面，国内学者在水土保持生态补偿理论和补偿主体、客体、标准、途径、方式等机制构成要素方面进行了诸多探讨，但尚存在补偿主体和客体不明晰、补偿标准难定量、区际补偿难落实、生态税费制度不健全、长效补偿机制未建立等问题（王甲山等，2017）。

4.7.2.4　市场运作机制发挥受限

发展社会主义市场经济，必须充分发挥市场机制的确立市场价格、优化资源配置、平衡供求关系、激励提高效率、实现经济利益、评价经济效益等功能。但市场机制要发挥作用与正常运行要求有规范的市场主体、完善的市场体系、规范的市场运行规则以及有效的宏观调控体系。2015年福建省创新组建了福建省水土保持生态建设有限公司（简称"省水保公司"），以推进水土流失治理企业化运作。运作探索中，发现存在土地产权交易成本、地方"惯性依赖"等问题，导致工程建设不具备核心竞争力、生产产品缺乏竞争力且难以一体化经营、企业发展受制于成本压力。另外，政府回购、PPP（Public-Private Partership，公共私营合作）、EMC（Energy Management Contracting，合同能源管理）等新模式在实施与推广中也存在法律和程序上的"空白"（龙长明等，2017）。

4.8　小结

中国水土流失防治政策的发展历程是各项方针、制度和原则不断找到具体实现途径的过程。同时，实践中不断发展的水土流失防治政策也使水土流失防治制度和原则更加充实和深刻。水土流失防治政策变迁主要体现在三个层面：（1）适用范围层面，由最初的省区试点到全国大规模实施，水土流失防治政策在试点地区实施所取得的经验为其他地区水土流失综合防治政策提供了示范效应。（2）政策内容层面，防治政策的内容在政策实施过程中发生了与最初规定不尽相同的一些变化。这些变化既包括反映在政策条文中的有关变化，也包括由于各地具体情况的千差万别而发生的事实上的改变。（3）政策实施过程层面，治理政策在实施中由最初的不规范逐渐趋于规范化。

在水土流失防治的历史沿革中，治理目标、治理主体、治理区域发生了阶段性变化，不同阶段采用了不同的政策手段，主要包括法律法规的制定和完善、组织推动、行政改进、技术创新、经济多元化管理等。具体而言，包括水土流失治理责任制、产权流转及其管理（包括承包、租赁、拍卖、股份制、股份合作制等）、小流域综合治理、产业及其内部结构调整、水土保持投入多元化、参与式水土流失治理、开发建设项目水土保持管理、退耕还林还草、荒漠化防治、生态修复与保护、生态移民等。

基于个案探析，发现中国水土流失治理机制尚存在配套统计机制不健全，协调机制缺位，水土保持生态补偿投入长效机制未真正建立，市场运作机制发挥受限等问题，为化解这些问题，我们要从以下几个方面进行努力。

第一，加强和提升数据服务决策的能力。在大数据时代，为使相关关系研究结论具有可靠、有效的决策力、洞察发现力和流程优化能力，需要建立健全大量、高速、多样、低价值密度、真实的信息资源库。中国幅员辽阔，区域自然环境与人文理念不一，水土流失时空分布具有随机不确定性，对水土保持监测工作形成挑战。为此，建议充分开发与运用水土保持现代科技如"3S"技术，建立健全监测系统和机制，完备信息数据库，加强和提升水土保持生态建设与科学决策的能力。

第二，法制上强化和保障防治工作的管理与协调。管理的本质不是管理本身，而是协调，是提高效率和效益的手段与过程。其手段包括强制（如政权）、双方意愿交换、物质性和非物质性惩罚、激励、沟通与说服等。《水土保持法》明确法定了政府水土保持管理权限和管理职能。国务院及各级政府水行政主管部门在水土流失防治组织运行规则如章程及制度等的确定，人员配置及职责划分与确定，设备及工具、空间等资源配置与分配，防治目标的设立与分解，防治的组织与实施，检查、监督与协调，效果评价，总结与处理等方面发挥了职能作用。但水土流失防治工作还涉及林业、农业等行政主管部门，协调不畅的情境下容易导致规划不一、资源浪费、扭曲配置等。在市场化程度不断提升和深化的情境下，管理的主体可以是国家、政府、企业或非正式组织等。"社会办水保"更要求协调职能的有效与高效。由此，参考与比较历史上或现实中成立的"国务院水土保持委员会""全国水土保持工作协调小组""全国生态环境建设部际联席会议"的优劣势，建议建立"主管部门一家管，主管部门、协同管理部门、其他有关部门共治，高层协调"的管理体制。体制决定机制，机制决定活力。而体制效用的发挥应借以严明的法制。为此，应在自然资源与环境保护相关法系中，比较、鉴别与修正《水土保持法》《森林法》《农业法》《水法》《环境保护法》《矿产资源法》等规范性文件中涉及多部门业务却绝对独立固封、有失协整的内容，首先从法制上强化和保障防治工作的管理与协调。

第三，建立健全依据科学、行之有效的水土保持生态补偿机制。为建立健全水土保持生态补偿机制，不失生态补偿的一般性，需要探索加快建立水土资源环境价值评价体系，生态环境保护标准体系，建立水土资源和生态环境统计监测指标体系以及"绿色GDP"核算体系，明确水土资源耗减、环境损失的估价方法和单位产值的能源消耗、水土资源消耗、"三废"排放总量等统计指标，科学量化评价水土资源和生态环境价值，显现生态补偿机制的经济性。同时，应提高水土保持生态恢复和建设的技术创新能力，大力开发利用水土保持生态建设、环境保护高新技术，为水土保持生态修复和建设提供技术支撑。

第四，法治保障市场机制的高效运行。在水土流失防治中，尤其是在计划经济时代，中国习惯于管制性的治理工具，志愿性治理工具应用较少。随着 1992 年起不断深入的市场经济体制改革，市场机制在水土保持工作中不断渗透与弥漫，为水土流失防治注入活力、效率和效益。但总体上，财政政策工具应用较多，市场性工具应用不足；此外还应加强技术治理，技术治理主要是应用生态学原理对受损生态系统进行修复，主要包括林草复合治理、地表植被覆盖、典型流域综合治理等模式。建议加强产权经济建设，综合运用各种治理工具，特别是要发挥契约治理工具、信息治理工具、市场和志愿工具等柔性化的治理工具。另一方面，市场经济本质上是法治经济，水土流失防治具有公益、长期、综合等特性，存在市场失灵的倾向，建议秉承宏观调控与微观自主、综合预防与整治相兼的策略，加强从法律、法规、制度层面防治水土流失，因地制宜地采取工程、生物和农业技术等多类措施，建设水土保持生态文明。

第 5 章　水土流失治理成效及 其影响因素分析

5.1　水土流失治理成就：统计描述

5.1.1　概况

　　新中国成立以来，中国的水土流失治理工作大致历经了试验、示范、推广和提升等阶段。截至 2005 年底，全国初步治理水土流失面积 104.44 万 km^2，累计兴修梯田 17.196 6 万 km^2，筑坝淤地、治沙造田 2.872 9 万 km^2，营造水土保持林 61.538 3 万 km^2，栽植经济林 12.197 6 万 km^2，种草 10.633 2 万 km^2；建成水土保持骨干坝 8.98 万座、中小型淤地坝（拦泥坝）16.37 万座，修建水窖、涝池、塘坝、谷坊与小型蓄水工程 879.30 万座（处）。

　　截至 2015 年底，全国水土流失综合治理面积达 115.58 万 km^2，累计封禁治理保有面积达 80 万 km^2，建成生态清洁型流域 640 条。在 18 个国家级重点治理区、16 个国家级重点预防保护区和 1 个生产建设项目集中区开展了水土流失动态监测，完成抽样监测面积约 58.61 万 km^2，对不同土壤侵蚀类型区的 65 条典型小流域和 91 个典型监测点实施了定位观测（水利部，2017）。

　　党的十八大以来，水土保持工作切实贯彻"创新、协调、绿色、开放、共享"发展理念，按照《中华人民共和国水土保持法》和国务院批复的《全国水土保持规划（2015—2030 年）》总体

要求和目标任务，积极推进重点区域水土流失综合治理，全面加
强预防保护及生态修复，厚植绿色发展根基，着力改善生态环境，
促进群众脱贫致富，将新理念转化为新举措新行动，用实践与实
效诠释了"绿水青山就是金山银山""改善生态环境就是发展生
产力"的生态文明发展之道（水利部水土保持司，2017）。

5.1.2　治理面积总体上提速递增

改革开放以来，全国累计的水土流失治理面积不断攀升，治
理水土流失的速度呈不断加快的趋势（表 5 - 1）。1950—1985
年累计治理水土流失面积 33.84 万 km²，年均治理 0.94 万 km²；
1986—2005 年累计治理水土流失面积 77.59 万 km²，年均治理 3.88
万 km²。较 1950—1985 年阶段，1986—2005 年阶段的年均治理
速度提高了 3.1 倍。"六五"期间全国治理水土流失面积 5.241
万 km²，"十五"期间全国治理水土流失面积达 13.74 万 km²。

表 5 - 1　1978—2005 年水蚀治理面积动态变化

年份 / 阶段	累计治理面积 / km²	累计治理面积占境内面积的比例 / %	当年 / 当期治理面积 / km²
1978	404 350	4.26	
1979	406 060	4.27	1 710
1980	411 520	4.33	5 460
1981	416 470	4.38	4 950
1982	414 120	4.36	−2 350
1983	424 050	4.46	9 930
1984	446 230	4.70	22 180
1985	463 930	4.88	17 700
1986	479 090	5.04	15 160
1987	495 270	5.21	16 180
1988	513 490	5.40	18 220
1989	521 527	5.49	8 037

年份 / 阶段	累计治理面积 / km²	累计治理面积占境内 面积的比例 / %	当年 / 当期治理 面积 / km²
1990	529 698	5.57	8171
1991	558 378.9	5.88	28 680.9
1992	586 352.4	6.17	27 973.5
1993	612 528.2	6.45	26 175.8
1994	640 796.7	6.74	28 268.5
1995	668 548.3	7.04	27 751.6
1996	693 212.6	7.29	24 664.3
1997	722 419.3	7.60	29 206.7
1998	750 219.4	7.89	27 800.1
1999	778 276.3	8.19	28 056.9
2000	809 605	8.52	31 328.7
2001	815 393.7	8.58	5 788.7
2002	854 100.4	8.99	38 706.7
2003	897 136.1	9.44	43 035.7
2004	920 044.6	9.68	22 908.5
2005	947 000	9.97	26 955.4
"六五"	–	–	52 410.00
"七五"	–	–	65 768.00
"八五"	–	–	138 850.30
"九五"	–	–	141 056.70
"十五"	–	–	137 395.00

注：境内面积为第二次全国土壤侵蚀遥感普查数据为准（9 502 714 km²）。

资料来源：1973—1988 年数据来自：黄季焜．中国土地退化：水土流失与盐渍化．中科院农业政策研究所讨论稿，2000.[Huangjikun.Land Degradation in China:Erosion and Salinity Component. CCAP Working Paper, WP - 00 - E17, Center for Chinese Agricultural Policy, Beijing China, 2000.]；1997—2004 数据来自相应年份《中国水利年鉴》；2005 年数据来自《2005 年全国水利发展统计公报》。

5.1.3　治理范围总体上不断拓展

进入 21 世纪以来，中国水土流失综合治理力度加大，治理范围扩大。在 1983 年启动的全国"八片"防治工程的基础上，实施了"国家水土保持建设工程"；新启动了黄土高原淤地坝工程、东北黑土区水土流失综合防治试点工程和珠江上游南北盘江石灰岩地区水土保持综合防治等多个专项工程。同时，加大了对长江上中游水土保持防治工程、黄河上中游水土保持防治工程、京津风沙源治理工程、21 世纪初期首都水资源可持续利用规划水土保持工程、晋陕蒙砒砂岩区沙棘生态工程、国债地方水土保持防治工程和国家农业综合开发水土保持项目等防治工程的实施力度。水土流失防治范围由长江、黄河上中游拓展到东北黑土区、珠江上游和环京津等地区。

国家开展了示范区和示范工程建设，已建成面积在 200 km^2 以上的水土保持工程 300 多个，水土保持生态建设示范县 190 个，示范小流域 1398 条，并开始实施第一批 62 个面积不少于 300 km^2 的示范区和 50 多个水土保持科技示范园建设。在全国 188 个县开展水土保持生态修复试点工程，所有的国家水土保持工程区全面实施封育保护，封育保护面积达 12.6 万 km^2，并在"三江源区"实施水土保持预防保护工程。已有 25 个省（自治区、直辖市）、980 个县全部或部分实施了封山禁牧，封禁范围达 60 多万 km^2。

2000 年以来，水利部在加强小流域综合治理的同时，积极开展了发挥生态自我修复能力来防治水土流失的实践与探索。截至 2005 年底，全国已经有 25 个省（市、自治区）、980 多个县发布了封山禁牧、舍饲养畜的政策决定，其中北京、河北和宁夏等 5 省、市、自治区人民政府实行了全境禁牧。同时，青海省在"三江源"地区实施了预防保护工程，封育保护面积达 30 万 km^2。

5.1.4 治理成效存在区域差异

截至 2000 年，东部地区水土流失面积达 28.17 万 km²，占全国水土流失面积的 7.7%，治理面积为 19.12 万 km²，占全国水土流失治理面积的 21.9%，治理率为 67.87%；中部地区水土流失面积为 132.17 万 km²，占全国水土流失面积的 36.1%，治理面积为 32.27 万 km²，占全国水土流失治理面积的 36.9%，治理率为 24.4%；西部地区水土流失面积 205.79 万 km²，占全国水土流失面积的 56.2%，治理面积为 36.02 万 km²，占全国水土流失治理面积的 41.2%，治理率为 17.50%（表 5 - 2）。总体而言，中国的水土流失主要集中在中西部地区，但治理成效最高的是东部地区。

表 5 - 2　中国东部、中部、西部水土流失面积
及治理面积比较（截至 2000 年）

区域	水土流失面积		水土流失治理面积		治理率 /%
	面积 / 万 km²	份额 /%	面积 / 万 km²	份额 /%	
东部	28.17	7.7	19.12	21.9	67.9
中部	132.17	36.1	32.27	36.9	24.4
西部	205.79	56.2	36.02	41.2	17.5
合计	366.13	100	87.41	100	23.9

资料来源：中华人民共和国水利部水土保持司：《全国水土保持效益分析报告（1950—2000 年）》，2001 年版。

5.2　水土流失治理效益分析

5.2.1　治理总体效益

中国经济的增长与发展在很大程度上依赖水土系统。通过长期的水土流失治理，总体上来说维护了水土资源的可持续利用，

改善了生态环境，减少了自然灾害，促进了产业结构调整与优化，扩大了农村就业，增加了农民收入。

水利部水土保持司对全国水土保持 50 年效益的分析报告指出，截至 2000 年，国家主导的七大流域水土流失治理不断取得进展，年治理面积连续两年突破 5 万 km²。其中，长江流域治理区初步治理 5.5 万 km²，林草覆盖率由 22.8% 提高到 41.1%，荒山荒坡减少了 80%，坡耕地减少 37%，大于 25 度的坡耕地已有 80% 退耕还林还草，水土流失面积占土地总面积的份额由 65% 下降到 36%，年保水量增加 25 亿 m³，年保水量增加 1.8 亿 t，水土流失得到初步控制。与此同时，人均基本农田和经济林分别达到 100 m² 和 50 m²，分别比治理前增长了 1 倍和 5 倍，农业人均产粮由治理前的 300 多 kg 提高到 440 kg，800 多万贫困人口解决了温饱问题，甚至出现了一大批小康村、小康户。在 1998 年的长江洪水中，水土保持措施产生的滞洪削峰作用约 2000 m³/s，减少径流 200 多亿 m³，相当于新增 20 余座大型水库，减少土壤流失约 1 亿 t。

截至 2000 年，黄河流域累计治理水土流失面积 16.6 万 km²，占水土流失总面积的 40.07%。一些治理区的治理率达到了 70% 以上。人均基本农田达到 1300 m²，平均每年减少入黄泥沙 3 亿 t 以上，累计增产粮食 600 亿 kg、果品 150 亿 kg、林木蓄积量 5000 多万 m³、枝条 350 亿 kg、饲草 250 亿 kg，综合经济效益达 2000 多亿元。曾遭受沙化严重威胁的陕北榆林地区，截至 2000 年已实现了"人进沙退"的目标。黄河中游的无定河流域经过 20 多年的治理，沙区植被覆盖率由 1.8% 增加到 38.8%，0.573 万 km² 流沙中约有 0.4 万 km² 得到固定或半固定，年平均沙尘暴天数由 20 世纪 50 年代的 66 天减少到 20 世纪 90 年代的 24 天，风速减慢 52.5%，空气相对湿度增加 5.16%。1994 年 7—8 月遭遇 3 次暴雨，降雨量达 308 ～ 550 mm。与治理前相似的降雨条件相比，暴雨产流量减少了 50% 左右，产沙量减少了 50% ～ 63%。有关调查表明，建成 10 年的水平梯田与坡耕地比较，土壤有机质含量由 0.725% 提高到 0.798%，全氮含量由 0.064% 提高到 0.069%，全磷含量由 0.1538% 提高到 0.1628%，降水利用率由 31.1% 提高到 42.6%。随着土壤养分和水分的增加，土壤容重也由 1.23 g/cm^3 减少到 1.09 g/cm^3，土壤孔隙度由 53.6% 增加到 58.0%（水利部水土保持司，2001）。

黄河流域水土流失综合防治年平均减少入黄泥沙 3.5 亿～ 4.5 亿 t，遏制了局部地区的水土流失、土地沙化和草原退化，改善了当地生态环境和人民群众的生活生产条件，促进了农村经济发展和新农村建设，取得了显著的经济、生态、社会效益。

刘震（2005）调研发现，长江上游水土保持防治工程实施十多年后，1 700 km^2 坡耕地得到治理，800 多万贫困人口基本解决了温饱问题；四川省"长治"项目治理区内的贫困户比例由治理前的 15% 下降到 5%。

四川省坚持大流域为依托，小流域为单元，因地制宜，统一规划，抓住坡耕地改造和营造水土保持林两大重点，各种水土保持措施互补，寓综合防治于生产配置之中，实现了经济增长和环境保护的"双赢"：其一，水土流失得到有效遏制。调查结果显示，水土流失面积减少了 45%，土壤侵蚀量下降 60%，林草覆盖率增加 30%；其二，农业生产条件得到明显改善。通过配套治理，基本农田的保水、保肥、保墒能力显著提高，普遍实现了旱涝保收；其三，农村农业结构得到调整。嘉陵江中下游的蚕桑、水果、茶叶产业，金沙江下游的石榴、蚕桑、柑橘产业等已成为当地最具活力的经济增长点。凉山州宁南县结合"长治（长江治理）"工程的实施大力发展蚕桑业，有力地拉动了全县农业的发展，1999

年全县蚕桑茧总量 3500 t，人均产茧连续 8 年排名四川省第一
（贺莉，2010）。

　　2013 年以来，四川省充分发挥全社会治理水土流失的积极性，
通过加强以长江上游干流、金沙江、嘉陵江、岷江—大渡河、沱
江及其主要支流雅砻江、涪江、渠江等为纽带的水土保持核心区
建设，治理坡耕地，实施国家水土保持重点工程与省级水土保持
专项工程，加快水土流失综合治理步伐。先后将水土保持纳入政
府单项目标考核、重点督办事项、为民办实事目标、十大惠民行
动和民生工程，将水土保持工作纳入《四川省全面落实河长制工
作方案》，作为推进全面落实河长制的重要工作进行部署，提出
长期目标任务。2013—2017 年全省共完成水土流失综合治理面积
2.14 万 km²。项目综合治理促进了美丽乡村振兴，示范模式引领
助力群众脱贫致富。党的十八大以来，按照"治一条流域、造一
方水土、兴一个产业、富一方群众"的指导思想，四川省科学配
置水土保持工程、植物、农耕措施，实施山、水、田、林、路综
合治理。全力推进水土保持项目实施，不断加大水土流失防治力
度，把生态修复、生态治理、生态保护有机结合起来，做到生态
效益、经济效益、社会效益相统一，为广大地区脱贫攻坚、乡村
振兴、人民增收探索出一条具有四川特色的水土保持之路，在巴
山蜀水间织就了一幅锦绣画卷（中国水利报，2018）。

　　江西省宁都县 21 条治理后已竣工验收的小流域平均每年可
增加径流拦蓄量 3 406 万 m³，水旱灾害频率比治理前下降 45%，
成灾面积减少 50%；修水县桃里小流域经过治理，流域内 1998
年虽遭 3 次特大暴雨冲击，但受灾程度很小（管日顺，2001）。
素有"江南沙漠"之称的江西省兴国县自 1983 年实施国家水
土保持治理工程以来，至 2006 年共治理 1 654 km²，治理率达
87%，使年泥沙量下降 67.7%，河床普遍降低 0.4 m，山地植被覆

盖度上升了 43.4%，土地产出增长率达 54.2%。兴国县 2004 年农业总产量比治理前增长 11.2 倍，财政收入增加 27.4 倍，农民纯收入由 1983 年的 55 元上升到 2 225 元。据"水土流失与生态安全"科学考察团于 2006 年对江西省兴国、赣县、信丰等县的水土保持工程的实地考察，兴国县山地植被覆盖度由 1983 年的 28.8% 上升到 72.2%，典型区段的河床由原来的每年抬高 4 ～ 7 cm，变为每年下降 5 ～ 9 cm。另据科学考察团 2006 年 4 月 22 至 24 日对福建省安溪县和长汀县红壤区崩岗水土保持生态建设与水土流失情况的考察，安溪县在崩岗治理中采取"上截、下堵、中绿化"的办法，变崩岗侵蚀区为水土保持生态区，将崩岗群采用机械或爆破的方法进行消坡、修成梯田、种植果树和茶叶等经济作物，既治理水土流失，改善农村生态环境，又发展农村经济，增加农民收入。

内蒙古西部的准格尔旗和乌审旗于 1983 年被列为全国水土流失治理区。截至 1997 年底，治理区累计建设基本农田 45.74 km^2，人均 1 930 m^2，比治理前增加 1 750 m^2，约 35% 的坡耕地改造成了梯田，农业生产条件显著改善，有效地减轻了资源环境的压力，为退耕还林还草奠定了坚实的基础。治理区内的耕地比治理前减少了 21.75%，但由于土地生产率显著提高，粮食总产量增加了 3.38 倍。准格尔旗将水土流失治理与山区经济发展及群众治穷致富结合起来，多方集资、集中投入、规模治理、规模开发，促进了全旗农村经济的发展（乔信 等，2008）。

福建省长汀县 1982—2013 年通过水土流失治理基本上解决了地区水土流失问题，森林覆盖率从 54.4% 增加到 81%，成为全国水土保持的模范城市，创造了"长汀现象"，即通过生态建设保持与恢复植被、通过建立长效机制转变经济增长方式和强化产业结构调整、通过改变社会结构加强城市化和交通建设，促进水土流失问题的解决。治理期间，长汀县逐渐发展工业，大量农民转移出来，使农村水土流失治理得以稳定与发展（赵其国，2006）。据 2015 年的卫星遥感调查显示，全县剩余的水土流失治理区域分布零星，为此，长汀水土流失治理模式由"规模化治理"转向"精准化治理"。

上述列举了一些水土流失治理区的历史治理效益。党的十八大以来，根据国务院批复的《全国水土保持规划》和全国水土保持"十二五""十三五"专项规划，以中央水土保持投资的小流域综合治理、病险淤地坝除险加固、清洁小流域建设和崩岗治理等水土保持重点工程、坡耕地水土流失综合治理工程及东北黑土地侵蚀沟综合治理和黄土高原塬面保护项目为主，全国积极推进长江上游、黄河中游、丹江口库区及上游、京津风沙源区、西南岩溶区、东北黑土区等重点区域水土流失综合治理，全国 700 多个县实施了国家水土保持重点治理工程。在国家重点治理工程中，统筹水土流失治理、经济发展和扶贫攻坚，坚持"山、水、田、林、路"统一规划、综合治理。在国家水土保持重点工程的带动下，各部门分工协作，地方各级政府加大投入力度，社会力量积极参与，2012—2017 年全国共完成水土流失综合治理面积 27.22 万 km^2，改造坡耕地约 1.33 万 km^2，实施生态修复 8.8 万 km^2，新建生态清洁小流域 1 000 多条，取得了明显的生态、经济和社会效益，治理区农业生产条件和生态环境明显改善，林草覆盖率增加了 10% ～ 30%，平均每年减少土壤侵蚀量近 4 亿 t，特色产业得到大力发展，每年增产果品约 40 亿 kg。许多水土流失严重的贫困村如今成为经济发展、环境宜人的美丽乡村。

5.2.2　区域"保水保土"效益差异

根据水土流失区域特点、降水、气温、土壤、植被等自然条件以及水土保持主要措施相对一致的原则，全国水土保持工作分区将31个省（自治区、直辖市）划分为东北、华北、西北、西南、南方5个效益计算大区。东北区包括黑龙江、吉林、辽宁（3个省）；华北包括北京、天津、河北、山东、河南、安徽、江苏（7个省、直辖市）；西北包括新疆、内蒙古、青海、甘肃、宁夏、陕西、山西（7个省、自治区）；西南包括重庆、四川、云南、贵州、西藏（5个省、自治区、直辖市）；南方包括上海、浙江、江西、湖北、湖南、福建、广东、广西、海南（9个省、自治区、直辖市）。由于区域水土、气候等因素的差异，不同区域水土保持措施的保水量与保土量占全国对应指标的比例不同（如图5－1），南方水土保持措施的保水量大，占全国保水总量的40.9%；而西北水土保持措施的保土量大，占全国保土总量的57.2%。

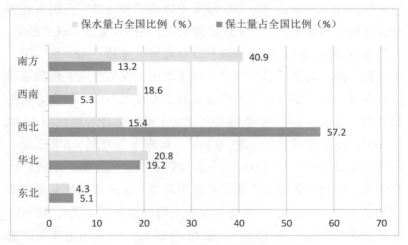

图5－1　不同区域水土保持措施保水量、
保土量占全国比例

资料来源：中华人民共和国水利部水土保持司：《全国水土保持效益分析报告（1950—2000年）》，2001年版。

表 5 - 3 显示了分区域水土保持措施保水量所占的比例，在水土保持措施中，全国基本农田的保水量为 3 818.55 亿 m³，对保水总量的贡献率为 74.01%；林木的保水量为 1 309.45 亿 m³，对保水总量的贡献率为 25.38%；种草的保水量为 31.72 亿 m³，对保水总量的贡献率为 0.61%。从区域上看，华北、西北、南方、西南地区的基本农田对保水量的贡献率均超过 70%，其中西南地区的贡献率高达 77.15%；东北地区林木对保水量的贡献率为 51.16%，高于基本农田（48.47%）；而无论从总体看还是分区域看，种草措施对保水量的贡献率都不大，均没有超过 1%。

表 5 - 3　区域水土保持措施保水量所占比例

单位：%

区域	基本农田	林木	种草
全国	74.01	25.38	0.61
东北	48.47	51.16	0.37
华北	70.32	28.94	0.74
西北	74.56	24.45	0.99
南方	76.40	23.04	0.56
西南	77.15	22.34	0.51

资料来源：中华人民共和国水利部水土保持司：《全国水土保持效益分析报告（1950—2000 年）》，2001 年版。

表 5 - 4 显示了分区域水土保持措施保土量所占的比例，全国基本农田保土量为 295.43 亿 t，占总保土量的 69.40%；林木保土量为 128.91 亿 t，占保土量的 30.29%；种草保土量为 1.31 亿 t，占总保土量的 0.31%。分区域看，西北地区基本农田保土量占保土总量份额高达 91.47%，林木保土量占保土总量的份额为 8.22%；南方的情况正好相反，基本农田保土量占保土总量的份额为 39.10%，而林木保土量占保土总量的份额为 60.54%。与保水状况相似，无论从总体看还是分区域看，种草措施对保土量的贡献

率也不高，其占保土总量的份额均没有超过 0.4%。

表 5-4　区域水土保持措施保土量所占比例

单位：%

区域	基本农田	林木	种草
全国	69.40	30.29	0.31
东北	49.15	50.52	0.33
华北	80.02	19.62	0.36
西北	91.47	8.22	0.31
南方	39.10	60.54	0.36
西南	43.13	56.63	0.24

资料来源：中华人民共和国水利部水土保持司：《全国水土保持效益分析报告（1950—2000 年）》，2001 年版。

5.2.3　治理投资效益

由表 5-5 可见，从各地区的水土流失治理投资结构看，3 项（中央、地方、民众）投资份额的差异不大。群众投劳折资份额最高的是华北，达到 86.37%，东北、南方、西北和西南均超过80%。经济发展水平有较大差距的南方与西南、西北，三者投劳折资的份额大致相同，这表明动员群众治理水土流失的关键在于有效的组织和诱导。

表 5-5　1950—2000 年全国及分区域水土保持累计投资及分项投资比例

区域	项目	中央投资	地方投资	投劳折资	合计
全国	投资总额 / 亿元	136.69	183.45	1648.66	1968.80
	分项比例 / %	6.94	9.32	83.74	100.00
东北	投资总额 / 亿元	12.21	19.45	180.20	211.86
	分项比例 / %	5.76	9.18	85.06	100.00
华北	投资总额 / 亿元	34.44	55.27	568.27	657.98
	分项比例 / %	5.23	8.40	86.37	100.00
西北	投资总额 / 亿元	48.03	50.87	441.06	539.96
	分项比例 / %	8.90	9.42	81.68	100.00

续表

区域	项目	中央投资	地方投资	投劳折资	合计
南方	投资总额 / 亿元	23.11	40.01	296.69	359.81
	分项比例 / %	6.42	11.12	82.46	100.00
西南	投资总额 / 亿元	18.91	17.85	162.44	199.19
	分项比例 / %	9.49	8.96	81.55	100.00

资料来源：中华人民共和国水利部水土保持司：《全国水土保持效益分析报告（1950—2000 年）》，2001 年版。

1950—2000 年期间，全国水土保持措施的效益投资比为 7.24。从各区域的情形看，东北水土保持措施的效益投资比最高（为 12.26），然后依次为华北、西南、南方、西北地区（表 5 - 6）。

表 5 - 6　1950—2000 年全国区域水土保持措施累计投资效益

| 时段 | 水土保持措施累计增产产值效益（综合价；亿元） | | | | 水土保持总投资 / 亿元 | 效益投资比 |
	1950—1990 年	1991—1995 年	1996—2000 年	1950—2000 年	1950—2000 年	1950—2000 年
东北	861.96	825.76	910.35	259.81	211.86	1.23
华北	220.49	120.97	157.62	499.09	657.98	0.76
西北	826.62	941.72	1344.33	3112.67	539.96	5.76
南方	883.53	540.24	788.00	2211.77	359.81	6.15
西南	363.80	292.37	691.51	1347.67	199.19	6.77
合计	3156.4	3721.06	3891.81	7431.01	1969.52	3.77

资料来源：中华人民共和国水利部水土保持司：《全国水土保持效益分析报告（1950—2000 年）》，2001 年版。

从时间序列角度看，"八五"和"九五"期间的效益投资比分别为 17.91、17.00，分别是 1950—1985 年的 5.03 倍和 4.78 倍（表 5 - 7）。

表 5-7　全国水土保持措施投资效益的变化

单位：亿元

时段	总效益	投资	效益投资比
1950—1985 年	5 140.85	1 443.76	3.56
八五	3 809.83	212.69	17.91
九五	5 310.41	312.35	17.00

资料来源：中华人民共和国水利部水土保持司：《全国水土保持效益分析报告（1950—2000 年）》，2001 年版。

　　净现值（NPV）、内部收益率（IRR）、投资回收年限、效益费用比（B/C）是评价项目投资的动态经济效果比较常用的几个指标。许多案例表明，水土流失治理投资具有显著为正的净现值，其投资效益费用比大于 1、内部收益率大于银行同期利率（表5-8）。

表 5-8　一些（小）流（区）域水土流失治理投资的经济效益

治理始末年份	治理(小)流(区)域	NPV / 万元	IRR / %	B/C		投资回收年限	
				静态	动态	静态	动态
1979—1997	河南鲁山县				2.85		
1984—1999	江西广丰县		12.10		1.70		20.00
1985—1996	福建寿宁九岭溪	1255.14	43.12		2.16	0.70	1.10
1985—1999	豫西汝阳县浑椿河小流域		15.33				7.00
1986—2000	章丘市郭家楼小流域				4.00		
1987—1992	江苏省连云港赣榆县龙泉河小流域				1.53		1.41
1990—1999	江西信丰县	3973.00			2.26		30.00
1990—2000	山东夏津封庄	5242.00	8.48				
1991—1997	福建南安四都溪	8467.33	34.33		2.17	10.03	
1992—1997	泉州南安四都溪	8467.30	34.33		2.17	10.03	
1992—1997	福建南靖五小川		22.86		2.73	4.26	

续表

治理始末年份	治理(小)流(区)域	NPV /万元	IRR /%	B/C		投资回收年限	
				静态	动态	静态	动态
1992—1998	内蒙古鄂尔多斯耳字沟	1584.36	12.02				
1993—1997	内蒙古花亥图小流域	1587.20	17.14		2.03	5.40	
1993—1998	河南商城县大河冲小流域						
1993—2001	淖沟小流域	88.09	10.40				
1994—1996	河南省淅川县铁瓦河小流域	4770.00	8.00		8.16		3.00
1994—1997	河南淅川铁瓦河	686.82	19.13		1.42	11.00	
1994—2000	程家河示范小流域		13.30				
1995—2000	浙江省50条小流域	4908.00	13.20		1.07		
1996—2000	卓资县胜利小流域	392.21	15.62		2.50		6.52
1996—2000	内蒙古卓资县胜利小流域	392.21	15.62		2.50		6.52
1998—2002	内蒙古速机沟		9.50	4.32	1.38	6.30	19.40
1999—2001	辽宁省阜蒙县海四台小流域				3.47		
1999—2002	大力卉小流域	70.88	15.13		1.52		7.36
2000—2010	山东巨野孙梁河				2.50	3.00	
2000—2010	巨野县孙梁河小流域	432.77			2.50		2.47
2003—2005	国家农业综合开发毫清河一期水土保持项目	1755.29	9.80		1.27		11.00
2003—2005	彰武县东沟小流域	104.75	60.60				3.85
2006—2010	黑龙江克山县乌裕尔河流域	1178.60	6.90	1.07		13.00	

资料来源：摘编自部分标题含有"小流域"的 CNKI 期刊文献。

5.3 水土流失治理对经济发展的推动作用

5.3.1 减缓农村贫困

前已述及，中国 90% 以上的农村贫困人口生活在水土流失严重地区，农民贫困与水土流失密切相关。水土资源得不到有效利用，是水土流失地区农民贫困的原因之一；生态环境恶化和自然灾害频繁，是水土流失地区农民贫困的另一个原因；农业生产结构单一、农业劳动力处于隐蔽失业状态，是水土流失地区农民贫困的又一个原因。水土保持工作有利于促进水土资源的有效利用；有利于改善生态环境、减少自然灾害；有助于促进产业结构调整、扩大农村就业、增加农民收入，从而成为减缓农村贫困的重要举措。

全国"八片"水土保持防治工程始于 1983 年，是中国第一个国家列专款、有计划、有步骤、集中连片大规模开展水土流失综合治理的国家水土保持工程。该工程由财政部和水利部在全国八个水土流失严重、群众生活贫困、生态环境恶化的地区，分期分阶段组织实施。1993—2002 年期间治理范围包括"黄河流域的无定河、山川河、湫水河、皇甫川流域和定西县，海河流域的永定河流域，辽河流域的柳河上游和大凌河中游，长江流域的贡水流域、三峡库区、赣江流域"，涉及陕西、甘肃、山西、内蒙古、湖北、江西、辽宁、河北、北京 9 省（自治区、直辖市）56 个县（市、区、旗），项目区土地总面积达 11 万 km^2、水土流失面积达 10 万 km^2。

以"八片"为例（表 5‑9），通过实施治理，"八片"治理区的贫困人口在 1993—1997 年、1998—2002 年期间分别减少

661 024 人（下降 75.91%）、464 831 人（下降 76%）。

表 5 - 9　中国"八片"治理区不同时期治理前后减贫状况

贫困状况 治理区	贫困户数 / 户			贫困人口 / 人		
	治理前	治理后	减少	治理前	治理后	减少
"八片"(1998—2002年)	163 843	38 935	124 908	611 650	146 819	464 831
其中：						
赣江片	35 396	13 082	22 314	155 814	55 820	99 994
定西片	689	229	460	3 264	1 108	2 156
湫水河片	44 058	5 770	38 288	170 725	22 321	148 404
无定河片	21 615	4 343	17 272	85 582	16 742	68 840
皇甫川片	1 774	987	787	6 811	3 943	2 868
永定河片	53 483	12 511	40 972	166 332	39 367	126 965
大凌河片	6 745	2 006	4 739	22 779	7 501	15 278
柳河片	83	7	76	343	17	326
"八片"(1993—1997年)	222 596	54 252	168 344	870 744	209 720	661 024
其中：						
永定河片	71 610	12 160	59 450	246 086	40 701	205 385
三川河片	51 552	16 405	35 147	183 951	58 368	125 583
柳河片	3 275	15	3 260	14 925	58	14 867
大凌河片	2 549	703	1 846	9 846	2 824	7 022
贡水治理项目区	40 067	11 818	28 249	191 120	54 001	137 119
无定河片	47 527	12 469	35 058	198 677	50 617	148 060
皇甫川片	2 716	382	2 334	10 939	1 551	9 388
定西片	3 300	300	3 000	15 200	1 600	13 600

资料来源：全国"八片"治理区第一期、第二期验收报告资料。

5.3.2　保障与增强粮食安全、促进收入增长

粮食是关系国计民生的特殊商品，确保粮食安全是中国的一项长期战略任务。直至 20 世纪 80 年代，中国的粮食总量仍处于短缺情境。20 世纪 90 年代初，美国学者莱斯特·布朗于 1994

年敲响了"谁来养活中国"的警钟，曾一度颇受关注。中国政府长期以来高度重视粮食问题，采取有力措施提高粮食生产，促成粮食连年丰收，库存大幅度增加，粮食供给实现了从长期短缺到总量基本平衡、丰年有余的历史性转变，以占世界7%的耕地养活了占世界22%的人口。着眼长远，不少专家对粮食供求关系出现的新变化感到忧虑。专家们指出，虽然目前中国总体上粮食仍是供大于求，库存充裕，市场稳定，粮食供给有保证，但从长期看，中国人增地减和居民消费水平不断提高的趋势不会改变。由于人口增加、耕地减少、城市化加快、人民生活水平需求提高，中国粮食需求将呈刚性增长，粮食供求关系将趋向偏紧。

保护和提高粮食生产能力是确保国家粮食安全的基础。水土保持有利于保障或增强粮食安全。据生产实践统计，修建一亩梯田，平均粮食产量是坡耕地的2～3倍；淤出一亩坝地，粮食产量是坡耕地的6～10倍。

大量的案例研究表明（表5-10），水土保持工作不仅减少了水土流失，改善了生态环境和人居环境，而且使人口粮食安全得到保障或增强、使治理区人口的收入得到增长。

表5-10　部分地方水土流失治理前后人均粮食和人均纯收入的变化

治理时段	治理(小)流域名	人均收入/元；%			人均占有粮食/kg		
		治理前	治理后	增长率	治理前	治理后	增长
1979—1985	内蒙古五不进沟	39.40	455.00	1 054.82	168.00	490.00	322.00
1979—1985	山西中阳高家沟	85.00	214.00	151.76	200.00	288.90	88.90
1979—1997	鲁山县	66.50	1 300.00	1 854.89			
1980—1984	山西洪水沟	62.67	147.68	135.65	268.50	385.50	117.00
1983—1992	水泉小流域	132.00	825.00	525.00	369.50	1 200.00	830.50
1983—1996	定西县	108.60	898.00	726.89	296.30	331.64	35.33
1983—1999	甘肃定西县官兴岔	150.00	1 360.00	806.67	220.00	520.00	300.00
1984—1998	山西陵川县里河沟	200.00	2 500.00	1 150.00	341.00	750.00	409.00

续表

治理时段	治理（小）流域名	人均收入 / 元；%			人均占有粮食 / kg		
		治理前	治理后	增长率	治理前	治理后	增长
1984—1999	甘肃省临洮县	285.00	1 318.00	362.46	522.40	689.00	166.60
1985—1992	石马河	185.00	892.00	382.16			
1985—1996	九岭溪	158.00	2 400.00	1 418.99	234.00	400.00	166.00
1985—1997	福建德化县英山小流域	253.00	3 209.00	1 168.38			
1985—1997	浙江湖州市陆家庄	380.00	2 897.00	662.37	550.00	981.00	431.00
1985—1997	平邑县	264.00	590.00	123.48	196.00	312.00	116.00
1985—1999	豫西伏牛山区汝阳县浑椿河小流域	120.50	1 053.00	773.86	320.00	452.00	132.00
1985—2004	内蒙古准格尔旗 100 多条小流域	220.00	4 000.00	1 718.18	242.00	900.00	658.00
1985—2005	广西 21 条小流域	263.89	804.98	205.04	364.94	409.43	44.49
1986—1998	上常庄	77.57	2 870.00	3 599.88			
1986—2000	章丘市郭家楼小流域	225.00	2 975.00	1 222.22			
1986—2003	甘肃临夏州 12 条试点、示范小流域	284.00	1 120.00	294.37	375.00	549.00	174.00
1987—1992	江苏省连云港赣榆县龙泉河小流域	316.00	715.00	126.27	240.42	594.40	353.98
1988—1998	四川省遂宁市中区	443.00	1 819.00	310.61	448.00	515.00	67.00
1988—2004	四川会理县铜矿沟	400.00	8 000.00	1 900.00	278.00	513.00	235.00
1989—1997	龙川河	331.00	511.00	54.38	324.00	432.00	108.00
1989—1999	山东省新泰市孤山小流域	578.00	2 423.00	319.20	223.60	525.00	301.40
1989—1999	重庆市璧山县	1132.00	2 390.00	111.13	474.00	526.00	52.00
1989—1999	王麻	235.20	2 230.00	848.13	230.20	390.00	159.80
1989—1999	西双龙	892.00	2 408.00	169.96	1783.00	2873.00	1 090.00
1989—2006	陕西 13 个"长治"工程县	250.00	1 000.00	300.00	351.00	500.00	149.00
1990—1996	宁夏彭阳县党岔沟小流域	248.00	370.00	49.19	345.00	541.00	196.00
1990—2000	封庄	1787.88	2 360.00	32.00	325.76	430.00	104.24
1991—1995	江西宁都县青塘河	510.00	907.00	77.84	340.00	500.00	160.00
1992—1997	四都溪	845.00	3 892.00	360.59	210.00	315.00	105.00

续表

治理时段	治理(小)流域名	人均收入/元;%			人均占有粮食/kg		
		治理前	治理后	增长率	治理前	治理后	增长
1992—1997	五小川	1 015.00	2 850.00	180.79	400.00	460.00	60.00
1992—1998	耳字沟	765.00	3 150.00	311.76	500.00	1 730.00	1 230.00
1992—1999	江西省石城县	631.00	2 080.00	229.64			
1993—1997	花亥图小流域	641.54	2 502.00	290.00	171.67	1 133.00	961.33
1993—1998	河南商城县大河冲小流域	585.00	2 370.00	305.13			
1993—2000	内蒙古乌审旗巴音敖包小流域	250.00	3 929.00	1 471.60	39.00	2 168.00	2 129.00
1993—2001	内蒙古鄂尔多斯市东胜淖沟小流域	464.00	1 838.00	296.12	350.00	1 245.00	895.00
1993—2003	费县大湾小流域	1 520.00	2 950.00	94.08			
1994—1998	黄土高原一期工程	361.00	1 263.00	249.86	378.00	532.00	154.00
1994—2000	程家河示范小流域	239.00	1 586.00	563.60	270.00	564.00	294.00
1994—2000	甘肃庆城县程家河示范小流域	239.00	1586.00	563.60	270.00	564.00	294.00
1994—2001	山东临朐县青杨峪	380.00	3 850.00	913.16	212.00	379.00	167.00
1994—2001	广西灵山县大石籠	509.00	2 814.00	452.85	233.00	248.00	15.00
1995—1997	毕节地区金沙县官田小流域	380.00	636.00	67.37	458.40	657.00	198.60
1995—2000	朱溪河小流域	1 080.00	2 634.00	143.89			
1995—2001	岳池县魏家沟小流域	1 186.00	2 229.00	87.94			
1996—1998	宁夏彭阳县阳洼	550.00	1 240.60	125.56	256.00	420.00	164.00
1996—1999	王丈子	816.00	2 500.00	206.37	344.00	618.00	274.00
1996—2000	内蒙古卓资县胜利小流域	245.00	565.00	130.61	354.49	458.00	103.51
1996—2000	四川省南部县状元河小流域	609.00	1 535.00	152.05			
1996—2000	船寮港	846.00	1 200.00	41.84			
1997—1998	苑庄	2 199.00	2 753.53	25.22	334.00	395.51	61.51
1997—2000	九华沟流域	757.00	1486.00	96.30	427.00	485.00	58.00
1997—2000	龙源港小流域	2 202.80	2 860.60	29.86			
1997—2000	甘肃定西九华沟流域	757.00	1486.00	96.30	427.00	485.00	58.00

续表

治理时段	治理 (小) 流域名	人均收入 / 元；%			人均占有粮食 / kg		
		治理前	治理后	增长率	治理前	治理后	增长
1997—2001	黄河流域 100 条小流域	774.00	1455.00	87.98	390.00	549.00	159.00
1997—2001	泰山区安家林小流域	2650.00	2934.00	10.72			
1997—2001	松树夼小流域	2314.00	3059.00	32.20			
1997—2001	黄河流域 100 条小流域	774.00	1455.00	87.98	390.00	549.00	159.00
1998—2000	中山小流域	750.00	1680.00	124.00	320.00	485.00	165.00
1998—2000	甘肃天水市麦积区中山小流域	750.00	1680.00	124.00	320.00	485.00	165.00
1998—2002	兴国上杜河	1170.00	1579.10	34.97	378.00	440.60	62.60
1998—2002	兴国县 10 条小流域	1338.00	1808.60	35.17	385.60	422.10	36.50
1998—2002	温家小流域	1972.00	2600.00	31.85	862.50	1040.00	177.50
1998—2003	辽宁义县	953.00	2067.00	116.89	1147.00	1647.00	500.00
1999—	渭户沟 , 六道沟	2000.00	2650.00	32.50			
1999—2001	辽宁省阜蒙县海四台小流域	1028.00	1568.00	52.53			
1999—2001	山东日照市东港区陈疃小流域	1600.00	2054.00	28.38	470.00	1036.00	566.00
1999—2002	大力夼小流域	2150.00	2870.00	33.49			
1999—2002	江苏省赣榆县神泉河小流域	1860.00	3120.00	67.74	620.90	778.60	157.70
1999—2003	陂溪小流域	1460.00	2600.00	78.08			
1999—2004	丁泉小流域	607.25	1475.00	142.90			
1999—2004	黄土高原二期工程	581.00	1624.00	179.52			
2001—2004	山东沂南县杏峪小流域	1580.00	2686.00	70.00	312.00	362.00	50.00
2003—2005	大英县马力河下段	2092.00	2736.00	30.78			
2003—2005	大英县寸塘口河上段	2058.00	2667.00	29.59			
2003—2005	大英县黄腊溪下段	2417.00	3091.00	27.89			
2003—2005	四川省芝荷项目区蓬溪县小流域	1917.00	2907.00	51.64			124.00
	怀仁山	576.00	2950.00	412.15	326.70	1076.90	750.20
	黄家庄	219.00	1800.00	721.92			
	朱郢	418.00	2776.21	564.17			

资料来源：摘编自部分标题含有 "小流域" 的 CNKI 期刊文献。

全国"八片"治理区在一期、二期治理前后，农村人均收入和人均粮食发生了显著的变化（表5-11），治理后较治理前有了显著提高。

表5-11 全国"八片"治理区一期、二期治理前后
人均收入和人均粮食的变化

治理时段	治理区域名	农村人均收入/元；%			人均占有粮食/kg		
		治理前	治理后	增长比例	治理前	治理后	增加
1998—2002	"八片"二期二阶段区	1 196.77	1 884.23	57.44	475.01	579.97	104.96
	其中：						
	赣江片	1 213.93	1 948.58	60.52	363.62	430.36	66.74
	定西片	747.00	1 749.00	134.14	365.00	501.00	136.00
	湫水河片	773.88	1 207.50	56.03	318.22	499.41	181.19
	无定河片	669.58	1 223.71	82.76	392.52	527.77	135.25
	皇甫川片	602.27	885.31	47.00	361.81	497.84	136.03
	永定河片	1 666.41	2 451.73	47.13	591.19	657.50	66.31
	大凌河片	857.00	1 506.00	75.73	694.00	879.00	185.00
	柳河片	527.00	1 468.41	178.64	1 222.59	2 185.78	963.19
1993—1997	"八片"二期一阶段区	476.90	1 537.60	222.42	462.80	701.00	238.20
	其中：						
	永定河上游项目区	569.30	1 613.20	183.37	485.00	638.90	153.90
	三川河项目区	339.00	955.00	181.71	238.00	462.00	224.00
	柳河项目区	243.00	1 298.00	434.16	871.00	2 621.00	1 750.00
	大凌河中游项目区	432.70	1 583.80	266.03	1 035.10	1 596.50	561.40
	贡水治理项目区	544.50	1 794.30	229.53	326.10	392.10	66.00
	无定河项目区	345.90	1 308.20	278.20	296.60	589.10	292.50
	皇甫川	200.80	1650.50	721.96	259.00	890.30	631.30
	定西县	344.00	988.00	187.21	349.00	492.00	143.00
1982—1992	"八片"一片治理区	145.00	499.00	244.14	401.00	673.00	272.00
	其中：						
	无定河第一期	171.00	409.00	139.18	652.00	1 042.00	390.00
	皇甫川第一期	116.00	557.00	380.17	326.00	526.00	200.00
	三川河第一期	78.00	516.00	561.54	284.00	428.00	144.00

续表

治理时段	治理区域名	农村人均收入 / 元；%			人均占有粮食 / kg		
		治理前	治理后	增长比例	治理前	治理后	增加
	定西县第一期	76.00	425.00	459.21	170.00	429.00	259.00
	永定河上游第一期	174.00	561.00	222.41	354.00	556.00	202.00
	柳河上游第一期	110.00	570.00	418.18	245.00	943.00	698.00
	葛洲坝库区第一期	152.00	737.00	384.87	270.00	342.00	72.00
	兴国县第一期	93.00	281.00	202.15	277.00	348.00	71.00
	兴国县全县	121.10	556.67	359.68	277.40	333.20	55.80

资料来源：全国"八片"治理区第一期、第二期验收报告资料。

5.3.3　提高土地生产力

由表 5－12 可见，水土流失治理显著提高了治理区土地的单位粮食产量。

表 5－12　部分地方水土流失治理前后单位粮食产量的变化

治理时段	治理（小）流域名	单产粮食 / （kg·km^{-2}）		
		治理前	治理后	增长
1979—1985	内蒙古五不进沟	476.50	2 181.00	1 705.50
1979—1985	山西中阳高家沟	798.00	1 908.00	1 110.00
1980—1984	山西洪水沟			526.05
1983—1992	水泉小流域	675.68	2 250.00	1 574.32
1985—1992	石马河	4 355.00	5 655.00	1 300.00
1985—1999	豫西伏牛山区汝阳县浑椿河小流域	10 350.00	12 478.20	2 128.20
1986—2003	甘肃临夏州 12 条试点、示范小流域	2 175.00	3 495.00	1 320.00
1989—1997	龙川河	3 045.00	4 935.00	1 890.00
1989—1999	山东省新泰市孤山小流域	31 170.00	38 715.00	7 545.00
1989—1999	西双龙	1800.00	2 900.00	1 100.00
1991—2004	龙飞山	5 250.00	7 650.00	2 400.00
1992—1997	四都溪	4 800.00	6 375.00	1 575.00
1992—1997	五小川	7 485.00	8 700.00	1 215.00

续表

治理时段	治理 (小) 流域名	单产粮食 / (kg · km⁻²)		
		治理前	治理后	增长
1992—1998	耳字沟	1 250.00	7 419.00	6 169.00
1993—1998	河南商城县大河冲小流域	3 900.00	7 350.00	3 450.00
1995—2000	朱溪河小流域			2 250.00
1995—2001	岳池县魏家沟小流域	4 545.00	6 015.00	1 470.00
1996—2000	四川省南部县状元河小流域	4 741.00	6 800.00	2 059.00
1997—2001	松树夼小流域	5 745.00	6 315.00	570.00
1998—2002	温家小流域	3 450.00	4 000.00	550.00
1999—2001	辽宁省阜蒙县海四台小流域	3 975.00	7 050.00	3 075.00
1999—2002	大力夼小流域	6 975.00	8 700.00	1 725.00
2003—2005	大英县马力河下段			705.00
2003—2005	大英县寸塘口河上段			645.00
2003—2005	大英县黄腊溪下段			210.00
	嘎土小流域	4 500.00	5 473.73	973.73
	黄家庄	2 850.00	4 900.00	2 050.00

资料来源：摘编自部分标题含有"小流域"的 CNKI 期刊文献。

1982—2002 年，经过各阶段的治理，全国"八片"治理区的粮食单产水平得到显著的提高（表 5‑13）。

表 5‑13　"八片"治理区一期、二期治理前后粮食单产变化

治理时段	治理区域名	粮食单产 / (kg · km⁻²)		
		治理前	治理后	增长
1998—2002	"八片"二期二阶段治理区	2 268.75	3 604.35	1 335.60
	其中：			
	赣江片	6 279.90	7 532.85	1 252.95
	定西片	768.30	1 453.35	685.05
	漱水河片	1218.00	2 883.00	1 665.00
	无定河片	947.70	2 030.55	1 082.85
	皇甫川片	1 072.05	1 974.45	902.40
	永定河片	2 566.35	3 414.60	848.25

续表

治理时段	治理区域名	粮食单产 / (kg · km^{-2})		
		治理前	治理后	增长
	大凌河片	2 609.70	4 034.70	1 425.00
	柳河片	1 155.00	4 102.05	2 947.05
1993—1997	"八片"二期一阶段治理区	1 884.00	3 318.00	1 434.00
	其中:			
	永定河上游项目区	1 852.50	2 640.00	787.50
	三川河项目区	948.00	2 410.50	1 462.50
	柳河项目区	900.00	5 517.00	4 617.00
	大凌河中游项目区	3699.00	5 905.50	2 206.50
	贡水治理项目区	5 746.50	7 083.00	1 336.50
	无定河项目区	738.00	1 896.00	1 158.00
	皇甫川	579.00	3 250.50	2 671.50
	定西县	720.00	1 455.00	735.00
1982—1992	"八片"一期治理区	1 138.50	2 680.50	1 542.00
	其中:			
	无定河第一期	568.50	1 446.00	877.50
	皇甫川第一期	855.00	2 130.00	1 275.00
	三川河第一期	832.50	1 927.50	1 095.00
	定西县第一期	450.00	1 245.00	795.00
	永定河上游第一期	1 270.50	2 206.50	936.00
	柳河上游第一期	1 207.50	4 620.00	3 412.50
	葛洲坝库区第一期	2 811.00	5 118.00	2 307.00
	兴国县第一期	3 240.00	4 035.00	795.00
	兴国县全县	4 689.19	5 818.37	1 129.17

资料来源：全国"八片"治理区第一期、第二期验收报告资料。

5.3.4　扩大人口环境容量

　　环境对人口的容量是有限度的，这种限度可以用环境承载力来表示。一般地说，环境承载力是指环境能持续供养的人口数量，所以人口数量是衡量环境承载力的重要指标。

联合国教科文组织给环境人口容量所下的定义：一个国家或地区的环境人口容量，是在可预见到的时期内，利用本地资源及其他资源、智力和技术等条件，在保证符合社会文化准则的物质生活水平条件下，该国家或地区所能持续供养的人口数量。

如果仅仅考虑维持人们最基本的生活需要，那么得出的就是一个地区所能抚养的最大人口数量；如果要达到一个理想的或最优的目标，则实际上得出的是适度人口数量，即合理人口容量。合理人口容量不仅反映了人口与生态系统的协调发展，而且体现了人口数量与一定的经济、社会发展的相适应性，是自然、经济、社会等因素共同作用的结果。仅从自然资源角度估算的环境承载力是生物生理性的人口容量，即把人均消费水平压缩到最低情况下的最大人口容量。但在确定环境人口容量时，如果把消费水平定在一个期望的数值上，则此时的人口容量也就等同于合理适度人口。因此，环境人口容量与合理人口容量在概念有所区别，但在一定条件下，两者也可以互相转换，合理人口容量也可以说是一定意义上的环境人口容量。

水土保持工作扩大了人口环境容量。贵州省普定县东北部的蒙普河小流域通过 1982—1987 年的综合治理，人口环境容量从治理前的每平方千米 108 人提高到每平方千米 228 人，提高了 111.4%。全国流域治理的八片地区，经过综合治理开发后，每平方千米可增加人口环境容量 20 人；长江上游四大片治理地区，经过综合治理，每平方千米可增加人口环境容量 29 人；四川省广安市以业主经营为主导，实行产业开发型治理，人口环境容量每平方千米增加了 61 人。

5.3.5 优化土地配置和提升产业结构

大量案例表明，水土流失治理过程中，通过生物技术措施、农业耕作措施、工程建设措施的有机组合，调整了土地利用结构，优化了土地配置（表 5‐14），提高了土地利用率（图 5‐2、图 5‐3），提升了农业产业内部结构（表 5‐15）。

表 5‐14　几条小流域治理前后土地利用结构变化

治理时段 / 年	小流域名称	农、林、牧用地面积比例	
		治理前	治理后
1998—2002	辽宁阜新县虎掌沟	1：0.19：0.24	1：0.49：0.13
1998—2002	辽宁阜新县温家小流域	1：1.85：0	1：4.44：0.49
1975—2000	陕西省安塞县纸坊沟流域	84：8：8	10：42：48

资料来源：摘编自部分标题含有"小流域"的 CNKI 期刊文献。

表 5‐15　几条（小）流域治理前后农业内部产业结构（产值比）的变化

治理时段 / 年	治理小流域 / 名	农：林：牧：副 (业) 产值比		农业产值比重下降百分点数 / %
		治理前	治理后	
1985–1997	德化县英山	55.5：0：14.6：29.9	14.5：0.2：24.2：61.1	41.00
1988–1998	西充县内 15 条	56：4：36：4	44：14：24：18	12.00
1996–2000	南部县状元河	51：2：41：6	39：4：53：4	12.00
1997–2000	九华沟流域	57.7：4.5：24.5：13.3	32：8：31：29	25.70
1997–2001	黄河流域 100 条	51.09：16.91：16.41：15.59	37.25：30.36：14.42：17.78	13.84
1999–2004	丁泉小流域	65.1：10.3：13.1：10.3	23.99：49.17：14.34：11.47	41.11

资料来源：摘编自部分标题含有"小流域"的 CNKI 期刊文献。

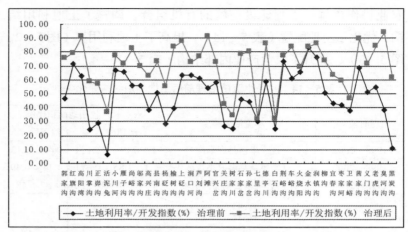

图 5-2　黄河中游第二期（1983—1987 年）试点小流域
治理前后土地利用率变化

资料来源：摘编自黄河中上游第二期试点小流域综合治理验收报告资料。

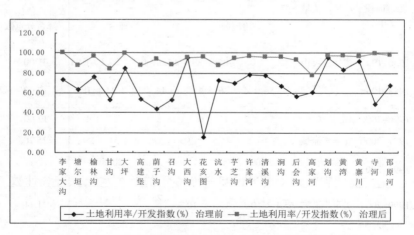

图 5-3　黄河上中游第四期（1993—1997 年）试点小流域
治理前后土地利用率变化

资料来源：摘编自黄河中上游第四期试点小流域综合治理验收报告资料。

5.3.6　产生投资乘数效应

　　水土保持作为一项社会公益事业，其投资需求量大、投资周期长，在各部门争相分割公共财政这块"蛋糕"的博弈中，依靠政府有限的财力不足以支撑庞大的生态建设体系，我们需要以政府公共财政支出为引领，形成公共投资的乘数效应，集结全社会的力量共同维护水土资源、共同建设秀美山川。

　　按 2000 年不变价格计算，1950—2000 年全国水土保持累计投资 1 968.80 亿元，其中，中央政府投资 136.69 亿元，地方政府投资 183.45 亿元，群众投劳折资 1 648.66 亿元，分别占总投资的 6.94%、9.32%、83.74%，群众投劳折资的贡献率最大。从县域尺度来看，兴国县在 23 年里总投资 3.1 亿元，其中国家投资 2 437 万元，地方投资 1 337 万元，群众投劳折资 27 558 万元，也是群众投劳折资的贡献率最大。"十五"期间，全国参与"四荒"治理开发的农户、企事业单位和社会团体累计投入资金 180 亿元。

5.4　治理对经济增长的贡献

5.4.1　基于福建省 9 区（市）1995—2006 年水土保持统计数据的计量

　　以福建省 9 区（市）1995—2006 年的有关水土保持统计数据，建立改进的生产函数：

$$Q = AK^{\alpha} L^{\beta} Z^{\gamma} \tag{5-1}$$

　　其中，Q 为国内生产总值，K 为投入资本（以固定资产投资代替），L 为劳动力（以单位从业人员替代），Z 为水土流失治理面积，α、β、γ 表示生产弹性（一般地，$\alpha+\beta+\gamma \approx 1$）。进行对数转换为：

$$\ln Q = \ln A + \alpha \ln K + \beta \ln L + \gamma \ln Z \qquad (5-2)$$

建立计量模型为:

$$\ln Q_t = \ln A_t + \alpha \ln K_t + \beta \ln L_t + \gamma \ln Z_t + \mu_t, t = 1,2,\cdots,n \qquad (5-3)$$

其中，μ_t 为随机干扰项。借助 Eviews 软件进行混合最小二乘（Pooled Least Squares），估计的结果如表 5 - 16 所示。

表 5 - 16　福建省 9 区（市）1995—2006 年水土保持
非平衡面板数据回归估计结果

Variable	Coefficient	Std. Error	t-Statistic	Prob.
C	0.926073	0.388466	2.383926	0.0193*
$\ln K$	0.724494	0.035133	20.62119	0.0000**
$\ln L$	0.188732	0.033039	5.712389	0.0000**
$\ln Z$	0.118610	0.032907	3.604407	0.0005**
R-squared	0.849443	Log likelihood		-11.73843
Adjusted R-squared	0.844368	F-statistic		167.3799
Durbin-Watson stat	1.114840	Prob(F-statistic)		0.000000

注：* 表示具有 5% 的显著性水平；** 表示具有 1% 的显著性水平。

由表 5 - 16 可见，回归模型扰动项之间存在正自相关，但模型拟合优度良好（0.84），各自变量的系数以及回归方程都具有高度显著性水平（P 值 ≈ 0）。考虑模型存在自相关性不影响 OLS（普通最小二乘法）估计的线性与无偏性、样本数据处理可能引起的随机误差项序列相关、一些随机因素的干扰或影响引致随机误差项自相关等因素，因此采用该估计结果，对系数进行标准化处理，计算得出资本、劳动力、水土流失治理对 GDP 的贡献率分别为 70.21%、18.29%、11.50%。

5.4.2　基于陕西省 10 区（市）水土保持 1990—2005 年统计的计量

5.4.2.1　超越对数生产函数模型的建立

超越对数生产函数模型是一种易估计和包容性很强的变弹性生产函数模型。它在结构上属于平方反应面模型，可以较好地研究生产函数中投入的相互影响、各种技术进步投入的差异及技术进步随时间的变化等。

基于陕西省 10 个地区 1990—2005 年的相关经济指标和水土流失治理指标的数据（经济指标数据来自"中国统计应用支持系统"数据库，水土流失治理统计数据来自陕西省水土保持局相关统计资料），以资本（固定资产投资总额，K）、劳动（单位从业人员，L）、水土流失治理率（Z）作为投入，同时考虑产出（国内生产总值，GDP）随时间的变化、技术进步随时间的变化，引入一个时间趋势变量 $S = T - T_0$（以 1978 年为 T_0 年，$T_0 = 0$），建立超越对数生产函数：

$$\ln GDP_t = A + \beta_S S + \beta_{SS} S^2 + \beta_K \ln K_t + \beta_L \ln L_t + \beta_E \ln Z_t + \beta_{KL} \ln K_t \ln L_t$$
$$+ \beta_{KE} \ln K_t \ln E_t + \beta_{LE} \ln L_t \ln Z_t + \beta_{KK} (\ln K_t)^2 + \beta_{LL} (\ln L_t)^2 + \beta_{EE} (\ln E_t)^2$$
$$+ \beta_{KS} (\ln K_t) S + \beta_{LS} (\ln L_t) S + \beta_{ES} (\ln Z_t) S \tag{5-4}$$

则劳动投入的产出弹性为：

$$\eta_L = \frac{\mathrm{d} GDP / GDP}{\mathrm{d} L / L} = \frac{\mathrm{d} \ln GDP_t}{\mathrm{d} \ln L_t} = \beta_L + \beta_{KL} \ln K_t + \beta_{LZ} \ln Z_t + 2\beta_{LL} \ln L_t + \beta_{LS} S \tag{5-5}$$

资本投入的产出弹性为：

$$\eta_K = \beta_K + \beta_{KL} \ln L_t + \beta_{KZ} \ln Z_t + 2\beta_{KK} \ln K_t + \beta_{KS} S \tag{5-6}$$

水土流失治理率的产出弹性为：

$$\eta_Z = \beta_Z + \beta_{KZ} \ln K_t + \beta_{LZ} \ln L_t + 2\beta_{ZZ} \ln Z_t + \beta_{ZS} S \tag{5-7}$$

产出随时间的自主变化弹性为：

$$\eta_S = \beta_S + 2\beta_{SS}S + \beta_{KS}\ln K_t + \beta_{LS}\ln L_t + \beta_{ZS}\ln Z_t \qquad (5-8)$$

产出随着时间的变化弹性反映了投入的中性技术进步率的变化。

5.4.2.2 模型参数估计

由于变量间的多重共线性可能较严重，采用截面似不相关回归（SUR）面板广义最小二乘法（Panel EGLS (Cross-section SUR)）进行估计，结果如表 5 - 17 所示。

表 5 - 17 参数估计结果

Variable	Coefficient	t-Statistic	Prob.
C	1.388313	5.710018	0.0000
S	−0.067091	−5.778569	0.0000
S^2	0.003178	8.695565	0.0000
$\ln K$	1.806449	39.90679	0.0000
$\ln L$	−1.003781	−10.76847	0.0000
$\ln Z$	1.274785	9.758421	0.0000
$\ln K \ln L$	−0.250698	−16.97298	0.0000
$\ln K \ln Z$	0.03708	1.81851	0.0712
$\ln L \ln Z$	−0.009397	−0.576332	0.5653
$(\ln K)^2$	0.025942	3.389275	0.0009
$(\ln L)^2$	0.122066	12.36778	0.0000
$(\ln Z)^2$	0.017995	2.151854	0.0332
$S\ln K$	−0.029406	−10.36985	0.0000
$S\ln L$	0.055253	16.33081	0.0000
$S\ln Z$	−0.072001	−10.5457	0.0000
R−squared	0.999203	Adjusted R−squared	0.999068
F−statistic	7411.819	Durbin−Watson stat	1.655616
Prob(F−statistic)	0.0000		

根据模型估计结果，计算各地区每年各种投入的产出弹性，

将各地区每年各种投入的产出弹性简单加总平均，并进行标准化
处理后，得出陕西省 10 个地区平均的各种投入的产出弹性如图
5－4 所示。

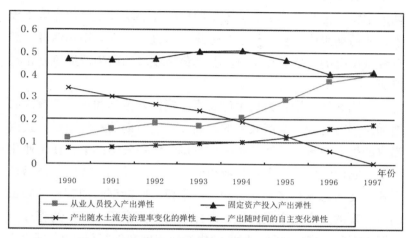

图 5－4 陕西省 10 地区平均的各种投入产出弹性
及产出随时间的自主变化弹性

图 5－4 显示，固定资产投入对产出的贡献率相对最高；随
时间推移，劳动投入的贡献率、投入的技术进步率呈上升趋势，
但水土流失治理率的贡献率呈递减趋势。

5.4.3 分析结论与启示

上述两例实证分析结果显示，资本投入对经济增长的贡献占
绝对优势比重；劳动投入的贡献比重呈上升趋势，可能意味着人
力资本的提升；技术进步的贡献也越来越高；分离出的水土流失
治理虽具有不容忽视的贡献，但呈下降趋势，这可能与水土流失
治理的"外溢效应"有关。

中国的工业化总体上处于中期阶段，但已出现向后期阶段过

渡的明显特征，2020年左右基本实现工业化。理论上并不存在工业化"中后期"的阶段划分，所谓"中后期"是指由工业化的中期向后期过渡。工业化发展阶段的变化，意味着经济发展的驱动因素将发生改变，工业化中期阶段的经济增长主要依靠资本投入，而后期阶段就转变到主要依靠技术进步上来。换句话说，源自经济系统的、依靠技术进步驱动经济发展的内生倒逼机制正在形成。

一国的经济增长源自生产要素（资源、劳动和资本）投入的增加，同时有赖于生产效率的提高。一定时期的经济增长方式以当时的生产力水平或客观条件为基础。纵观发达国家，在工业化早期，它们经历了一个或长或短的粗放型增长期。各国经济增长方式演变的总体趋势是从劳动、资本投入驱动型转向管理、知识创新带来的生产效率提高型，即体现为"要素积累→集约管理→知识创新"的演化路径，发展的集约化程度和创新程度越来越高。在经济发展中，技术进步起着决定性作用，一些发达国家生产效率提高对经济增长的贡献达70%～80%，企业家精神、制度创新等也发挥了一定程度的作用。

5.5 治理效率的评价：基于 DEA 方法

5.5.1 理论模型框架

5.5.1.1 DEA 评价方法

投入产出分析作为一种经济分析的数量方法在经济系统的分析中被广泛应用，其方法本身也在实践中不断完善和丰富。在投入产出效率测定方面，1978年美国运筹学家A.Charnes和

W.W.Cooper及其学生E.Rhodes以规划论为工具，以相对有效性的概念为基础，建立了第一个经典的数据包络分析（DEA）模型（简称CCR或C^2R模型）。

C^2R 模型假设有 n 个部门或单位（即 DMU），每个 DMU 都有 m 种输入和 s 种输出，其数据如表 5–18，其中：$x_j = (x_{1j}, x_{2j}, \cdots, x_{mj})^T > 0$，$y_j = (y_{1j}, y_{2j}, \cdots, y_{sj})^T > 0$，$x_{ij} = DMU_{-j}$ 对第 i 种输入的投入量，$y_{rj} = DMU_j$ 对第 r 种输出的产出量（$j = 1, 2, \cdots, n$；$i = 1, 2 \cdots, m$；$r = 1, 2, \cdots, s$）。

表 5–18　C^2R 模型的输入、输出变量

1	2	⋯	⋯	n
x_1	x_2	⋯	⋯	x_n
y_1	y_2	⋯	⋯	y_n

为方便，记 DMU_{-j0} 对应的输入、输出数据分别为 $x_0 = x_{j0}$，$y_0 = y_{j0}$，$1 \leqslant j_0 \leqslant n$。评价 DMU_{-j0} 的 DEA 模型（C^2R）的分式规划为：

$$
\max u^T y_0 \Big/ v\ x_0
$$

$$
st. \begin{cases} \dfrac{u^T y_j}{v^T x_j} \leqslant 1, j = 1, 2, \cdots, n \\ u \geqslant 0, v \geqslant 0, u \neq 0, v \neq 0 \end{cases} \tag{5-9}
$$

其中，$v = (v_1, v_2, \cdots, v_m)^T$，$u = (u_1, u_2, \cdots, u_s)^T$ 分别为 m 种输入和 s 种输出的权系数。利用 1962 年 Charnes 和 Cooper 对于分式规划 Charnes—Cooper 变换，$t = \dfrac{1}{v^T x_0} > 0, \omega = tv, u = tu$

可将分式形式的模型（C^2R）化为等价的线性规划：

$$(P_{C^2R}) \begin{cases} \max u^{\mathrm{T}} y_0 = h^0, \\ \omega^{\mathrm{T}} x_j - u^{\mathrm{T}} y_j \geqslant 0, j = 1,2,\cdots,n, \\ \omega^{\mathrm{T}} x_0 = 1, \\ \omega \geqslant 0, u \geqslant 0 \end{cases} \Leftrightarrow$$

$$(P_{C^2R}) \begin{cases} \min \theta, \\ \sum_{j=1}^{n} x_j \lambda_j \leqslant \theta x_0, \\ \sum_{j=1}^{n} y_j \lambda_j \geqslant y_0, \\ \lambda_j \geqslant 0, j = 1,2,\cdots,n, \theta \in E^1 \end{cases} \qquad (5-10)$$

与其他评价方法相比较，由 C²R 发展起来的 DEA 多指标效益评价方法对具有多项投入指标和多项产出指标项的复杂系统有很强的适用性。同时，已建立的各个 DEA 模型的功能具有互补性，对于社会、科技、经济等不同领域中的评价问题具有很强的应用价值。DEA 的优点主要表现在：

第一，DEA 致力于每个决策单元的优化，通过 n 次优化运算得到每个 DMU（设有 n 个 DMU）优化解，而不是对 DMU 集合的整体进行单一优化，从而得到更切实的评价值。

第二，DEA 以决策单元的各个投入指标和产出指标的权重为变量（权变量）进行评价运算，而不是预先借助于主观判定或其他方法确定指标的权重，从而避免了确定权重的误差，使得评价结果更具客观性。

第三，DEA 方法可直接采用统计数据进行运算，而不像一般统计评价模型那样，需要对指标体系重新定义或需预先对指标进行相关分析，从而避免了建立评价指标体系以及确定某一投入指标对若干产出指标的贡献率等烦琐的劳动，使评价方法更具简明性和易操作性。

第四，DEA 方法强调在被评价决策单元群条件下的有效"生产"前沿的分析，而不是像一般统计模型那样着眼于平均状态的描述，从而使研究结果更具"理想"性。

第五，DEA 通过"最佳"DMU 子集的选择，可以为决策者提供众多有效计划的管理信息。从而使在"生产"计划中寻求有效性，有目的地确定减少投入指标或提高产出指标的数量。

第六，不同 DEA 模型的应用，可以给出同一集合条件下每个 DMU 是管理有效、技术有效还是原域有效的不同评价结果，从而使评价活动进一步细化。

由于 DEA 的上述优点，自从 20 世纪 80 年代由中国学者魏权龄引入中国以后有着广泛的应用，对提高我国的微观管理与宏观调控效率起了重要的评估与诊断作用。

5.5.1.2　基于 DEA 的 Malmquist 指数

Forsund 等（1979）及 Nishimizu 等（1982）采用面板数据以时间为趋势变量应用确定性前沿生产函数模型对技术变迁率进行估算，在概念和经验估算上将生产率拆分为技术进步、效率变化和规模效率的改善。以 DEA 为基础的 Malmquist 指数法属于这类模型。参照 Färe 等（1994）以产出为指标的 Malmquist 生产率变化指数，假定在每个时刻 t（$t = 1, 2, \cdots, T$），生产技术 S^t 将要素投入 $x^t \in R_+^N$ 转化为产出 $y^t \in R_+^M$，用集合表示就是：

$$S^t = \left\{ (x^t, y^t) : x^t \text{可以生产} y^t \right\} \tag{5-11}$$

S^t 又叫生产可能性集合，其中每一个给定投入的最大产出子集又被叫作生产技术的前沿。另外，t 时刻的产出距离函数可以定义为：

$$D_0^t(x^t, y^t) = \inf\left\{\theta : (x^t, y^t/\theta) \in S^t\right\} = \left(\sup\left\{\theta : (x^t, \theta y^t) \in S^t\right\}\right)^{-1} \tag{5-12}$$

其中，当且仅当 $(x^t, y^t) \in S^t$，$D_0^t(x^t, y^t) \leqslant 1$；当且仅当 (x^t, y^t) 为技术前沿上的点，$D_0^t(x^t, y^t) = 1$。$D_0^t(x^t, y^t) = 1$ 意味着

生产从技术上讲其效率为 100%，也就是在给定投入的情况下实现了最大产出。在单一投入和单一产出的情况下，假设规模效益不变，当平均生产率达到最大时，最大可能产出也就实现了。在经验估算中，这个最大化了的平均生产率也就是样本中的最佳实践，这个最佳实践可以由 DEA 方法来定。

为了定义 Malmquist 指数，给出一个含有两个不同时刻的距离函数：

$$D_0^t(x^{t+1}, y^{t+1}) = \inf\left\{\theta : (x^{t+1}, y^{t+1}/\theta) \in S^t\right\} \qquad (5-13)$$

此函数给出以 t 时刻的生产技术为参照时投入产出量（x^{t+1}，y^{t+1}）所能达到的最大可能产出与实际产出的比率。同样，另一个 $D_0^{t+1}(x^t, y^t)$ 类似的距离函数也可以给出以（$t+1$）时刻的生产技术为参照时投入产出量 (x^t, y^t) 所能达到的最大可能产出与实际产出之比。

为避免在选择生产技术参照系时的随意性，把以产出为指标的 Malmquist 指数特定为两个 Malmquist 指数的几何平均值。一个以 t 时刻的生产技术为参照，另一个 $t+1$ 时刻为参照。

$$M_0(x^{t+1}, y^{t+1}, x^t, y^t) = \left[\left(\frac{D_0^t(x^{t+1}, y^{t+1})}{D_0^t(x^t, y^t)}\right)\left(\frac{D_0^{t+1}(x^{t+1}, y^{t+1})}{D_0^{t+1}(x^t, y^t)}\right)\right]^{1/2} \qquad (5-14)$$

假设生产技术的规模效益不变，上式指数可以被看成两个部分的乘积，即，

$$技术效率变化 = \frac{D_0^{t+1}(x^{t+1}, y^{t+1})}{D_0^t(x^t, y^t)} \qquad (5-15)$$

$$技术进步率 = \left(\frac{D_0^t(x^{t+1}, y^{t+1})}{D_0^{t+1}(x^{t+1}, y^{t+1})}\frac{D_0^t(x^t, y^t)}{D_0^{t+1}(x^t, y^t)}\right)^{1/2} \qquad (5-16)$$

表达式（5-15）技术效率变化给出的是 t 和 $t+1$ 时刻之间的效率变化，式（5-16）技术进步率则代表生产技术的前沿在

产出增加方向上的移动。这两个指数如果小于 1 就意味着生产率的下降。

为了采用非参数规划技术来计算 Malmquist 指数，假设有 $k(k = 1,2,\cdots,K)$ 个决策单元在 $t(t = 1,2,\cdots,T)$ 中的每一个时刻，使用 $n(n = 1,2,\cdots,N)$ 要素投入，于是有的投入被用以生产 $m(m = 1,2,\cdots,M)$ 个种类的产出。每一个投入产出的观测值都为正数，并且假定每个时刻（比如每年）的观测值数目为常数（当然在实际中情况不一定如此）。在 t 时刻，作为参照标准的生产技术前沿可以借助数据来得到：

$$\left.\begin{cases} S^t = (x^t, y^t): y_m^t \leqslant \sum_{k=1}^{K} z^{k,t} y_m^{k,t}, m = 1,2,\cdots,M; \\ \sum_{k}^{K} z^{k,t} x_n^{k,t} \leqslant x_n^t, n = 1,\cdots,N; \\ z^{k,t} \geqslant 0, k = 1,\cdots,K. \end{cases}\right\} \quad (5-17)$$

这个生产技术具有规模效益不变和（强）自由投入产出的性质。

Malmquist 指数法的几何意义如图 5-5 所示。图 5-5 中，x 为投入，y 为产出；以从远点出发的两条射线代表 t 和 $t+1$ 时刻的规模效益不变的生产前沿，并用与它们对应的生产可能性集合以 S^t 和 S^{t+1} 来表示，那么，在 t 时刻观测到的投入产出点为 (x^t, y^t)，相对时刻 t 的生产前沿的生产率可以定义为 oa/ob，即在给定投入的情况下实际产出与生产前沿上的产出之比。同理，在 $t+1$ 时刻观测到的投入产出点 (x^{t+1}, y^{t+1}) 相对时刻 t 的生产前沿的生产率为 od/oc；再定义生产率的变化为 $t+1$ 时刻和 t 时刻生产率之间的比值为：

$$TFP^t = \frac{od/oc}{oa/ob} \quad (5-18)$$

当以 $t+1$ 时刻的生产前沿为参照时，（x^t, y^t）和（x^{t+1}, y^{t+1}）这两个观测点的生产率的变化可写成：

$$TFP^{t+1} = \frac{od/of}{oa/oe} \qquad (5-19)$$

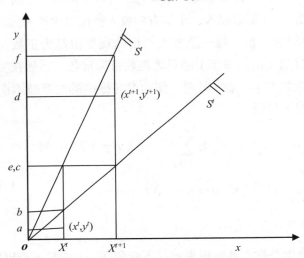

图 5-5　产出为指标的 Malmquis 指数全要素生产率指数及其拆分

为了避免在选择 t 还是 $t+1$ 时刻的生产前沿为参照的随意性，采用取两个生产率的几何平均值的办法。这样，以产出为指标的 Malmquist 生产率指数还可以写成如下形式：

$$M_0 = (TFP^t \cdot TFP^{t+1})^{1/2} = (\frac{od/oc}{oa/ob} \frac{od/of}{oa/oe})^{1/2} = (\frac{od/of}{oa/ob})(\frac{of}{oe} \frac{oc}{ob})^{1/2} \quad (5-20)$$

式中，第一项的分子为 $t+1$ 时刻的实际产出与 $t+1$ 时刻的生产前沿的比值，这一生产率指标在文献中被称为 $t+1$ 时刻的技术效率；分母为 t 时刻的实际产出与 t 时刻的生产前沿的比值，也就是 t 时刻的技术效率。这两个技术效率可以理解为从 t 到 $t+1$ 时刻的效率变化，即与（5 - 15）式对应：技术效率变化 $= \dfrac{od/of}{oa/ob}$，这个指标如果大于 1 意味着技术效率的改善，小于 1 时则表示技术效率降低，等于 1 时为效率无变化。

式中，第二项的第一个比值为，在给定 $t+1$ 时刻的投入水平 x^t+1 的情况下，$t+1$ 时刻生产前沿上的产出与 t 时刻生产前沿上的产出之比；第二个比值为，给定 t 时刻的投入水平 x^t，$t+1$ 时刻生产前沿上的产出与 t 时刻生产前沿上的产出之比。这两个比值均为给定投入水平的情况下生产前沿在产出增加方向上的增长率，文献中称之为技术进步率。取它们的几何平均值，技术进步率 $= (\dfrac{of}{oe}\dfrac{oc}{ob})^{1/2}$，该项指标大于 1 时表示技术进步，等于 1 时技术无进步，小于 1 时技术退步。

综上所述，生产率的变化在几何意义上也被拆分成两个部分，一个是技术效率，另一个是技术进步率。为估算 k' 决策单元在时刻 t 和 $t+1$ 之间的生产率，需要解 4 个不同的线性规划问题：$D_0^t(x^t,y^t)$, $D_0^{t+1}(x^t,y^t)$, $D_0^t(x^{t+1},y^{t+1})$, $D_0^{t+1}(x^{t+1},y^{t+1})$。对于每个 k' $(k'=1,2,\cdots,K)$ 的决策单元，有：

$$\left.\begin{array}{l}(D_0^t(x^{k',t},y^{k',t}))^{-1}=\max\theta^{k'};\\[2mm]\theta^{k'}y_m^{k',t}\leqslant\sum_{k=1}^{K}z^{k,t}y_m^{k,t},m=1,\cdots,M;\\[2mm]\sum_{k=1}^{K}z^{k,t}x_n^{k,t}\leqslant x_n^{k',t},n=1,\cdots,N;\\[2mm]z^{k,t}\geqslant0,k=1,\cdots,K.\end{array}\right\}\quad(5-21)$$

上面这一规划问题是数据包络分析（DEA）和距离函数估算的基础，即为 DEA 效率估算。有关 $D_0^{t+1}(x^{t+1},y^{t+1})$ 的线性规划问题与上述类似，但需要将 t 时刻改为 $t+1$ 时刻。

另外两个用来估算 Malmquist 生产率指数的距离函数需要同时使用两个时刻的数据。再以 k' 个决策单元为例，其中一个线性规划问题如下：

$$\left.\begin{array}{l}(D_0^t(x^{k',t+1}, y^{k',t+1}))^{-1} = \max \theta^{k'}; \\ \theta^{k'} y_m^{k',t+1} \leqslant \sum_{k=1}^{K} z^{k,t} y_m^{k,t}, m = 1,\cdots,M; \\ \sum_{k=1}^{K} z^{k,t} x_n^{k,t} \leqslant x_n^{k',t+1}, n = 1,\cdots,N; \\ z^{k,t} \geqslant 0, k = 1,\cdots,K.\end{array}\right\} \quad (5-22)$$

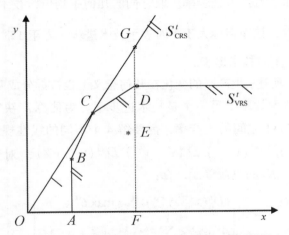

图 5-6　可变规模效益（VRS）生产前沿与规模效率

根据上面的线性规划模型所估计出的生产前沿具有规模效益不变（CRS）的性质。对比相应的可变规模效益生产前沿，技术效率还可以被进一步拆分成纯技术效率（即以可变规模效益（VRS）生产前沿为参照的技术效率）和规模效率两部分。如图 5-6 所示，由观测值 BCD 组成的生产前沿 OABCD 也满足生产函数理论对生产函数形式的数学规制性假设（如准凹性假设等），但其生产率水平在生产前沿的 *ABC* 一段上随着生产规模的增加由小变大，在经过 *C* 点后，又由大变小。以图 5 - 6 上落在 VRS 生产可能性集合 S'_{VRS} 内的 *E* 点为例，纯技术效率是指 *EF* 与 VRS 生产前沿上产出 *DF* 的比值，而技术效率（CRS）是 *EF* 与 CRS 生产前沿 *CG* 上产出 *GF* 的比值。规模效率（SE）可以定义为这两个技术效率之间的比值。对应于 VRS 生产前沿线性规划问题与 CRS 生产前沿的规划问题的区别是前者比后者多了一个约束，即 $\sum_{k=1}^{K} z^{k,t} = 1$（Afriat，1972）。

5.5.1.3　具有非阿基米德无穷小量的 C²R 模型及其评价规则

无论利用初始的 C²R 模型的线性规划还是对偶规划，直接判断 DEA 有效性是不容易的。Charnes（1952）在研究线性规划的"退化"情况时，同 Cooper（1961）一起引进了非阿基米德无穷小量 ε（小于任何正数且大于 0 的数）。考虑具有非阿基米德无穷小量 ε 的 C²R 模型，假设有 n 个具有可比性的 DMU，每个 DMU 都有 m 种类型的"输入"（X）和 s 种类型的"输出"（Y），可通过变换等价于线性规划，其对偶规划为：

$$(D_\varepsilon^I) \begin{cases} \min\left[\theta - \varepsilon(\hat{e}^T S^- + e^T S^+)\right], \\ \sum_{j=1}^{n} X_j \lambda_j + S^- = \theta X_0, \\ \sum_{j=1}^{n} Y_j \lambda_j - S^+ = Y_0, \\ \lambda_j \geq 0, j=1,\cdots,n, S^- \geq 0, S^+ \geq 0, \\ \hat{e} = (1,1,\cdots,1)^T \in E^m, \\ e = (1,1,\cdots,1)^T \in E^s. \end{cases} \quad (5-23)$$

其中：$x_{ij}=DMU_j$ 是第 i 种输入的投入量，$x_{ij}>0$；$y_{ij}=DMU_j$ 是第 r 种输出的产出量，$y_{ij}>0$；$i=1,2,\cdots,m$；$j=1,2,\cdots,n$；$r=1,2,\cdots,s$；

$X_j=(x_{1j}, x_{2j},\cdots,x_{mj})^T$，$j=1,2,\cdots,n$；$Y_j=(x_{1j}, x_{2j},\cdots,x_{sj})^T$，$j=1,2,\cdots,n$。

设 λ^0、S^-、S^{+0}、θ^0 为 (D_ε^I) 的最优解，具有复数形式：$a-\varepsilon b$，$a=\theta^0, b=\hat{e}^T S^{-0}+e^T S^{+0}$。数 a 表示 DMO_{j0} 的效率指数，数 b 表示输入过剩 $\hat{e}^T S^-$ 与输出不足 $e^T S^+$ 之和。若 $\theta^0<1$，则 DMO_{j0} 不为弱 DEA 有效；若 $\theta^0=1, \hat{e}^T S^{-0}+e^T S^{+0}>0$，则 DMO_{j0} 为弱 DEA 有效；若 $\theta^0=1, \hat{e}^T S^{-0}+e^T S^{+0}=0$，$DMO_{j0}$ 为 DEA 有效。

5.5.1.4 决策单元在生产前沿面上的"投影"

判断 DMU 的有效性，本质上是判断它是否位于生产可能集的生产前沿面上，如果决策单元不为 DEA 有效，通过计算、求解，可以对原有的投入向量和产出向量进行调整，使其成为 DEA 有效。调整后的点即为决策单元在生产前沿面上的"投影"。

考虑具有非阿基米德无穷小量 ε 的 DEA 模型对偶规划的最优解 λ^0、S^{-0}、S^{+0}、θ^0，令 $\hat{X}_0=\theta^0 X_0-S^{-0}, Y_0=Y_0+S^{+0}$，则

$$(\hat{X}_0,Y_0)\in\left\{(X,Y)\|\sum_{j=1}^n X_j\lambda_j=X,\sum_{j=1}^n Y_j\lambda_j=Y,\lambda_j\geq 0,j=1,\cdots,n\right\} \quad (5-24)$$

为 DMO_{j0} 在生产可能集的生产前沿面上的"投影"，此时为 DEA 有效。DMO_{j0} 各项资源使用冗余率为

$$r_{X_0}=(X_0-\hat{X}_0)/X_0=(1-\theta_0)+S^{-0}/X_0 \quad (5-25)$$

产出不足率为

$$r_{Y_0}=(\hat{Y}_0-Y_0)/Y_0=S^{+0}/Y_0 \quad (5-26)$$

5.5.2 治理效率 DEA 评价：基于全国"八片"水土流失治理工程

中国首批开展的由国家财政部、水利部共同组织开展的全国"八片"水土保持治理工程始于 1983 年，至 2002 年，20 年间共综合治理小流域 2 362 条，其中一期工程 717 条，二期工程第

一阶段 916 条，二期工程第二阶段 729 条。表 5 - 19 采集、汇总了不同阶段的治理中部分片区的投资、投工及治理前后土壤侵蚀量的变化情况。

表 5 - 19　1983—2002 年不同阶段"八片"治理区的投资、投工及土壤侵蚀变化

片区及时段	DMU	投资 / 万元	投工 / 万工日	治理前后水土流失减 少 / 万吨
赣江片 (1998—2002 年)	1	52 225.00	2 929.00	582.93
定西片 (1998—2002 年)	2	6 002.54	438.48	188.29
湫水河片 (1998—2002 年)	3	12 960.71	1 598.33	872.73
无定河片 (1998—2002 年)	4	29 026.85	2 983.33	1 567.05
皇甫川片 (1998—2002 年)	5	5 249.35	424.25	383.36
永定河片 (1998—2002 年)	6	38 431.04	2 875.93	1 056.02
大凌河片 (1998—2002 年)	7	43 702.57	3 431.73	748.96
柳河片 (1998—2002 年)	8	3 853.00	297.67	130.04
永定河上游项目区 (1993—1997 年)	9	10 254.00	5 132.40	1 381.80
三川河项目区 (1993—1997 年)	10	8 420.70	2 098.10	1 063.00
柳河项目区 (1993—1997 年)	11	1 426.40	679.80	398.20
大凌河中游项目区 (1993—1997 年)	12	2 055.10	2 291.90	350.30
贡水治理项目区 (1993—1997 年)	13	42 037.00	2 060.00	603.70
无定河项目区 (1993—1997 年)	14	10 942.70	6 111.30	4 048.20
皇甫川 (1993—1997 年)	15	911.20	272.90	603.90
定西县 (1993—1997 年)	16	7 098.30	1 043.30	224.70
定西县第一期 (1983—1992)	17	15 661.28	3 913.06	900.00
柳河上游第一期 (1983—1992)	18	8 838.81	2 181.80	520.00
兴国县 (1983—1992)	19	11 269.45	1 999.43	698.00

资料来源：摘编自全国"八片"治理区第一期、第二期验收报告资料。

简单地以表 5 - 19 中的投资、投工为输入变量，以治理前后

土壤侵蚀变化量为输出变量，对 1983—2002 年不同阶段"八片"的部分片区的水土流失治理的经济效率进行投入减少（导向）型规模报酬可变的数据包络分析（Input orientated VRS DEA），不同阶段不同片区（各决策单元，DMU）的经济效率水平如表5－20 所示。由表 5－20 可见，1983—2002 年不同阶段"八片"水土流失治理在不考虑规模收益时，技术效率普遍低下。

表 5－20　"八片"不同阶段不同片区（决策单元，DMU）水土流失治理的效率

DMU	crste	vrste	scale	
1	0.090	0.093	0.965	irs
2	0.194	0.622	0.312	irs
3	0.247	0.456	0.541	drs
4	0.237	0.639	0.372	drs
5	0.408	0.643	0.635	irs
6	0.166	0.361	0.459	drs
7	0.099	0.151	0.652	drs
8	0.197	0.917	0.215	irs
9	0.203	0.310	0.656	drs
10	0.229	0.501	0.457	drs
11	0.421	0.639	0.659	irs
12	0.257	0.443	0.580	irs
13	0.132	0.132	1.000	—
14	0.558	1.000	0.558	drs
15	1.000	1.000	1.000	—
16	0.097	0.262	0.372	irs
17	0.104	0.198	0.525	drs
18	0.108	0.125	0.861	irs
19	0.158	0.216	0.729	drs

注：松弛变量使用多阶段方法计算（Slacks calculated using multi-stage method）；crste = technical efficiency from CRS DEA =不考虑规模收益时的技术效率（综合效率）；vrste = technical efficiency from VRS DEA =考虑规模收益时的技术效率（纯技术效率）；scale = scale efficiency = crste/vrste =考虑规模收益时的规模效率（规模效率）；rs = returns to scale =规模收益；irs，"—"，drs 分别表示规模收益递增、不变、递减。

5.5.3　治理效率 DEA 评价：基于黄河中上游水土保持综合治理

5.5.3.1　评价指标体系设计

为利用 DEA 方法对水土流失治理的综合效率进行有效测度，将投入要素归结为经费投入（投资 / X_1）和人力资本投入（投工 / X_2）两类；治理投入的目标可归结为发展生态经济，在这里选取治理完成面积（Y_1）、总产值增加值（Y_2）、粮食总产量增加值（Y_3）三个产出指标。

5.5.3.2　决策单元及其数据资料

由于研究所涉及的微观社会经济问题复杂，也不易跟踪记录，提供的统计信息粗糙且较少，分析研究的数据取自《黄河中游第二期试点小流域水土保持综合治理成果分析报告》1983—1987 年试点的 33 个小流域（$DMU_1 \sim DMU_{33}$；视为 20 世代 80 年代的代表）和《黄河上中游第四期试点小流域水土保持综合治理总结分析报告》1993—1997 年试点的 25 个小流域（$DMU_{34} \sim DMU_{58}$；视为 20 世纪 90 年代的代表）的上述相关指标数据。

5.5.3.3　DEA 总体效率及规模收益状态

利用 DEAP 软件分别求得各 DMU 的治理投入的相对效率、投入冗余值和产出不足值。表 5 - 21 显示了各 DMU 的 DEA 效率及规模收益。由表 5 - 21 可见，总体而言，20 世纪 90 年代较 20 世纪 80 年代，水土流失治理的综合效率和纯技术效率有所提高；但在其他条件不变的情况下，规模效率下降了。在 58 个 DMU 中，规模收益不变的有 10 个，占 17.24%；规模收益递减的有 9 个，占 15.52%；规模收益递增的有 39 个，占 67.24%。总体而言，水土流失治理的资源配置效率处于不断优化、不断提升的状态中。

表5-21　各DMU的DEA效率及规模收益（rs）

DMU$_{1980s}$	crste$_{1980s}$	vrste$_{1980s}$	scale$_{1980s}$	rs	DMU$_{1990s}$	crste$_{1990s}$	vrste$_{1990s}$	scale$_{1990s}$	rs
1	0.455	0.474	0.961	irs	34	0.232	0.291	0.799	irs
2	0.449	0.452	0.994	drs	35	0.328	0.340	0.966	irs
3	0.855	1.000	0.855	drs	36	0.343	1.000	0.343	drs
4	1.000	1.000	1.000	—	37	0.380	0.385	0.987	irs
5	0.579	0.646	0.897	irs	38	0.152	0.158	0.961	irs
6	0.494	0.614	0.804	irs	39	0.953	0.954	1.000	—
7	0.383	0.420	0.912	irs	40	1.000	1.000	1.000	—
8	1.000	1.000	1.000	—	41	0.517	0.718	0.721	irs
9	0.588	1.000	0.588	irs	42	0.515	0.693	0.743	irs
10	0.454	0.582	0.780	irs	43	0.412	1.000	0.412	irs
11	0.371	0.379	0.981	irs	44	0.491	0.679	0.723	irs
12	0.392	0.400	0.978	irs	45	0.424	0.476	0.891	irs
13	0.442	0.462	0.957	irs	46	0.442	0.516	0.856	irs
14	0.353	0.562	0.629	irs	47	1.000	1.000	1.000	—
15	0.160	0.180	0.884	irs	48	1.000	1.000	1.000	—
16	0.161	0.229	0.704	irs	49	0.376	0.378	0.995	irs
17	0.382	0.388	0.984	irs	50	0.633	1.000	0.633	drs
18	0.283	0.283	0.999	—	51	1.000	1.000	1.000	—
19	0.649	1.000	0.649	drs	52	0.664	0.704	0.944	irs
20	1.000	1.000	1.000	—	53	0.251	0.283	0.888	irs
21	0.638	0.643	0.991	irs	54	0.673	0.834	0.807	irs
22	0.381	0.381	0.998	irs	55	0.413	0.420	0.986	irs
23	0.341	0.355	0.960	drs	56	0.485	0.492	0.986	irs
24	0.598	1.000	0.598	drs	57	0.314	0.315	0.998	irs
25	0.285	0.286	0.997	irs	58	0.560	0.941	0.594	drs
26	0.339	0.344	0.983	irs					
27	0.564	0.605	0.933	irs					
28	0.719	0.738	0.975	irs					

续表

DMU_{1980s}	$crste_{1980s}$	$vrste_{1980s}$	$scale_{1980s}$	rs	DMU_{1990s}	$crste_{1990s}$	$vrste_{1990s}$	$scale_{1990s}$	rs
29	0.473	0.477	0.991	irs					
30	0.333	0.341	0.976	irs					
31	0.600	0.606	0.990	irs					
32	0.905	0.906	0.999	drs					
33	0.533	0.533	0.999	—					

5.5.3.4　投影分析

基于前述的"投影"分析方法，利用 DEAP 软件运行得到的投入冗余值和产出不足值，计算出非 DEA 有效 DMU 的产出不足率和投入冗余率（表 5 – 22）。

表 5 – 22　非 DEA 有效 DMU 的产出不足率与投入冗余率

DMU	r_{Y_1}	r_{Y_2}	r_{Y_3}	r_{X_1}	r_{X_2}
1	—	—	—	—	61.97%
5	—	—	377.70%	—	—
6	—	50.54%	—	—	—
7	—	—	39.05%	—	—
10	—	—	49.40%	—	—
11	—	—	—	—	74.11%
12	—	—	—	—	72.93%
13	—	—	—	—	63.86%
14	0.30%	—	—	—	74.27%
15	—	—	—	—	85.39%
16	—	—	—	—	88.32%
17	—	—	—	—	62.40%
18	—	—	797.67%	—	74.35%
21	—	—	—	—	54.66%
22	—	45.18%	—	—	72.84%
23	—	—	60.05%	—	70.02%
25	—	—	—	—	79.71%

续表

DMU	r_{Y_1}	r_{Y_2}	r_{Y_3}	r_{X_1}	r_{X_2}
26	—	—	—	—	78.44%
27	—	—	376.68%	—	59.56%
29	—	—	—	—	59.07%
30	—	—	44.00%	—	—
31	—	—	—	—	42.28%
32	—	—	88.23%	—	28.86%
33	—	—	76.03%	—	55.95%
34	12.44%	—	—	—	—
35	—	—	209.78%	—	—
39	—	—	—	—	30.29%
41	50.36%	—	26.50%	—	—
42	—	22.40%	—	—	—
44	—	140.14%	11.49%	—	—
45	—	385.79%	245.62%	—	—
49	51.03%	—	—	—	—
52	—	—	137.12%	—	—
53	79.26%	—	—	—	—
54	—	86.06%	7.78%	—	—
55	12.96%	—	20.28%	—	—
56	62.09%	—	27.58%	—	—
57	76.73%	—	—	—	—
58	5.56%	—	—	—	—

注： "—"表示值为 0.00%。

由表 5 - 22 可见，在非 DEA 有效 DMU 投入要素中，只表现为"投工"冗余，尤其是在 20 世纪 80 年代；20 世纪 90 年代除了 DMU39（田家大沟小流域）出现冗余外，其他 DMU 都没有"投工"冗余；而"投资"要素在全部 DMU 中都未出现冗余。

在产出的 3 个指标方面，突出表现为"粮食总产增加"不足。20 世纪 80 年代，"治理完成面积"几乎没有不足（除 DMU14

不足率为 0.30%)，但 20 世纪 90 年代该项产出普遍存在不足，这可能归因于治理难度和深度的增加。对于总体 DMU 而言，也存在一些治理单元"总产值增加"的不足，这可能归因于水土流失治理效益的滞后性、外溢性和其他影响因素。

5.5.4　评价结论

根据实证分析结果，结合 DEA 方法的特点和经济含义，得出以下结论和建议：

5.5.4.1　投入产出效率总体趋势良好，尚存很大提升空间

从前文分析来看，随着时间的推移，水土流失治理效益主要受技术革新和推广应用两方面的影响，水土流失治理投入的综合效率呈提升状态，但其数值偏低，尚有很大的提升空间。

5.5.4.2　资源投入配置效率偏低，资本有机构成亟待提高

从"投影"分析的相关数据来看，"投工"在非 DEA 有效 DMU 中存在较大比例的冗余，资源投入的配置效率偏低；"投资"未出现冗余，这反过来也说明了治理投入的不足。投资是拉动经济增长的重要因素之一。中国作为一个发展中国家，经济增长模式还属于资本投入增长型。中国是个人口大国，但不是人力资本强国，中国的人力资源总体素质较低。避免"投工"大比例冗余的方略是提升人力资本，提高治理资源投入的资本有机构成。

5.5.4.3　保障粮食安全与发挥资源比较优势的关系需要协调处理

水土流失严重地区在粮食生产方面往往缺乏比较优势，这些地区不宜强调粮食生产。在粮食市场发育良好的情况下，水土流失治理区域或流域所需粮食从市场购买，同时为市场提供其他具有优势的商品，此时该区域或流域才能焕发活力，成为市场经济中的一环。

5.5.4.4 在不断的自主创新与技术引进中提升效率

无论如何，DEA 方法仍然存在一定的偏差。由于统计数据的限制，在指标设计上不可能达到完全科学、有效；本书也未能形成时间序列上相同小流域的 DEA 效率比较。但本书的分析结果在一定程度上反映了中国水土流失治理的资源投入效率状况。在建设"资源节约型、环境友好型"社会的时代背景下，如何利用有限的水土资源产生最大的经济效益和长远战略效益，实现水土资源的可持续利用和生态环境的可持续维护？本着"科技是第一生产力"的理念，水土流失治理领域应该加大自主创新与技术引进的投入，尤其是自主创新的投入，同时把好技术引进的关卡，促进创新科技的投产和推广应用，提高科技对经济增长的贡献率，提升治理的综合效率。

5.6 水土流失治理成效的影响因素分析

5.6.1 经济发展对水土流失治理的促进作用：定性分析

5.6.1.1 水土流失治理规模随着经济发展越来越大

伴随着中国的经济发展，水土流失治理的规模也越来越大。由表 5 - 23 可见，1950—1985 年，全国累计治理水土流失面积 33.84 万 km²，年均治理 0.94 万 km²；1986—2000 年期间累计治理水土流失面积 53.57 万 km²，年均治理 3.57 万 km²，与前者相比，治理速度提高了 2.7 倍。"八五"期间，累计综合治理水土流失面积 17.54 万 km²，比"七五"期间高 30.6%；"九五"期间，水土流失综合防治面积 22.60 万 km²，比"八五"期间高 28.86%；"十五"期间，水土流失综合防治面积达 54 万 km²。"十一五"期间，中国水土流失综合治理面积约 16.49 万 km²，"十二五"期间，综合治理面积增长到 24.43 万 km² （图 5－7）。

表 5－23　中国各时期水土流失综合防治面积的变化

时段	综合防治面积 / km²
1950—1960 年	36 400
1960—1970 年	49 000
"四五" 期间	66 000
"五五" 期间	82 000
"六五" 期间	105 000
"七五" 期间	134 300
"八五" 期间	175 400
"九五" 期间	226 000
"十五" 期间	540 000

资料来源：历年《中国水利年鉴》；历年《中国水土保持公报》。

综合治理面积 / km²

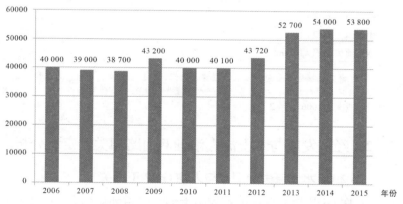

图 5－7　"十一五" 和 "十二五" 时期各年中国水土流失综合治理面积
资料来源：根据对应年份《中国水土保持公报》编制。

5.6.1.2　水土流失治理的特征随着经济发展而变化

一般认为，水土流失治理具有从易到难的特征。然而，中国南方 8 省区 1990—2000 年水土流失治理的结果（表 5－24）表明：

重度水土流失面积的下降率快于轻度以及中度水土流失面积的下降率。这个结果可能表明：第一，水土流失治理从易到难只是一种经常出现的现象，而不是必然出现的现象。第二，随着经济的发展，确定水土流失治理优先序的主导因子将不再是治理难度，而是水土流失对经济发展的制约度。对经济发展制约越强的水土流失，被作为治理对象的可能性越大，反之亦然。据此推测：水土流失严重地区被边缘化很可能是最令人担忧的事情；换言之，以生态移民的方式将一部分水土流失地区边缘化，不一定是最适宜的做法。

表 5 - 24　1990 年与 2000 年南方 8 省区水土流失面积变化

项目	1990 年	2000 年	2000 年较 1990 年下降比例 / %	期间年均下降率 / %
水土流失总面积 / $10^4 km^2$	24.92	20.00	19.74	2.18
轻度流失面积 / $10^4 km^2$	12.03	9.65	19.82	2.18
中度流失面积 / $10^4 km^2$	8.95	7.26	18.87	2.07
强度流失面积 / $10^4 km^2$	3.94	3.08	21.78	2.43

　　注：南方红壤区 8 省包括江西、福建、浙江、广东、海南、湖南、湖北和安徽。
　　资料来源：赵其国：中国南方当前水土流失与生态安全值得重视的问题，《水土保持通报》，2006 年第 2 期。

5.6.2　经济发展与水土流失治理双回路相关：定量分析

5.6.2.1　水土流失治理率与人均 GDP 正相关

　　人均 GDP 是衡量经济发展水平的一个指标。图 5 - 8 显示了中国 1973—1996 年全国尺度水土流失治理率与人均 GDP（2005 年不变价）的动态变化。两项指标值之间的 Pearson 相关系数为 0.790，该相关性在 0.01 的显著性水平（双尾）显著。可见，水土流失治理率与经济发展水平具有显著的正相关性。经济水平的提高有助于水土流失治理率的提升；反之，加快水土流失治理有利于经济发展。

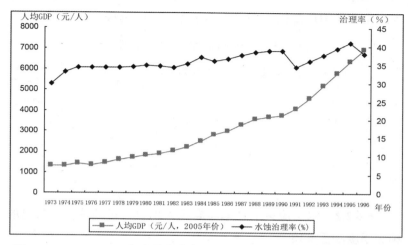

图 5‑8　1973—1996 年全国尺度水土流失治理率与人均 GDP 的动态变化

资料来源：根据如下资料测算、汇总：①中国发展报告 2006;②中国统计年鉴 2006;③水利部计划司.1989.四十年水利建设成就(水利统计资料 1949-1989).转引自：陈国南主编;④中国科学院、国家计划委员会自然资源考察委员会图书资料室编.中国国土资源数据集(第四卷),1990 年 12 月第 1 版.⑤黄季焜.中国土地退化：水土流失与盐渍化.中科院农业政策研究所讨论稿,2000.[Huangjikun.Land Degradationin China:Erosion and Salinity Component. CCAP Working Paper, WP‑00‑E17, Center for Chinese Agricultural Policy, Beijing China, 2000.]⑥ 1990 年—1997 年中国水利年鉴.

　　区域经济发展不平衡是中国经济的一大特色，总体而言，东部地区的经济发展水平高于中西部地区。分区域来看，中国的水土流失集中在中西部地区，但治理得最快的是东部地区。如表 5‑25 所示，截至 2000 年底，东部地区水土流失面积达 28.17 万 km²，占全国水土流失面积的 7.7%，治理面积为 19.12 万 km²，占全国水土流失治理面积的 21.9%，治理率高达 67.87%；中部地区水土流失面积为 132.17 万 km²，占全国水土流失面积的 36.1%，治理面积为 32.27 万 km²，占全国水土流失治理面积的 36.9%，治理率为 24.42%；西部地区水土流失面积为 205.79 万 km²，占全国水土流失面积的 56.2%，治理面积为 36.02 万 km²，占全国水土流失治理面积的 41.2%，治理率为 17.50%。

表 5‑25　中国分地区水土流失及治理状况

	水土流失面积 / km²	占全国水土流失面积比例 / %	治理面积 / km²	占全国水土流失治理面积比例 / %	治理率 / %
东部地区	28.17	7.7	19.12	21.9	67.87
中部地区	132.17	36.1	32.27	36.9	24.42
西部地区	205.79	56.2	36.02	41.2	17.50

资料来源：李周，包晓斌. 我国水土流失治理机制研究 [J]. 中国农村经济，2002(12):9-18

5.6.2.2　水土流失治理率与居民人均收入正相关，与农村的相关强度高于城镇

图 5‑9 显示了 1978—1996 年全国尺度水土流失治理率（水蚀治理率）与居民家庭收入的动态变化。统计分析得出，水蚀治理率与城镇居民家庭人均可支配收入之间的 Pearson 相关系数为 0.743，该相关性在 0.01 的显著性水平（双尾）上显著；水蚀治理率与农村居民家庭人均纯收入之间的 Pearson 相关系数为 0.778，该相关性在 0.01 的显著性水平（双尾）上显著。可见，水土流失治理率与居民生活水平之间存在显著的正相关性；而在中国长期以来存在的城乡二元经济中，水土流失治理率与农村居民家庭人均纯收入的相关性较其与城镇居民家庭人均可支配收入的相关性要强些。这也说明了农村居民的生活对水土资源的依赖性比城镇居民更高。

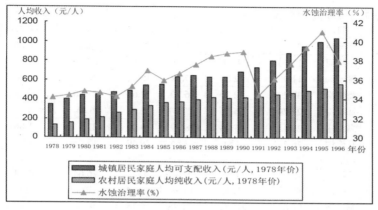

图 5 - 9　1978—1996 年全国尺度水土流失治理率与居民家庭收入的动态变化

资料来源：赵其国：中国南方当前水土流失与生态安全值得重视的问题，《水土保持通报》，2006 年第 2 期。

5.6.2.3　水土流失治理率与经济增长、治理投资、投工、产业结构变化等的相关性分析

以黄河上中游二期、四期试点治理的小流域为例。两期治理前后治理率、总产值、治理投资、投工、农业产值占总产值下降的百分点数、农地比例下降百分点数如表 5 - 26 所示。

表 5 - 26　黄河上中游二期（1983—1987 年）、四期（1993—1997 年）综合治理试点小流域治理前后变化情况

治理时期	小流域名称	治理率增加百分点数	GDP 增加/万元	投资/万元	投工/工日	农业产值下降百分点数	农地比例下降百分点数
二期	郭家沟	33.81	86.63	103.81	45.15	3.27	1.17
	红旗沟	14.52	630.68	218.29	76.74	30.20	3.65
	高阳湾	35.71	840.38	202.44	101.21	45.64	0.00
	川掌沟	41.23	88.60	227.15	34.57	30.83	5.67
	正岔沟	30.43	101.30	75.99	16.94	17.51	0.24

治理时期	小流域名称	治理率增加百分点数	GDP 增加/万元	投资/万元	投工/工日	农业产值下降百分点数	农地比例下降百分点数
二期	活泥兔	30.86	53.07	67.75	16.65	31.36	0.26
	小川河	15.25	149.46	182.00	46.12	32.16	0.33
	雁子沟	11.95	62.00	87.63	15.14	8.54	3.16
	尚峪沟	37.27	32.20	86.70	12.62	23.70	−1.34
	邬家沟	22.79	65.51	127.57	12.56	6.84	5.38
	高兴庄	29.15	61.24	78.39	29.06	27.43	1.86
	县南沟	26.72	3.51	97.86	29.49	15.03	1.00
	杨砭沟	34.36	2.34	31.48	13.61	4.38	5.49
	榆树沟	49.89	4.51	19.91	4.40	26.64	4.34
	上砭沟	50.76	15.10	46.68	12.74	0.33	23.61
	涧口河	20.62	219.52	151.76	78.75	9.34	5.47
	芦刘沟	41.23	118.66	136.58	57.53	28.32	18.25
	阿滩	67.16	101.96	90.19	38.10	16.54	0.09
	官兴岔	24.28	41.34	43.56	14.05	9.75	6.42
	关庄沟	20.48	49.65	166.64	68.11	30.80	0.06
	树家川	16.50	42.92	109.81	40.74	27.67	4.02
	石家岔	44.12	52.87	108.59	37.66	12.73	7.87
	孙家岔	49.57	35.26	162.48	57.40	13.35	3.27
	七里沟	10.45	22.19	71.68	14.10	21.51	5.32
	德亭川	35.48	654.92	315.94	366.08	16.76	0.42
	白石沟	6.94	246.33	89.72	17.44	15.80	−0.31
	荆峪沟	13.72	234.80	38.54	13.60	66.98	5.87
	车峪沟	34.45	388.95	122.11	58.60	5.09	1.36
	火烧阳	29.23	379.03	333.71	197.11	10.51	6.30
	金水沟	31.62	533.95	338.83	141.69	31.89	10.72
	润镇沟	45.28	1057.14	348.61	168.85	10.13	10.70
	柳沟	31.00	297.09	300.49	129.66	20.37	3.53
	宜春沟	35.07	226.91	188.92	94.21	20.86	5.45
	枣家河	21.32	20.77	49.77	27.12	5.29	1.60
	卫家峪	14.80	236.90	82.43	18.32	3.24	2.23
	茜家沟	32.98	354.02	156.58	59.34	19.56	5.79
	义门沟	27.99	305.38	225.94	52.17	3.04	1.68
	老虎沟	36.21	188.26	101.17	34.95	2.54	0.77
	臭河沟	55.93	82.01	57.34	23.52	10.56	−0.23
	黑炭沟	50.55	48.32	77.33	35.13	14.48	−0.80

续表

治理时期	小流域名称	治理率增加百分点数	GDP 增加/万元	投资/万元	投工/工日	农业产值下降百分点数	农地比例下降百分点数
四期	李家大沟	41.21	368.63	313.20	51.77	1.81	−5.75
	大掌沟	40.37	232.11	204.60	24.35	11.28	−2.44
	塘尔垣	32.47	550.51	300.90	55.78	12.01	4.20
	榆林沟	45.40	2845.00	1591.20	126.00	7.03	11.93
	甘沟	46.03	491.93	266.28	41.00	8.95	2.80
	妥家沟	45.51	481.76	712.91	67.79	1.16	0.05
	田家大沟	56.86	1450.60	189.00	112.50	30.26	18.70
	移风沟	51.87	696.50	151.71	64.48	17.94	4.22
	大坪	30.58	165.60	65.59	9.00	7.84	4.96
	高建堡	50.73	105.00	153.00	6.90	10.52	1.75
	荫子沟	12.27	45.90	30.51	4.13	2.96	13.27
	召沟	37.25	122.80	184.69	6.80	15.80	−3.71
	大西沟	60.11	69.50	208.19	18.70	19.67	17.37
	花亥图	80.83	254.40	192.60	17.30	7.61	−3.37
	沆水	68.40	2508.54	529.79	9.30	31.69	19.95
	芋芝沟	49.70	1872.40	212.76	96.70	0.37	0.85
	许家河	53.54	1534.80	795.06	55.80	2.23	7.20
	清溪沟	42.07	2790.00	801.28	80.30	10.21	8.09
	涧沟	46.05	388.85	303.80	3.60	8.45	11.42
	后会沟	44.38	160.61	79.01	19.66	10.61	1.82
	贾寨	19.75	566.30	450.20	27.40	2.50	1.86
	高家河	40.06	178.40	109.00	7.80	3.58	1.82
	划沟	50.36	1255.00	545.00	62.50	24.39	10.70
	黄湾	46.62	1370.60	483.30	68.50	26.23	28.70
	黄寨川	48.71	1730.00	915.70	155.60	14.08	2.79
	寺河	44.34	520.51	290.50	40.90	12.14	2.05
	邵原河	54.43	2553.00	858.30	80.35	24.96	5.82

资料来源：黄河上中游管理局：黄河上中游第二期/第四期综合治理试点小流域竣工验收报告.

对有关指标数据进行相关分析，得到治理率的变化与其他指标值的变化的相关系数（表5－27）。相关分析结果表明，水土流失治理率与农业产值、总产值、治理投资、投劳正相关；而与农地比例负相关。后者可能意味着随着各产业土地利用结构的优化，水土流失治理率也得到提高。

表5－27　治理率与（农业）GDP、投资、投工、
土地利用结构变化的相关系数

	GDP 增加	投资	投工	农业产值下降百分点数	农地比例下降百分点数
治理率增加百分点数	0.370898	0.299106	0.057268	–0.10974	0.208879

5.6.3　水土流失治理成效的影响因素综合分析

5.6.3.1　模型的建立和数据来源

索洛（1957）把保罗·道格拉斯（Paul H. Douglas）、简·丁伯根（Jan Tinbergen）和肯德里克（J. W. Kendrick）编制的国民生产账户融成一体，提出了技术变化和总量生产函数，并表示为：

$$Y = F(K, L, T) \qquad (5-27)$$

其中，Y是产出，K是资本投入，L是劳动投入，T是时间，在规模报酬不变的假设下，它反映了技术变化的效益理念。总量生产函数反映了产出和投入的依存关系。经数学推导，可得到索洛方程为：

$$\dot{y} = s_k \dot{k} + s_l \dot{l} + \varphi \qquad (5-28)$$

其中，$\dot{y}$是产出增长率，$\dot{k}$是资本投入增长率，$\dot{l}$是劳动投入增长率，φ是生产率增长率；s_k和s_i分别为初始投入中资本和劳动的份额，因此$s_k + s_i = 1$。20 世纪 80 年代以前，φ被定义为全要素生产率增长率（TFP），按照生产者平衡理论的观点，φ意

味着技术进步贡献量。$\dot{y}=s_k\dot{k}+s_l\dot{l}+\varphi$ 式反映了生产增长由资本投入增长、劳动投入增长和生产率增长组成。由该项式可以得出生产率增长率的度量方法是

$$\varphi=\dot{y}-s_k\dot{k}-s_l\dot{l} \tag{5-29}$$

世界各国学术界广泛应用索洛增长方程来度量生产率增长率。虽然在索洛以后，有很多学者（如爱德华·富尔顿·丹尼森、戴尔·乔根森等）都做出很大努力试图改进索洛方法，但由于国民核算体系不能满足数据的要求，他们提出的模型大都为理论探索，远没有像索洛方程那样实用。

国外有很多研究报告经常用 $\Delta\ln Y$ 表示产出增长率 $\dot{y}$，$\Delta\ln K$ 表示资本投入增长率 $\dot{k}$，$\Delta\ln L$ 表示产出增长率 $\dot{l}$，则 $\varphi=\dot{y}-s_k\dot{k}-s_l\dot{l}$ 可写成：

$$\varphi=\Delta\ln Y-s_k\Delta\ln K-s_l\Delta\ln L \text{ 或 } \varphi=s_k\Delta\ln(Y/K)+s_l\Delta\ln(Y/L) \tag{5-30}$$

其中，$\Delta\ln(Y/K)$ 是资本生产率增长率，$\Delta\ln(Y/L)$ 是劳动生产率增长率。因此，生产率增长率就等于资本生产率增长率与劳动生产率增长率的加权和。

基于陕西省 1990—2005 年水土保持有关统计资料，本书建立改进的生产函数

$$Z=A*(GDP)^\alpha K^\beta S^\gamma \tag{5-31}$$

其中，Z 为水土流失治理率、GDP 为生产总值、K 表示治理投入资本、S 表示时间趋势（1978 年为 0）、α、β、γ 为生产弹性（一般 $\alpha+\beta+\gamma\approx1$）。对数转换后，建立计量模型为

$$\ln Z_{it}=\ln A_{it}+\alpha\ln GDP_{it}+\beta\ln K_{it}+\gamma\ln S_{it}+\mu_{it},i=1,2,\cdots,n;t=1,2,\cdots m$$

$$\tag{5-32}$$

其中，μ_t 为随机干扰项、t 为时期、i 为样本单元。

5.6.3.2 计量分析结果

计量结果如表 5 - 28 所示。计量结果表明, 时间趋势变量 (S) 对水土流失治理率的产出弹性最大, 反映了科技进步对水土流失治理率的贡献最大; 地区生产总值 (GDP) 对水土流失治理治理率的产出弹性在本案例中出现负值, 即意味着随着地区 GDP 的增长, 地区水土流失治理率下降, 同之前分析一致, 这可能是由于随着地区经济水平的增长, 确定水土流失治理优先序的主导因子将不再是治理难度, 而是水土流失对经济发展的制约度, 对经济发展制约越强的水土流失, 被作为治理对象的可能性越大; 而随着时间的递进, 制约经济发展的严重水土流失面积递减。这也进一步证实了上述水土流失治理随着经济发展而表现的规律特征。

表 5 - 28　影响水土流失治理率的因素计量结果

Method: Pooled EGLS (Cross−section SUR)			
Variable	Coefficient	t−Statistic	Prob.
C	−2.5328	−10.2851	0.0000
lnGDP	−0.0654	−7.8849	0.0000
ln$K$	0.0536	2.7598	0.0065
ln$S$	1.2236	15.3326	0.0000
R−squared	0.9352	Adjusted R−squared	0.9299
F−statistic	176.7446	Durbin−Watson stat	1.9787
Prob(F−statistic)	0.0000		

5.7　小结

水土流失治理是促进生态环境可持续维护和地区经济可持续发展的举措。新中国成立以来, 水土流失治理在改善生态环境的同时, 创造了丰富的社会经济效益, 为经济发展创造了不容忽视的贡献。同时，从长远来看，水土保持投资具有可观的成本效益。但是，当前水土流失治理的效率低下，具有很大的提升空间。

分析表明，水土流失治理与经济发展具有双回路相关性，随着经济发展，随着产业结构的优化与改善，水土流失治理率也得到提高。

计量结果显示，水土流失治理对经济增长的贡献率呈下降趋势，这可能与水土流失治理的"外溢效应"有关；同时，由于水土流失治理与农业产值具有强相关性，暗含了农业产值在 GDP 中的份额逐年下降。

计量结果还表明，科技进步对水土流失治理率的贡献最大；随着地区经济水平的增长，确定水土流失治理优先序的主导因子将不再是治理难度，而是水土流失对经济发展的制约度，对经济发展制约越强的水土流失，被作为治理对象的可能性越大；而随着时间的递进，制约经济发展的严重水土流失面积递减。

第6章 水土流失治理区与非治理区 经济发展水平的比较

6.1 水土流失与贫困相关性的计量分析

经济发展与生态环境的关系既是环境经济学的研究对象，也是可持续发展理论关注的一个焦点问题。随着国际开发协会（IDA）对"贫困与环境"之间关系的关注，展开了一系列的研究，研究证明贫困与环境之间有着紧密的相关性。贫困的普遍特征是，贫困人口的生计重度依赖环境和对自然资源的直接利用，贫困人口是环境和自然资源退化首当其冲的受害者。因此，环境及自然资源与贫困之间存在非常直接的关系。环境退化被视为不发达（贫穷、不平等和过度开发）的症状表现和成因。据估算，截至2006年底，即使按国际上通用的贫困人口计算标准最低值，即收入低于1美元/（人·天）计算，综合考虑货币实际购买力的差异，中国农村的贫困人口也至少在1亿以上。另一方面，由于特殊的自然地理条件，中国国土很容易发生水土流失，加上中国经济的增长在很大程度上依赖于土地系统，造成水土流失的广泛分布。国内已有许多研究指出贫困与自然资源退化之间存在恶性循环，但相关研究多是在定性分析的基础上辅以个案数据表征，实质性的定量研究尚属欠缺的领域。本书将在相关性命题的假设基础上，根据采集到的面板数据，建立经济模型，对水土流失与贫困的相关性进行计量分析。

6.1.1　中国水土流失与贫困相关性研究概况

水土流失是土地退化的主要原因。国务院贫困地区经济开发领导小组办公室不同时期的资料为贫困和土地退化的相关性提供了证明。20 世纪 70 年代末的数据显示，有 55% 的贫困县、60% 的贫困人口分布在严重土地退化地区。1986 年底统计的结果表明，全国连片的贫困地区有 508 个贫困县（占全国贫困县总数的 84.5%），1.63 亿人口分布在水土流失严重的山区、丘陵。有关研究指出，中国 90% 以上的贫困人口生活在水土流失严重地区（王礼先等，1995）。

国内不少学者从不同层面对贫困与土地退化之间地域或（和）程度上的相关性进行了研究。李周等（1994）利用有关文献资料和统计数据，研究发现生态敏感地带与经济贫困地区有显著的重叠性；郭来喜等（1994）将 592 个贫困县分成三大类型进行研究，认为土地退化与贫困度密切相关，土地退化愈严重，贫困度愈高；赵桂久等（1995）以广西西北喀斯特山区为案例，通过建立贫困度模型以及土地退化与贫困度之间的关系模型，证明造成该区贫困的首要因素与该区的土地退化有关；王萍萍（1999）根据贫困人口的一系列社会经济特征值，用聚类分析方法，对全国农村贫困地区的致贫因素进行分析，结果表明，一些地区的贫困主要是由土地退化所引起的；王建武（2003）从地理空间分布入手，以陕西省为案例，应用多元线性回归方法，论证了西部土地退化与贫困存在较大的相关性，而农民人均收入受土地退化影响最大，形成"土地退化型贫困"。李小曼等（2007）研究表明，水土流失严重县分布与国家级贫困县分布高度重叠，水土流失与贫困人口在地理空间分布上具有耦合性。

6.1.2 函数关系的建立与数据来源

前已述及，许多学者的研究表明：环境退化既是经济不发达的表征、也是经济不发达的成因；贫困与土地退化之间存在强度相关。为此，假设水蚀率（Soil Loss Prob.，简写为 SLP）与贫困发生率 (Poverty Prob. 简写为 PP) 之间存在函数关系：

Poverty Prob. = f(Soil Loss Prob.); Soil Loss Prob. = f^{-1} (Poverty Prob.)

表 6－1 中是基于三次全国土壤侵蚀遥感普查水蚀发生率与大致的对应年份（第 1 次遥感对应 1989 年、第 2 次遥感对应 2000 年、第 3 次遥感对应 2004 年）的绝对贫困发生率形成的面板数据（Panel Data）（表 6－1）。

表 6－1　全国各地区三次土壤侵蚀遥感普查水蚀发生率
与大致对应年份贫困发生率

单位：%

地区	贫困发生率			水蚀发生率		
	1989 年	2000 年	2004 年	1989 年	2000 年	2004 年
河北	18.08	2.97	2.10	39.26	18.16	18.01
山西	30.79	6.74	4.99	68.67	59.31	59.36
内蒙古	24.96	8.21	7.69	13.75	13.14	12.85
辽宁	8.61	3.50	4.81	43.72	32.97	29.09
吉林	13.23	4.10	2.03	12.62	10.10	9.20
黑龙江	18.48	5.59	3.32	24.76	19.12	19.63
江苏	3.15	0.30	0.38	8.97	3.97	4.18
浙江	2.32	0.20	0.53	25.25	17.75	16.10
安徽	8.56	2.47	2.46	20.70	13.39	12.12
福建	2.13	0.33	0.35	17.35	12.11	10.73
江西	5.44	2.78	2.76	27.33	21.03	19.88
山东	6.93	0.70	0.68	32.52	20.64	16.77

续表

地区	贫困发生率			水蚀发生率		
	1989 年	2000 年	2004 年	1989 年	2000 年	2004 年
河南	14.46	1.93	3.75	30.98	29.10	27.55
湖北	6.56	2.21	1.04	36.84	32.72	32.30
湖南	6.99	2.29	1.28	22.26	19.07	19.12
广东	1.40	0.25	0.15	5.58	5.25	6.90
广西	17.28	4.94	24.90	4.71	4.38	4.41
四川	17.01	3.82	2.61	32.55	35.76	33.15
贵州	19.80	10.58	8.42	43.54	41.55	41.40
云南	20.73	8.11	7.13	37.48	37.21	36.16
西藏	17.98	19.60	0.25	5.15	5.22	5.22
陕西	22.72	7.87	9.32	58.53	57.40	56.24
甘肃	36.94	9.65	44.86	25.84	29.50	28.86
青海	26.03	18.45	11.99	5.58	7.41	7.36
宁夏	20.58	14.21	1.56	44.20	40.37	42.05
新疆	16.95	9.91	23.35	6.85	7.04	7.15

　　注：不包括北京、上海、天津、台湾、香港、澳门；重庆包括在四川内、海南包括在广东内。

　　资料来源：①全国三次土壤侵蚀遥感普查数据；②李周：《中国反贫困与可持续发展》，科学出版社 2007 年版；③各地区贫困人口数据来自有关农村贫困监测报告，农村人口数据来自有关统计年鉴。

6.1.3　经济模型的建立与计量分析

6.1.3.1　水土流失率对贫困发生率的影响

1. 总体效应

建立线性面板数据模型

$$PP_{it} = \alpha_i + \beta_i SLP_{it} + \mu_{it} \cdots\cdots i = 1, \cdots, N; t = 1, \cdots, T \qquad （6-1）$$

　　其中，i 为截面单元，t 为时期，参数 α_i、β_i 是个体时期恒量（取值只受截面单元的影响），μ_{it} 为随机扰动项。运用 EViews 软件对上述数据进行确定效应变截距模型 GLS 估计，结果如表 6-2。

表 6 - 2　确定效应变截距模型估计结果

Variable	Coefficient	t–Statistic	Prob.
SLP	0.722101	26.4162	0.0000
_1—C	−8.737077	_14—C	−19.82127
_2—C	−3.667616	_15—C	−30.91945
_3—C	−2.844122	_16—C	10.21637
_4—C	−14.06217	_17—C	12.45721
_5—C	−13.20872	_18—C	−17.51284
_6—C	−6.626092	_19—C	4.054572
_7—C	−14.37923	_20—C	−18.3608
_8—C	−6.156873	_21—C	13.92508
_9—C	−10.43935	_22—C	−28.13803
_10—C	−21.24773	_23—C	−16.60811
_11—C	−11.03033	_24—C	11.67233
_12—C	−12.76539	_25—C	8.857483
_13—C	−1.229819	_26—C	−14.69162
R–squared	0.963577	Adjusted R–squared	0.945008
Prob（F statistic）	0.000000	Durbin–Watson stat	2.292105

表 6 - 2 中的 _1、_2、……、_26 分别对应表 6 - 1 中的各省
（自治区）。回归方程有很高的拟合优度（调整后的判定系数约
0.95）；在 1% 的上界（$k=2$，$n=78$）Du 约为 1.50，$Du < $ D.-W.
stat=2.29 $<$ 4-Du，残差无序列相关。模型的结果表明，贫困发
生率与水蚀率存在显著的正相关；水蚀率变动 1%，将引致贫困
发生率同方向平均变动约 0.72%。

2. 区域差异

在上述相关分析基础上加上地区虚拟变量（表 6 - 3），建立
线性面板数据模型为

$$PP_{it} = \alpha_i + \beta_{1i}SLP_{it} + \beta_{2i}Dum1_i + \beta_{3i}Dum2_i + \cdots$$

$$(i = 1,2,\cdots,N; t = 1,2,\cdots,T) \qquad\qquad （6-2）$$

表 6 - 3　虚拟变量的设置

亚变量名	赋值设置条件	赋值
DUM1	东部地区	0
	非东部地区	1
DUM2	非西部地区	0
	西部地区	1

GLS 估计结果如表 6 - 4。检验结果表明，模型拟合优度很低、残差无序列相关、方程的 F 统计通过 1% 的显著性水平检验。由估计得出的参数可见，在同样的水土流失率水平下，贫困发生率的水平从低到高的顺序是"东部→中部→西部"。

表 6 - 4　加地区亚变量后的截面单元等截距模型估计结果

Variable	Coefficient	Std. Error	t-Statistic	Prob.
C	-8.993031	1.556209	-5.778807	0.0000
SLP	0.063570	0.030160	2.107794	0.0384
DUM1	12.34867	1.424247	8.670312	0.0000
DUM2	9.190645	1.499579	6.128817	0.0000
R-squared	0.162835	Adjusted R-squared		0.128896
F-statistic	4.797855	Durbin-Watson stat		1.866030
Prob(F-statistic)	0.004147			

6.1.3.2　贫困发生率对水土流失率的影响

1. 总体效应

对应地，建立线性面板数据模型

$$SLP_{it} = \alpha_i + \beta_i PP_{it} + \mu_{it} (i=1,2,\cdots,N; t=1,2,\cdots,T) \qquad (6-3)$$

其中，i 为截面单元，t 为时期，参数 α_i、β_i 是个体时期恒量（取值只受截面单元的影响），μ_{it} 为随机扰动项。运用 EViews 软件进行确定效应变截距模型一般最小平方法（GLS），估计结果如表 6 - 5 所示。

表 6 - 5　确定效应变截距模型估计结果

Variable	Coefficient	t-Statistic	Prob.
C	22.12612	128.7979	0.0000
PP	0.173882	10.58634	0.0000
R-squared	0.9975	Adjusted R-squared	0.996226
F-statistic	782.6585	Durbin-Watson stat	2.169645
Prob(F-statistic)	0.0000		

　　模型具有很高的拟合优度（调整后的判定系数约 0.996）；残差无序列相关；方程的 F 统计通过 1% 的显著性水平检验。模型的结果表明，贫困发生率变动 1 个百分点，将引致水蚀率同方向平均变动约 0.17 个百分点。

　　2. 区域差异

　　在上述相关分析基础上加上如表 6 - 3 的地区虚拟变量，建立线性面板数据模型为

$$SLP_{it} = \alpha_i + \beta_{1i}PP_{it} + \beta_{2i}Dum1_i + \beta_{3i}Dum2_i + \mu_{it}(i=1,2,\cdots,N; t=1,2,\cdots,T)（6-4）$$

　　无截距截面权重面板最小二乘（Pooled EGLS (Cross-section weights)），估计结果如表 6 - 6 所示。

表 6 - 6　加地区亚变量后的无截距模型估计结果

Variable	Coefficient	Std. Error	t-Statistic	Prob.
PP	0.176068	0.095073	1.851931	0.0680*
$SUM1$	19.94635	0.823627	24.21770	0.0000***
$SUM2$	6.410104	2.494115	2.570092	0.0122**

注：* 表示 10% 水平上显著；** 表示 5% 水平上显著；*** 表示 1% 水平上显著

　　由表 6 - 6 可见，在同样的贫困发生率水平，区域水土流失率存在显著差异，由低到高依次为"东部→中部→西部"。

6.1.4　结论与政策建议

研究发现，水土流失发生率与贫困发生率存在高度正相关，水蚀率变动 1 个百分点，将引致贫困发生率同方向平均变动约 0.72 个百分点；对应同样的水蚀率变动水平，地域贫困发生率同方向变动幅度从低到高依次是"东部→中部→西部"；贫困发生率变动 1 个百分点，将引致水蚀率同方向平均变动约 0.17 个百分点；对应同样的贫困发生率变动水平，区域水蚀率同方向变动幅度由低到高依次为"东部→中部→西部"。

中国是一个多元经济结构并存的发展中国家，区域经济发展呈现"东部→中部→西部"渐次落后的状态。研究结论也映射出这种迹象，说明经济发展与水土流失治理是相互支持的。在中国追寻科学发展理念，构建和谐社会，建设美丽中国，走向生态文明，开创中华民族伟大复兴新局面的时代背景下，在不断丰富、完善的公共财政支出体系框架中，在强调公共财政支持生态环境治理的同时，应该建立健全基于生态转移的横向财政转移支付体系，以创新引领发展，通过科学、有效的治理，削减贫困、推动科技进步、产业结构优化调整和地区经济和谐发展。

6.2　水土流失治理区与非治理区经济发展水平的比较

6.2.1　宏观尺度的比较

中国区域经济资源禀赋不一、区域经济发展非均衡，经济发展水平总体上呈"东部→中部→西部"由高到低的态势（表 6 - 7）。

表 6-7 中国东部、中部、西部地区 2004 年部分经济指标统计

单位：元

地区	人均国内生产总值	农村居民人均纯收入	城镇居民人均可支配收入
全国	10 529.89	2 936.00	9 421.60
东部	19 351.03	3 987.00	10 366.00
中部	9 375.54	2 730.00	7 036.00
西部	7 429.95	2 091.00	7 235.00

注：东部地区包括北京、天津、河北、辽宁、上海、江苏、浙江、福建、山东、广东、海南；中部地区包括山西、吉林、黑龙江、安徽、江西、河南、湖北、湖南；西部地区包括内蒙古、广西、重庆、四川、贵州、云南、西藏、陕西、甘肃、青海、宁夏、新疆。

资料来源：①孙法臣：《新疆生产建设兵团统计年鉴 2006》，中国统计出版社 2006 年版；②中华人民共和国农业部：《2005 中国农业发展报告》，中国农业出版社 2005 年版。

与经济发展水平相反，区域土壤侵蚀率与区域的经济发展水平呈负相关。由表 6-8 可见，土壤侵蚀率由高到低的排序为"西部→中部→东部"；土壤侵蚀率的动态变化与区域经济发展水平密切相关，东部、中部地区的土壤侵蚀率呈下降趋势，而西部地区的水土流失有所加剧。

表 6-8 三次遥感调查分经济区域土壤侵蚀率动态变化

单位：%

指标 区域	土壤侵蚀率			土壤侵蚀率变化百分点		
	一查	二查	三查	二查——一查	三查——二查	三查——一查
东部	25.53	19.00	17.75	−6.53	−1.24	−7.78
中部	31.28	24.36	24.24	−6.92	−0.13	−7.05
西部	42.36	43.67	43.94	1.31	0.27	1.58

资料来源：摘编自水利部水土保持司有关"全国水土流失遥感调查"资料。

综上可见，水土流失率高的地区一般属于经济落后或欠发达的地区，经济发展与土壤侵蚀率的下降可谓一种"孪生"关系。

6.2.2　微观尺度的比较

以黄河中上游第二期（1983—1987 年）试点小流域综合治理为例，小流域经过治理后，农民人均收入得到显著提高，但是，对比流域所在省（自治区）以及全国平均水平，无论是治理前后，总体上仍存在差距（表 6 - 9）。

表 6 - 9　黄河上中游第二期部分试点小流域（1983—1987 年）治理前后农民人均收入与相应年份对应省（自治区）、全国平均水平的比较

小流域名称	人均收入 / 元（试点前年份）		人均收入 / 元（试点后年份）		对应省平均 / 小流域		全国平均 / 小流域	
	小流域	对应省平均	小流域	对应省平均	治理前年份	治理后年份	治理前年份	治理后年份
甘肃定西官兴岔	67.30	213.06	317.00	302.82	3.17	0.96	4.60	1.46
甘肃定西石家岔	146.30	213.06	321.00	302.82	1.46	0.94	2.12	1.44
甘肃环县七里沟	76.00	213.06	185.00	302.82	2.80	1.64	4.08	2.50
甘肃泾川茜家沟	174.00	213.06	373.00	302.82	1.22	0.81	1.78	1.24
甘肃宁县老虎沟	277.90	213.06	354.90	302.82	0.77	0.85	1.11	1.30
甘肃秦安芦刘沟	37.50	213.06	108.43	302.82	5.68	2.79	8.26	4.27
甘肃西峰义门沟	235.60	213.06	422.20	302.82	0.90	0.72	1.31	1.10
甘肃榆中孙家岔	265.00	213.06	393.00	302.82	0.80	0.77	1.17	1.18
河南灵宝车峪沟	263.00	272.00	737.00	377.72	1.03	0.51	1.18	0.63
河南陕县火烧阳	265.41	272.00	417.07	377.72	1.02	0.91	1.17	1.11
河南嵩县德亭川	142.70	272.00	311.00	377.72	1.91	1.21	2.17	1.49
内蒙古清水河正峁沟	75.00	325.00	201.00	426.00	4.33	2.12	4.13	2.30
内蒙古乌审旗臭河沟	226.00	325.00	348.50	426.00	1.44	1.22	1.37	1.33
内蒙古伊旗活泥兔	78.00	325.00	405.70	426.00	4.17	1.05	3.97	1.14
内蒙古伊旗黑炭沟	164.80	325.00	344.70	426.00	1.97	1.24	1.88	1.34
内蒙古准旗川掌沟	121.00	325.00	112.00	426.00	2.69	3.80	2.56	4.13
宁夏海原关庄沟	45.70	273.78	199.30	387.01	5.99	1.94	6.78	2.32
宁夏海原树家川	52.00	273.78	214.00	387.01	5.27	1.81	5.96	2.16
青海湟中阿滩	98.10	252.45	235.10	392.15	2.57	1.67	3.16	1.97

续表

小流域名称	人均收入/元（试点前年份）		人均收入/元（试点后年份）		对应省平均/小流域		全国平均/小流域	
	小流域	对应省平均	小流域	对应省平均	治理前年份	治理后年份	治理前年份	治理后年份
山西河曲邬家沟	188.20	275.77	363.80	376.87	1.47	1.04	1.65	1.27
山西吉县柳沟	110.00	275.77	271.00	376.87	2.51	1.39	2.82	1.71
山西临县小川河	33.73	275.77	128.70	376.87	8.18	2.93	9.18	3.59
山西偏关尚峪沟	153.50	275.77	242.60	376.87	1.80	1.55	2.02	1.91
山西蒲县枣家河	228.00	275.77	324.00	376.87	1.21	1.16	1.36	1.43
山西清徐白石沟	181.50	275.77	694.40	376.87	1.52	0.54	1.71	0.67
山西隰县卫家峪	108.30	275.77	296.30	376.87	2.55	1.27	2.86	1.56
山西乡宁宜春沟	177.23	275.77	338.00	376.87	1.56	1.12	1.75	1.37
山西兴县雁子沟	170.40	275.77	290.40	376.87	1.62	1.30	1.82	1.59
陕西安塞县南沟	67.20	236.11	123.00	329.47	3.51	2.68	4.61	3.76
陕西淳化润镇沟	186.00	236.11	449.00	329.47	1.27	0.73	1.67	1.03
陕西合阳金水沟	94.00	236.11	235.00	329.47	2.51	1.40	3.30	1.97
陕西佳县高阳湾	70.00	236.11	236.10	329.47	3.37	1.40	4.43	1.96
陕西千阳涧口河	69.20	236.11	206.88	329.47	3.41	1.59	4.48	2.24
陕西清涧红旗沟	70.80	236.11	586.80	329.47	3.33	0.56	4.38	0.79
陕西神木高兴庄	39.10	236.11	266.90	329.47	6.04	1.23	7.92	1.73
陕西吴堡郭家沟	39.10	236.11	69.60	329.47	6.04	4.73	7.92	6.65
陕西吴旗榆树沟	54.70	236.11	137.00	329.47	4.32	2.40	5.66	3.38
陕西西安荆峪沟	79.68	236.11	109.21	329.47	2.96	3.02	3.89	4.24
陕西延安上砭沟	375.30	236.11	375.70	329.47	0.63	0.88	0.83	1.23
陕西志丹杨砭沟	105.00	236.11	120.00	329.47	2.25	2.75	2.95	3.86

资料来源：①黄河中游局：《黄河中游第二期试点小流域水土保持综合治理成果分析报告》，1990年12月；②中国统计数据应用支持系统（政府专业版）有关农民人均收入数据。

由表6-9可见，无论是治理前、还是治理后，"试点小流域"对应省（自治区），全国平均的农民收入与"试点小流域"农民人均收入的比值基本上"大于1"，表明"试点小流域"即使在治理后，其农民人均收入与所在省（自治区）或全国的平均水平仍存在着发展水平的差距；另一方面，"试点小流域"治理后较之治理前，其与所在省（自治区）或全国的差距水平总体上缩小，呈收敛趋势。

6.3　小结

对地区水土流失率与贫困发生率的计量分析研究发现，两者之间存在高度正相关，水蚀率变动 1 个百分点，将引致贫困发生率同方向平均变动约 0.72 个百分点；在同样的水土流失率水平下，区域贫困发生率的水平从低到高依次是"东部→中部→西部"；贫困发生率变动 1 个百分点，将使水蚀率同方向平均变动约 0.17 个百分点；在同样的贫困发生率水平下，区域水土流失率由低到高依次为"东部→中部→西部"。

对水土流失治理区与非治理区的经济发展水平的比较分析发现，区域土壤侵蚀率与区域的经济发展水平呈负相关，与经济发展水平相反，土壤侵蚀率由高到低的排序为"西部→中部→东部"；土壤侵蚀率的动态变化与区域经济发展水平密切相关，东部、中部地区的土壤侵蚀率呈下降趋势，而西部地区的水土流失有所加剧；水土流失率高的地区一般属于经济落后或欠发达的地区，经济发展与土壤侵蚀率的下降可谓一种"孪生"关系；在微观层面，无论是治理前、还是治理后，"试点小流域"所在省（自治区）、全国平均的农民收入与"试点小流域"农民人均收入的比值基本上都大于 1，表明"试点小流域"即使在治理后，其农民人均收入与所在省（自治区）或全国平均水平仍存在着差距；另一方面，"试点小流域"治理后较之治理前，与所在省（自治区）或全国的平均水平差距总体上缩小，呈收敛趋势。

第 7 章 水土流失治理区与非治理区经济和谐发展的探讨

7.1 水土保持生态补偿的必要性分析

7.1.1 研究结论及其启示

7.1.1.1 研究结论

通过前述研究，初步得到如下结论：

第一，贫困是引发人为加剧水土流失的根本原因之一；经济发展和水土流失治理是相互支持的。

第二，生产者和消费者使用水土资源的方式决定于这些资源所派生出来的产权；不同的所有制在资源使用方面的激励作用各不相同；完全开放的资源就像学者们所称呼的那样，将可能导致广为人知的"公地悲剧"；一个运行良好的市场经济体系能够使资源有效配置的产权系统具有排他性、可转让性和强制性；在一个产权明晰、存在竞争性市场以便交易产权的经济系统中，生产者和消费者都在试图最大化他们的剩余，均衡的价格体系导致那些利己的个体做出使全社会有效的选择，从而把利己主义所带来的能量转移到社会生产的轨道上来。从中国水土流失治理的演变进程来看，水土流失治理呈现政府单方治理向政府主导下的政府与市场融合治理、自上而下的治理政策向自下而上的治理政策的渐变式转变。

第三，中国水土流失治理是项复杂的政治经济活动，影响水土流失治理绩效的因素复杂多样，资本投入（转移支付）、制度变迁、科技进步、产业结构调整等都是主要因素。

第四，中国的经济增长主要是资本投入增长型，随着中国人力资本存量和流量的提升，劳动投入对经济增长的贡献呈上升趋势。在地区经济发展过程中，水土流失治理具有不容忽视的贡献，但是，水土流失治理的经济效率低下，具有很大的提升空间。

第五，从纵向层面来看，水土流失治理促进了治理区的经济发展，同时也创造"异域效益"；从横向层面来看，水土流失治理区基本上是生态环境比较脆弱、经济相对落后或欠发达的地区，无论治理前后，经济发展水平基本上低于非治理区。

7.1.1.2　启示

中国是社会主义国家，本质要求是解放与发展生产力、消灭剥削、消除两极分化、最终达到共同富裕。在世界各国政治、经济、军事、文化等各领域激烈的博弈中，发展经济、政治、文化、社会、生态文明"五位一体"是硬道理。中国各区域资源禀赋存在差异，发展的基础条件有别，追求"帕累托最优"可以说是经济学理论与社会现实中的"乌托邦"，在"五位一体"指导下全面建成小康社会、实现社会主义现代化和中华民族伟大复兴的原则下，"卡尔多—希克斯"改进（Kaldor-Hicks improvement）是增进社会总福祉的现实选择。

7.1.2　水土流失治理内、外部效益的比较

前已述及，水土流失治理除创造经济贡献/效益外，还创造生态贡献/效益和社会贡献/效益（表 7 - 1、表 7 - 2，表 7 - 3）。

表 7 - 1　水土流失治理的经济贡献 / 效益

活动	当地（on-site）	异域（off-site）
农业—作物生产	由于避免了土壤生产力的下降而使一年生和多年生作物生产的价值得以保持	通过维持下游灌溉项目的供水使作物生产的价值得到保持
	土地耕作改良作法的"生态效益"（如土壤有机质增加、上层土壤结构改善、土壤水分得以更好地保持、微气候得到改善等）使作物产量增加，进而使粮食和经济作物产量相应增长而带来了价值	通过增加下游灌溉用水、进而使灌溉面积增加，使粮食和经济作物产量增加，从而带来价值
农业—牲畜生产	通过保持自然牧场的生产力，使畜牧产品（肉、奶、毛皮）的价值得以保持	通过恢复、维持和提高农田生产力而降低牧地转变成作物地的需求量，从而使牲畜产品（肉、奶、毛皮）价值得以保持
	因牧场得以恢复或改良、作物残茬得到更好的利用（作饲料和草垫）或在周边树篱 / 饲料储藏场所种植了饲料作物等，使畜牧产品（肉、奶、毛皮、畜粪）的价值得到提高	因牧地得到灌溉和（或）使用低地作物残茬和得到灌溉的作物的残茬作动物饲料，从而使牲畜产品（肉、奶、蛋等）增产、价值提高
林业	因自然森林的保护和可持续管理，而得到木材和非木材产品，从而使之价值得到保持	因避免了对下游森林 / 树林地区的破坏而得到木材和非木材产品所产生的价值
	通过经济树木的栽种和 / 或小规模个人 / 社区林地 / 树林种植而获得了树木产品的价值	因避免了低地地区种植的树被破坏（由于洪水、沉积、地下水位上升）而得到了木材产品，从而产生价值
渔业	紧邻流域 / 集水区域内的江河体系、湖泊、水池和水库中捕捞的淡水鱼的价值得到保持	因防止了下游和近海水域的淤积而给江河浅水流域、沿海海湾和近海水域带来鱼类资源，从而保持其价值
	在邻近流域 / 集水区域内的湖泊、鱼池和水库中养殖的水产品的价值得以保持和提高	因防止了下游和近海水域的淤积而使江河浅水流域、沿海浅水海湾和原有红树林区内的鱼塘和养鱼网箱增产，从而使之价值得以保持
供水	保持并提高了本地水供给，从而能够满足家庭用水和牲畜用水需求	保持和提高了下游家庭和 / 或工业用户供水的价值
	保持并提高了满足小规模本地灌溉目的（稻谷、蔬菜）的本地供水的价值	保持和提高了下游灌溉项目供水的价值

续表

活动	当地（on-site）	异域（off-site）
发电		保持了水电站所发电价值
		通过对适合大坝/水力发电的流域地区上游的保护和优化管理，避免了未来水力发电的潜力损失
		通过避免水库淤积而使发电能力得以保持；延长了水电项目的寿命（特别是其干旱季节的发电能力）；规避了增加坝高的成本，而坝高增加意味着提高了容许的洪水高度；规避了替代性发电容量的成本，而且节约了水轮机和进水工事的维修和清洁费用
基础设施	为邻近流域/集水区域避开了洪水对蓄水区和小型径流式水力排水沟的破坏	使大坝、围堰、水渠和其他水电设施、灌溉工程避免受到洪水的严重破坏；降低了水库、水渠和灌溉工程沉积的疏浚和清除成本
	降低了本地进出公路和桥梁的维护成本	使下游运输基础设施、房屋、工厂和工业场所避免了洪水的破坏；由于防洪堤/防洪坝不再需要频繁升高而节约了防洪工程成本；降低了道路和桥梁的维护成本
	降低了清扫房屋周围、当地进出公路上和灌溉水渠中的积沙的成本	避开了搬迁那些处于被沙丘淹没危险之中的居民的相关成本
		降低了防止公路、铁路和其他基础设施被扬沙淹没所需的成本

表 7-2　水土流失治理的生态贡献/效益

生态贡献/效益的类型	当地活动和/或环境影响	异域活动和/或环境影响
土壤保持	采取农学措施、植被措施和/或工程措施控制水造成的土壤侵蚀、稳定斜坡和降低农田/山坡的滑坡危险。	采取植被和/或工程措施来堵塞冲沟并在被侵蚀的泥沙离开农田后对其加以管理。
	利用农艺和/或植被措施来稳定沙丘和防治风蚀。	实施植被措施来制约从农田冲走的、已被侵蚀的泥沙。
	维持并改善当地土壤肥力。	无

生态贡献/效益的类型	当地活动和/或环境影响	异域活动和/或环境影响
水资源保护	利用农学、植被和/或工程措施来增强雨水向土壤剖面的就地下渗	修建大坝和采取其他水拦蓄措施来截留和保持地表径流，以蓄备起来供今后使用
	通过综合虫害管理（IPM）和综合植物养分系统（IPNS）来降低农用化学品对地表水和地下水的污染	降低上游的农用化学品使用量，以改善下游供水的质量
减洪	改善了地表下渗能力，从而降低了洪涝期间的地表水滞留量	改善了表面覆盖和上游下渗能力，从而减少了径流量和径流速度，进而减少了下游河道/江河径流并使洪期后的洪峰降低
生物多样性	就地保存生物栖息地的剩余面积，以保护濒危的地区性动物群和植物群	捕养濒危地区性野生动物物种
	保护当地具有代表性的生态系统样本	保护下游的代表性生态系统样本
	自然和农业基因库（作物品种的本地种）得到现场保存，从而保护了具有未来经济价值的遗传物质	利用基因库/种子库和植物园珍藏种植，来保存植物和作物品种，进而保护具有未来经济价值的遗传物质
空气质量改善	改善了绿化植被、降低了栽培期间的土壤干扰并建立起防风屏障，从而能够抵御风蚀、减少被风卷入空气的尘土	种植防护带，以降低风速并阻滞含有沙尘的空气
碳隐蔽作用	被增强的营养生长物质和土壤有机质可发挥碳池的功能	二氧化碳通过保护和增强本地植被资源的方式而从与当地隔离的异域区域中释放
氧生成	氧气排放量的增加超过参与光合作用的植物生物量	异域二氧化碳排放与增强的当地氧生成相反
微气候改善	得到改善的植被将通过减低温度极值、影响水文循环（降雨、湿度等级）和减小风速而对微生物层具有一定的气候改善效果	妥善管理的森林或草地的附近区域的气候效应可能受到异域的冲击

表 7-3　水土流失治理的社会贡献 / 效益

活动		当地（on-site）	异域（off-site）
社会福利		保持和提高了那些从事利用本地自然资源（气候、土壤、植被、水资源）的利益相关者的生活保障	保持和提高了那些依靠下游水资源利用的利益相关者的生活保障
		改善了社会平等状况并使那些从事利用本地自然资源的利益相关者得以脱贫	改善了社会平等状况，并使那些依靠下游水资源利用的利益相关者的贫穷状况得以减轻
		降低了当地因自然灾害（洪水、滑坡、泥流等）所带来的生命危险	降低了异域因自然灾害（洪水、滑坡、泥流等）所带来的生命危险
		规避了减灾计划的需要	规避了减灾计划的需求
		通过保持土地的生产力降低了从农村到城市的移民量	通过保持下游土地的生产力而降低了从农村到城市的移民量
健康		解决了营养不良问题（粮食作物产量和家庭粮食保障提高），从而使人们的健康得到保障	解决了营养不良问题（粮食作物产量和家庭粮食保障提高），从而使人们的健康得到保障
		通过控制和减少由水传播的疾病而使人们的健康得到保障	通过控制和减少由水传播的疾病而使人们的健康得到保障
		通过减少沙尘暴的发生而避开了与空气灰尘颗粒相关的呼吸问题	通过减少沙尘暴的发生而避开了与空气灰尘颗粒相关的呼吸问题
历史		防止了本地历史遗址和考古现场受到侵蚀、沉积和 / 或洪水的破坏	防止下游历史遗址和考古现场受到洪水的破坏
文化		保护了本地的文化重地（墓地、宗教圣地等）	防止下游文化重地（如：公墓）地区受到洪水破坏
		保护本地文化、信仰和知识体系	
旅游		保持并加强本地风景	防止下游低地区域的风景受到破坏
		本地生态旅游（野生动物）和文化旅游（如：文化纪念碑）的潜力得到保持和提高	通过防止近海区域的淤积，使沿海旅游资源（海滩和近海海洋保护区）得到保持和提高
娱乐		保持和提高本地的森林旅行、山间散步和爬山的潜力	保持和加强水库和沿海地区的水上运动的潜力

众多学者研究定论：生态环境治理创造的生态效益远远大于其经济效益。1999 年，北京市运用替代法对全市森林的生态效益进行了测算，结果表明，森林生态效益是林木自身价值的 13.3

倍。据研究测算，福建省森林的生态效益为 100 亿元，经济效益为 30.3 亿元，社会效益为 19 亿元。经济效益与社会、生态效益之比为 1：4。美国、日本等国的研究测算也表明，森林的生态效益在其自身经济价值的 10 倍以上。

1950—2000 年，中国水土保持治理措施累计实现经济效益 3 152.38 亿元、拦泥效益 494.13 亿元、蓄水效益 274.44 亿元。同时，水土流失治理为改善当地生态环境和农业生产条件、加快大江大河的治理步伐、促进人口、资源、环境和社会的发展做出了巨大贡献。水土流失治理在创造治理区内部效益的同时，带来的外部效益远远大于内部效益。

7.1.3　生态补偿是整体考虑生态环境价值、公平投入成本效益的需求

许多研究成果都表明水土流失治理具有公共物品的性质。由此，以利润形式表现出的全部收益不可能由创造该公共物品的人来获得，但这些收益总体上会归于社会，从而增进社会的福利。由于创造公共物品的人得不到补偿，导致私营企业家、居民、个体不愿意提供此类物品，因而将它交给公共机构来办理便成为一项悠久的传统。一个较好的例证是美国政府在 19 世纪成立基金会为农业研究提供资金。事实上，人们普遍认为，在许多领域如果不采取集体行动，为水土保持而做的努力就会非常少。

在水土流失治理中，"少数人投入，多数人受益""水土流失区投入，非流失区受益""贫困落后地区投入，发达富裕地区受益""上游地区投入，中下游地区受益"等现象普遍存在。这种责任和利益的错位以及治理成本与效益的不对称必然影响到各地水土保持生态建设的积极性，影响到地区经济发展的平衡性。

生态补偿制度是建立在环境资源价值理论、环境经济学与循

环经济理论、生态学理论基础上的一种制度模式，对保护自然资源、保持生态系统的完整性和资源的可持续供应能力、预防和控制环境污染和破坏、恢复和治理已遭破坏的水土资源，进而实现可持续发展的战略目标和构建和谐社会具有重大的理论和现实意义。

7.2　水土流失治理生态补偿的机制设计

7.2.1　水土保持生态补偿的主体与客体

水土保持生态补偿的主体包括两个方面：一是一切从水土流失治理中受益的群体；二是一切在生活或生产过程中人为导致水土流失的个人、企业或单位。补偿客体是执行水土流失治理，为维护生态环境、保障水土资源可持续利用做出贡献的流域或地区。

7.2.2　水土保持生态补偿的标准

水土保持补偿标准的确定基于流域或行政区域的利益共享机制（图 7-1）；补偿的计算方法：一是以水土流失治理区所付出的努力为依据，主要包括水土流失治理项目的投资；二是以水土流失区如果没有得到治理而造成的损失计算，包括三大产业的发展受损、人们生活水平降低等方面；三是水土流失区为进一步维护或改善生态环境、保障水土资源可持续利用而需要投入的治理资金（水土流失的替代成本）。

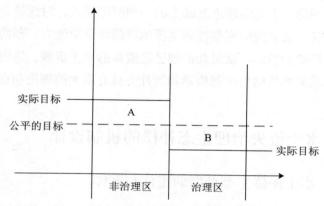

图 7 - 1　流域或行政区域的利益共享机制

7.2.3　生态补偿的途径与方式

水土保持生态补偿的主要方式包括资金补偿、实物补偿、政策补偿等；补偿的途径包括征收流域生态补偿税、建立流域生态补偿基金、实行信贷优惠、引进国外资金和项目等。

从生态补偿实践看，中国流域生态补偿仍然以政府投资或政府主导的财政转移支付体系为主，私有资金投入较少，基于市场的流域生态补偿仅仅零星、分散地存在局部地区，生态补偿机制处于准市场或半市场化阶段，自由贸易市场仍然没有形成。随着中国生态补偿实践的广泛、深入开展，其市场化程度将逐步提高。

在财政转移支付体系方面，中国主要实施的是中央向地方纵向的转移支付，考虑区域经济发展的不平衡，应在地区、流域之间或内部实施横向转移支付，实行规范的流域或地区财政转移支付制度，建立流域或地区资源与生态环境和经济的整合账户体系等。

补偿机制应当包含赔偿和补偿两个方面，以保证一种相对的公平。其实质是地区政府之间部分财政收入的重新再分配，目的是建立公平合理的激励机制，使整个流域或地区能够发挥出整体的最佳效益。其中，赔偿指人为水土流失所造成损失的赔偿。

　　小流域是水土流失治理的基本单元，水土保持生态补偿因此要基于流域尺度。不同尺度流域的补偿内容和方式不同，如表7-4 所示。

表 7-4　不同尺度流域的补偿内容和方式

流域尺度	补偿内容	补偿方式
大流域	大流域上下游间的补偿	地方政府协调
中型流域	跨省界的中型流域的补偿	财政转移支付
小流域	地方行政辖区的小流域补偿	市场交易为主

　　在各利益集团博弈争取分割"财政"这块有限的蛋糕的情况下，需要确定生态补偿重点领域。而重点领域的确定应当立足于国家和地区的需要，进行统筹协调。

7.3　基于水土保持生态补偿的经济和谐发展的配套改革建议

　　和谐是人与自然以及人与人之间关系的相处原则。生态补偿是追求这一原则的举措。实践证明，中国以政府主导的水土流失治理能够促进整个社会福利的"卡尔多-希克斯改进"。水土流失治理包含复杂的政治经济关系，在倡导建立健全水土保持生态补偿机制的同时，以经济可持续和健康和谐发展为宗旨，建议进行如下改革。

7.3.1　政策制度改革

　　为可持续的土地管理制定政府政策框架；倡导生态可持续性

成为政府经济开发和增长政策的一个关键要求；辨明并解决贫穷和土地退化之间的因果关系；为自然资源生产潜力的恢复、保持和提高分配更高的 GDP 百分比。

7.3.2　立法改革

改革并加强水土保持立法制度；减少环境法规中主体的重叠，并让各部分之间的协同最大化；实施政策与法律的短期重组；考虑长期性重大立法改革；改革并加强执行手段；改革指导方针和标准；加强土地所有制改革，以提供长期稳定的土地使用权，并鼓励农民、牧民和林业人员在长期的改良土地管理实践中增加私人投资。

7.3.3　组织机构变革

多部门与跨机构协调是土地退化控制的关键，建议强化实施机构和人力资源开发、制度化参与式的治理方法，为研究调查提供更多的财力资源和人力资源，鼓励组建跨部门、跨学科的研究联合体；倡导应用研究采用参与式技术开发方法。

7.3.4　科技创新和推广应用

2018 年 5 月 28 日，习近平在中国科学院第十九次院士大会、中国工程院第十四次院士大会开幕会上指出："进入 21 世纪以来，全球科技创新进入空前密集活跃的时期，新一轮科技革命和产业变革正在重构全球创新版图、重塑全球经济结构。科学技术从来没有像今天这样深刻影响着国家前途命运，从来没有像今天这样深刻影响着人民生活福祉。"缺乏技术支持的水土保持也是不现实的。为此，要以加快"水保"科技创新来引领水土流失治理。第一，应加强土地动态退化成因的调查研究；第二，应认识到作物、土壤和雨水的当地优化管理是防治土壤侵蚀的关键；第三，应科学选择水土流失治理的方法；第四，确保自然资源管理技术应用与当地的实际情况相符；第五，建立和完善综合性植物养分管理系统；第六，开发和推广保育性农业 / 免耕作法；第七，开发和推广自然草地的优化管理体系；第八，保证在城市地区采用缓解性控制措施。在城市地区，环境影响评价（EIA）应甄别施工期间和施工后应采取的土壤侵蚀、植被丧失和水污染最小化所需要的缓解措施。第九，宣传、推广科学的治理技术和制度。

参考文献

ANDERSON T L, LEAL D R，2000.环境资本运营：生态效益与经济效益的统一 [M].翁端，等，译.北京：清华大学出版社.

安树民，张世秋，2005.中国西部地区的环境：贫困与产业结构退化 [J].预测（1）：14-18.

澳大利亚雪山国际公司，2002.中国水土保持发展战略研究终期报告 [R].亚洲开发银行技术援助项目（TA3548-PRC）.

蔡邦成，温林泉，陆根法，2005.生态补偿机制建立的理论思考 [J].生态经济（1）：47-50.

蔡晓明，2002.生态系统生态学 [M].北京：科学出版社.

蔡志恒，1981.水土流失的发生与危害 [J].中国水土保持（3）：45-46.

曹新元，等，2006.中国国土资源可持续发展研究报告 [M].北京：地质出版社.

陈昌笃，1993.生态学与可持续发展 [M].北京：中国科学技术出版社.

陈江龙，曲福田，陈会广，等，2003.土地登记与土地可持续利用：以农地为例 [J].中国人口•资源与环境（5）：51-56.

陈敏才，林开旺，陈宏荣，1989.福建省水土流失治理途径剖析 [J].水土保持通报（4）：7-11.

陈天长，2018-01-29.长汀精准化治理水土流失 [N].闽西日报（1）.

陈玉泉，1999.土壤侵蚀对作物产量的影响：利用 SLEMSA 模型估算土壤侵蚀的个例分析 [J]. 中国农机化（S1）：55-58.

陈宗献，方栋龙，1990. 人为引起福建省水土流失的原因、危害及防治措施 [J]. 福建林学院学报，10（3）：263-269.

成自勇，2002. 甘肃水土流失的灾害特征及其对生态环境的影响 [J]. 水土保持学报，16（5）：27-30.

COASE R，1995. 社会成本问题 [M]//COASE R，et al. 财产权利与制度变迁. 刘守英，等，译. 上海：上海三联书店：4.

COLACICCO D，黄宝林，1990. 土壤侵蚀造成的经济损失 [J]. 水土保持科技情报（2）：6-9.

COLACICCO D，夏明忠，1989. 土壤流失给美国带来的经济损失 [J]. 农业环境与发展（4）：38-40.

皮尔斯，沃尔德，1993. 世界无末日：经济、环境与可持续发展 [M]. 张世秋，等，译. 北京：中国财政经济出版社：49-69.

迪克逊，等，2001. 环境影响的经济分析 [M]. 何雪炀，等，译. 北京：中国环境科学出版社.

杜振华，焦玉良，2004. 建立横向转移支付制度实现生态补偿 [J]. 宏观经济研究（9）：51-54.

段巧甫，2000. 小流域综合治理开发是加快生态环境建设的有效途径 [J]. 中国水土保持（6）：16-18.

恩格斯，1972. 马克思恩格斯全集 [M]. 北京：人民出版社：519.

凡勃伦，1964. 有闲阶级论 [M]. 北京：商务印书馆：98.

范家骧，高天虹，2002. 西方经济学 [M]. 北京：中国经济出版社：163.

冯飞，王晓明，王金照，2012. 对我国工业化发展阶段的判断 [J]. 中国发展观察（8）：24-26.

福建省水利厅（2016-04-11）[2017-03-22].2016 年全省水土保持工作视频会议在福州召开 [EB/OL].http://www.fujian.gov.cn/xw/zfgzdt/bmdt/201604/t20160411_1158698.htm.

甘师俊，1997.可持续发展：跨世纪的选择 [M].广州：广东科技出版社：40-42.

干春晖，郑若谷，2009.改革开放以来产业结构演进与生产率增长研究：对中国 1978—2007 年"结构红利假说"的检验 [J].中国工业经济（2）：55-65.

高辉巧，江帆，1998.小流域产权制度改革的理论与实践 [J].中国水土保持（10）：35-37.

高建进，何平，2008-04-10.福建水土保持，从娃娃心灵开始 [N].光明日报（5）.

宫本宪一，1987.环境问题的政治经济学 [M].周富祥，等，编译.北京：中国环境科学出版社.

龚亚珍，2002.世界各国实施生态效益补偿政策的经验对中国的启示 [J].林业科技管理（3）：19-21.

GUNATILAKE H M，VIETH G R，狄俊，2001.侵蚀区内土壤侵蚀经济损失的估算：置换法与生产力变更法之比较 [J].水土保持科技情报（2）：23-26.

顾晓薇，王青，2005.可持续发展的环境压力指标及其应用 [M].北京：冶金工业出版社.

管日顺，2001.江西水土流失对防洪的影响及防治对策 [J].中国水土保持（10）：25-26.

郭来喜，姜德华，1994.贫困与环境 [J].经济开发论坛（5）：2-27.

郭来喜，姜德华，1995.中国贫困地区环境类型研究 [J].地理研究

（2）：1-7.

过孝民，张慧勤，1990. 公元 2000 年中国环境预测与对策研究 [M]. 北京：清华大学出版社 .

韩冰，汪有科，吴发启，1995. 渭北黄土高原沟壑区小流域综合治理评价的研究 [J]. 水土保持学报（3）：84-89.

郝明德，2002. 黄土高原沟壑区水土流失治理与生态环境建设 [C]// 中国科学技术协会，四川省人民政府 . 加入 WTO 和中国科技与可持续发展：挑战与机遇、责任和对策 .

何毓蓉，1996. 我国南方山区土壤退化及其防治 [J]. 山地研究（2）：110-116.

贺莉，2010. 四川省"长治"工程的成效与做法 [J]. 人民长江，41（13）：44-47.

洪名勇，2003. 长江中上游林业经济活动的外部性与区域可持续发展研究 [J]. 林业经济问题（4）：200-203.

洪尚群，马丕京，郭慧光，2001. 生态补偿制度的探索 [J]. 环境科学与技术（5）：40-43.

洪尚群，吴晓青，段昌群，等，2001. 补偿途径和方式多样化是生态补偿基础和保障 [J]. 环境科学与技术（Z2）：40-42.

胡伟，2003. 中国生态建设理论与实践 [M]. 北京：中国大地出版社 .

胡熠，黎元生，2014. 福建省水土保持长效机制构建研究 [J]. 福建农林大学学报（哲学社会科学版）（3）：6-12.

胡争上，2013-04-19. 福建德化长汀两县获评"国家水土保持生态文明县" [N]. 中国水利报（3）.

黄峰，2013-04-13. 水土流失综合防治体系 [N]. 黄河报（1）.

黄富祥，康慕谊，张新时，2002. 退耕还林还草过程中的经济补偿问

题探讨 [J]. 生态学报（4）：471-478.

黄河上中游管理局，1999．黄河上中游第四期试点小流域水土保持综合治理总结分析报告 [R]. 黄河上中游管理局.

黄河水利委员会，黄河中游治理局，1994.黄河水土保持志 [M]// 黄河志：卷八．郑州：河南人民出版社.

黄河中游治理局，1990．黄河中游第二期试点小流域水土保持综合治理成果分析报告 [R]．黄河中游治理局.

黄茂兴，李军军，2009.技术选择、产业结构升级与经济增长 [J]. 经济研究，44（7）：143-151.

黄民骅，1988.漳州市水土流失普查成果评述 [J]. 水土保持通报，8（1）：40-44.

籍庆利，田永丰，2000.制度变迁中的创新精神探析 [J]. 南京师大学报（社会科学版）（2）：11-15.

贾吉庆，1989.福建省水土流失危害及其防治进展 [J]. 水土保持通报，9（4）：1-6.

杰索普，1999．治理的兴起及其失败的风险：以经济发展为例的论述 [J]. 国际社会科学（中文版）（2）.

金鉴明，1991.自然保护概论 [M]. 北京：中国环境科学出版社：2-3.

金鉴明，1994.绿色的危机：中国典型生态区生态破坏现状及其恢复利用研究论文集 [M].北京：中国环境科学出版社.

靳云燕，2007. 北京市森林生态效益计量评价及案例研究 [D]. 北京：北京林业大学.

经济所"经济增长理论"课题组，2006-07-25.西方发达国家经济增长方式的变革及特点 [N].中国社会科学院院报（3）.

康芒斯，1994.制度经济学 [M]. 北京：商务印书馆：89.

康晓光，1995. 中国贫困与反贫困理论 [M]. 南宁：广西人民出版社．

柯武刚，史漫飞，2000. 制度经济学 [M]. 北京：商务印书馆．

拉坦，1994. 诱致性变迁理论 [M]// 科斯，阿尔钦，诺斯，等．财产权利和制度变迁．胡庄君，译．上海：上海三联书店：225-226.

卡森，1997. 寂静的春天 [M]. 吕瑞兰，李长生，译．长春：吉林人民出版社．

黎锁平，1994. 水土保持综合治理效益的灰色系统评价 [J]. 水土保持通报（5）：13-18.

黎锁平，1997. 水土保持经济学 [M]. 兰州：兰州大学出版社．

李纯利，李瑞凤，姜蕊云，2001. 水土流失的危害及其防治 [J]. 水利科技与经济，7（3）：139-140.

李虹，章政，田亚平，2005. 南方丘陵区水土保持中的农户行为分析：以湖南省衡南县为例 [J]. 农业经济问题（2）：62-65.

李怀甫，1989. 小流域治理理论与方法 [M]. 北京：中国水利水电出版社．

李锐，2000. 中国 21 世纪水土保持工作的思考 [J]. 中国水土保持（7）：5-7.

李瑞娥，1999. 环境产权界定与环境资源保护的理性思考 [J]. 当代经济科学（3）：58-62.

李实，2004. 20 世纪 90 年代末中国城市贫困的恶化及其原因 [M]// 李实，佐藤宏．经济转型的代价：中国城市失业、贫困、收入差距的经验分析．北京：中国财政经济出版社．

李小曼，王刚，李锐，2007. 水土流失与贫困的关系 [J]. 水土保持研究，14（1）：132-134.

李雪松，2006. 中国水资源制度研究 [M]. 武汉：武汉大学出版社：

105.

李智广，1999. 经济发展对治理水土流失的积极作用 [J]. 中国水土保持（3）：10-11.

李智广，李锐，1998. 小流域治理综合效益评价方法刍议 [J]. 水土保持通报（5）：20-24.

李周，1997. 裸土与农业文明 [J]. 中国农村观察（3）：38-42.

李周，包晓斌，2002. 我国水土流失治理机制研究 [J]. 中国农村经济（12）：9-18.

李周，等，1997. 中国贫困山区开发方式和生态变化关系的研究 [M]. 太原：山西经济出版社.

李周，孙若梅，1994. 生态敏感地带与贫困地区的相关性研究 [J]. 中国农村观察（5）：49-56.

梁会民，赵军，2001. 小流域综合治理的生态经济效益评估研究 [J]. 生态经济（8）：12-14.

梁巧转，马建欣，1999. 不同激励机制有效性的系统分析 [J]. 系统工程理论与实践（5）：14-18.

林捷，2015. 福建省水土流失治理实践与探索 [J]. 中国水土保持（10）：27-28.

林毅夫，1994. 关于制度变迁的经济学理论 [M]// 科斯，阿尔钦，诺斯，等. 财产权利和制度变迁. 上海：上海三联书店：377-378.

刘大文，1993. 承德市水土流失的危害及成因 [J]. 海河水利（2）：37-39.

刘德，1988. 山东省水土流失危害和小流域治理的效益 [J]. 水土保持通报，8（4）：1-7.

刘海峰，1983. 水土保持"经济观"的几个有关问题 [J]. 水土保持通报（1）：24-29.

刘克亚，黄明健，2004.从资源产权制度论水土保持政策 [J].水土保持科技情报（5）：1-3.

刘宁，2007.水土保持科技工作面临的形势及近期研究的重点 [J].中国水利（16）：9-11.

刘荣霞，薛安，韩鹏，等，2005.土地利用结构优化方法述评 [J].北京大学学报（自然科学版）（4）：655-662.

刘伟，张辉，2008.中国经济增长中的产业结构变迁和技术进步 [J].经济研究，43（11）：4-15.

刘震，2003.中国水土保持生态建设模式 [M].北京：科学出版社.

刘震，2005.我国水土保持小流域综合治理的回顾与展望 [J].中国水利（22）：18-21.

刘震，2015-10-27.开创水土流失防治新局面 [N].中国水利报（8）.

罗慧，仲伟周，刘宇，等，2005.陕北黄土高原生态环境治理的有效性：产权残缺理论的分析视角 [J].中国人口·资源与环境（3）：50-54.

吕忠梅，2003.超越与保守：可持续发展视野下的环境法创新 [M].北京：法律出版社.

马克思，恩格斯，1978.马克思恩格斯全集：第八卷 [M].北京：人民出版社：121.

马克思，恩格斯，1978.马克思恩格斯全集：第三卷 [M].北京：人民出版社：289.

马歇尔，1982.经济学原理 [M].朱志泰，译.北京：商务印书馆.

马中，张世秋，1999.环境与资源经济学概论 [M].北京：高等教育出版社：29.

毛显强，钟瑜，张胜，2002. 生态补偿的理论探讨 [J]. 中国人口·资源与环境（4）：40-43.

美国世界资源研究所，1993. 世界资源手册 (1992—1993) [M]. 北京：中国环境出版社：27.

米切尔，2004. 资源与环境管理 [M]. 蔡运龙，等，译. 北京：商务印书馆：537.

莫家光，1990. 广西的水土流失灾害及防治措施 [J]. 地质灾害与防治，1（4）：83-86.

宁天宝，1984. 阿城县水土流失危害及其防治措施 [J]. 中国水土保持（3）：21-25.

牛银栓，2001. 论水土流失的危害及其防治对策 [J]. 水土保持科技情报（1）：33-35.

诺斯，1994. 制度、制度变迁与经济绩效 [M]. 陈郁，译. 上海：上海三联书店：104.

诺斯，1997. 经济史中的结构与变迁 [M]. 陈郁，罗华平，译. 上海：上海人民出版社：18.

彭珂珊，2000. 中国土壤侵蚀影响因素及其危害分析 [J]. 水利水电科技进展，20（4）：15-18.

彭珂珊，2000. 中国西部退耕还林基本策略研究 [J]. 内蒙古林业调查设计（S1）：8-13.

彭珂珊，2006. 中国水土流失危害及防御对策 [J]. 林业调查规划，26（2）：1-6.

彭舜磊，赵迎春，2001. 为什么我国森林覆盖率逐年提高而水土流失和荒漠化却日益严重 [J]. 环境保护（10）：27-28.

齐实，1999. 水土保持可持续发展研究 [D]. 北京：北京林业大学.

乔信，付福林，2000.治理开发紧密结合 促进旗域经济快速发展 [J].中国水土保持（5）：21-22.

任烨，张丰，1995.中沟流域水土保持综合治理经济分析与效益评价 [J].中国水土保持（10）：24-26.

任勇，孟晓棠，毕华兴，1997.水土流失经济损失估算及环境经济学思考 [J].中国水土保持（8）：52-54.

阮锡桂，2014-10-31.绿水青山就是金山银山 [N].福建日报（1）.

沈满洪，陆菁，2004.论生态保护补偿机制 [J].浙江学刊（4）：217-220.

盛洪，1991.分工与交易：一个一般理论及其对中国非专业化问题的应用分析 [M].上海：上海三联书店.

石敏俊，王涛，2005.中国生态脆弱带人地关系行为机制模型及应用 [J].地理学报（1）：165-174.

史德明，杨艳生，黄心唐，1981.从江西兴国县的水土流失谈中国南方的水土保持问题 [J].水土保持通报（4）：23-28.

史明昌，李智广，2005.新技术在我国水土保持中的应用 [J].水土保持研究（2）：1-3.

世界银行"中国空气、土地和水"项目组，2001.中国空气、土地和水：新千年的优先领域 [M].余岗，等，译.北京：中国环境科学出版社.

世界自然保护同盟，1992.保护地球：可持续生存战略 [M].北京：中国环境科学出版社：32.

舒尔茨，1994.制度与人的经济价值的不断提高 [M]//科斯，阿尔钦，诺斯，等.财产权利和制度变迁.胡庄君，译.上海：上海三联书店：327-370.

水利部（2006-09-11）[2018-06-03].《水土保持法》施行 15 周年成效

扫描〔EB/OL〕. http://www.swj.dl.gov.cn/html/2003.html.

水利部，中国科学院，中国工程院，2010. 中国水土流失与生态安全：水土流失防治政策卷 [M]. 北京：科学出版社.

速水佑次郎，2003. 发展经济学：从贫困到富裕 [M]. 李周，译. 北京：社会科学文献出版社.

覃子建，2000. 我国城市环境问题及其对策 [J]. 中国人口·资源与环境（Z2）：55-56.

唐丹，2016-08-25. 福建长汀水土流失治理的经验与思考 [N]. 中国环境报（3）.

唐国清，1995. 关于征收生态环境补偿费问题的探讨 [J]. 上海环境科学（3）：1-3.

唐克丽，等，2004. 中国水土保持 [M]. 北京：科学出版社.

田春秀，1997-06-05. 环保，一个大产业 [N]. 人民日报.

童大谦，1994. 三维结构在治理水土流失中的应用 [J]. 农业系统科学与综合研究（4）：305-308.

VESEY T，郑声滔，1986. 水土流失对海湾的危害 [J]. 中国水土保持（3）：63.

王答相，除庭灿，高荣乐，1993. 水土流失灾害防治与黄河经济开发 [J]. 灾害学，8（4）：41-45.

王干，2006. 浅议我国水土保持生态补偿制度 [C]// 中国法学会环境资源法学研究会. 资源节约型、环境友好型社会建设与环境资源法的热点问题研究：2006 年全国环境资源法学研讨会论文集（四）中国法学会环境资源法学研究会：5.

王光谦，王思远，陈志祥，2004. 黄河流域的土地利用和土地覆盖变化 [J]. 清华大学学报（自然科学版），44（9）：1218-1222.

王甲山，刘洋，邹倩，2017.中国水土保持生态补偿机制研究述评 [J].生态经济（3）：165-169.

王建武，2003．土地退化与贫困相关性研究 [D]．北京：中国社会科学院．

王建武，2005.中国土地退化与贫困的相关性研究 [M].北京：新华出版社．

王金玲，1993.黄河中游地区的水土流失与河流有害污染物关系浅析 [J].中国水土保持（3）：49-51.

王敬军，苏新，冯建维，2004.黑土地：命系产权（上）[J].水利天地（3）：30-31.

王军，1997.可持续发展 [M].北京：中国发展出版社．

王黎明，杨燕风，关庆锋，2001.三峡库区退耕坡地环境移民压力研究 [J].地理学报（6）：649-656.

王礼先，2004.中国水利百科全书（水土保持分册）[M].北京：中国水利水电出版社．

王礼先，朱金兆，1995.水土保持学 [M].北京：中国林业出版社．

王礼先，朱金兆，2005.水土保持学 [M].2 版.北京：中国林业出版社．

王利文，胡志全，2003.黄土丘陵区水土流失的环境经济学分析 [J].国土与自然资源研究（3）：27-29.

王鹏，黄贤金，张兆干，等，2004.江西红壤区农业产业政策改革的农户行为响应与水土保持效果分析：以江西省上饶县村庄及农户调查为例 [J].地理科学（3）：326-332.

王鹏，尤济红，2015.产业结构调整中的要素配置效率：兼对"结构红利假说"的再检验 [J].经济学动态（10）：70-80.

王萍萍，1999．中国农村贫困的地区聚类分析：兼论分地区反贫政

策选择 [J]. 调研世界（12）：5-8.

王思远，王光谦，陈志祥，2005.黄河流域土地利用与土壤侵蚀的耦合关系 [J]. 自然灾害学报，14（1）：32-37.

王涛，2000.西部大开发中的沙漠化研究及其灾害防治 [J]. 中国沙漠（4）：1-4.

王天津，1999.产权虚置引发洪水滔滔 [J]. 宁夏党校学报（4）：13-16.

王伟，薛塞光，2016.水土流失治理面积统计存在的问题及改进建议 [J]. 中国水土保持（8）：39-42.

王小鲁，樊纲，刘鹏，2009.中国经济增长方式转换和增长可持续性 [J]. 经济研究，44（1）：4-16.

王跃生，1999.家庭责任制、农户行为与农业中的环境生态问题 [J]. 北京大学学报(哲学社会科学版)（3）：43-50，157.

王越，林少明，2002.水土流失和治理与区域经济发展关系的探讨 [J]. 中国水利（8）：76-78.

王越，王还珠，赵华，2005.黄土高原水土保持世行贷款项目促进了区域经济的可持续发展 [J]. 中国水利（12）：19-20.

网易新闻（2006-05-22）[2018-06-03]. 中国 30 万平方公里土地经修复水土流失明显减轻 [EB/OL]. http://news.163.com/06/0522/18/2HOG8PI50001124J.html.

吴保刚，2006.小流域生态补偿机制实证研究 [D]. 重庆：西南大学.

吴斌，王兵，1994.小流域水土保持生态经济系统内外部效益评价 [J]. 北京林业大学学报（1）：67-74.

吴亚东，2014-05-26.福建出台水土保持条例 [N]. 法制日报（3）.

习近平（2018-05-29）[2008-06-18] 努力建设世界科技强国 [N/OL].

人民日报海外版 . http://paper.people.com.cn/rmrbhwb/html/2018-05/29/content_1857649.htm.

夏明忠，1990. 土壤流失给美国造成的经济损失 [J]. 世界农业（6）：29-31.

谢汉生，王冬梅，苏新琴，2002. 城市水土流失对城市环境的影响及其对策 [J]. 水土保持学报，16（5）：67-70.

谢剑斌，2004. 持续林业的分类经营与生态补偿 [M]. 北京：中国环境科学出版社 .

谢利玉，2000. 浅论公益林生态效益补偿问题 [J]. 世界林业研究（3）：70-76.

辛树帜，将德麒，1982. 中国水土保持概论 [M]. 北京：农业出版社 .

新华网（2006-05-24）[2018-02-28]. 十五期间我国投入 122.6 亿元防治水土流失 [EB/OL]. http://finance.sina.com.cn/g/20060524/15462593883.shtml.

新华网（2008-02-26）[2018-02-28]. 新中国成立以来的历次政府机构改革 [EB/OL]. http://politics.people.com.cn/GB/1026/6923277.html.

徐启权，2002. 对建立生态效益补偿机制的再思考 [J]. 林业经济问题（5）：305-307.

徐嵩龄，1997. 中国环境破坏的经济损失研究它的意义、方法、成果及研究建议（下）[J]. 中国软科学（12）：104-110.

徐嵩龄，1998. 中国环境破坏的经济损失计量：实例与理论 [M]. 北京：中国环境科学出版社 .

许峰，郭索彦，张增祥，2003.20 世纪末中国土壤侵蚀的空间分布特征 [J]. 地理学报（1）：139-146.

许月卿，蔡运龙，2006. 土壤侵蚀经济损失分析及价值估算：以贵州

省猫跳河流域为例 [J]. 长江流域资源与环境（4）：470-474.

亚洲开发银行，2002. 中国水土保持发展战略研究终期报告（亚洲开发银行技术援助项目（TA3548-PRC））[R]. 亚洲开发银行：11.

杨爱民，庞有祝，李铁铮，等，2003. 水土流失经济损失计量研究评述 [J]. 中国水土保持科学（1）：108-110.

杨从明，2005. 浅论生态补偿制度建立及原理 [J]. 林业与社会（1）：7-12.

杨东升，2006. 中国西部地区的农村经济发展与自然生态环境的可持续性研究 [J]. 经济科学（2）：5-12.

杨文治，1986. 黄河中上游水土流失灾害问题的浅析 [J]. 水土保持通报（4）：9-12.

杨湘如，1989. 三明市水土流失危害及其防治对策 [J]. 亚热带水土保持（2）：16-20.

杨子生，1999. 滇东北山区坡耕地水土流失直接经济损失评估 [J]. 山地学报（S1）：33-36.

杨子生，谢应齐，1994. 云南省水土流失直接经济损失的计算方法与区域特征 [J]. 云南大学学报（自然科学版）（S1）：99-106.

姚洋，2000. 中国农地制度：一个分析框架 [J]. 中国社会科学（2）：54-65，206.

叶文虎，魏斌，仝川，1998. 城市生态补偿能力衡量和应用 [J]. 中国环境科学（4）：11-14.

尤长明，郑锦文，2017. 福建水土流失治理企业化运作模式及发展对策 [J]. 中国水土保持（3）：12-13.

于丹，沈波，谢军，1992. 东北黑土区水土流失危害及其防治途径 [J]. 水土保持通报，12（2）：25-34（42）.

余学林，1992. 数据包络分析 (DEA) 的理论、方法与应用 [J]. 科学学与科学技术管理（9）：27-33.

俞海，黄季焜，ROZELLE S，等，2003. 地权稳定性、土地流转与农地资源持续利用 [J]. 经济研究（9）：82-91.

俞凌光，2016. 产业结构变迁、技术进步与区域经济增长 [D]. 杭州：浙江财经大学.

袁富华，2012. 长期增长过程的"结构性加速"与"结构性减速"：一种解释 [J]. 经济研究，47（3）：127-140.

远藤泰造，1995. 黄土高原土壤侵蚀严重的原因以及各种防治措施的效果 [J]. 水利科学，228：14-26.

曾光，何奕，2008. 长三角产业结构变动与经济增长比较分析 [J]. 华中农业大学学报(社会科学版)（1）：48-53.

翟浩辉，2001. 贯彻创新精神 依靠科技进步 开创 21 世纪水土保持新局面 [J]. 中国水土保持（1）：4-8.

张宝声，2000. 三峡工程建设管理模式与投资控制方法 [J]. 水力发电（6）：12-14.

张光辉，梁一民，1995. 黄土丘陵区人工草地盖度季动态及其水保效益 [J]. 水土保持通报（2）：38-43.

张汉萍，徐四平，2002. 技术进步、产业结构与经济发展 [J]. 科技进步与对策（4）：44-45.

张辉，王晓霞，2009. 北京市产业结构变迁对经济增长贡献的实证研究 [J]. 经济科学（4）：53-61.

张建春，2006. 安徽江淮丘陵区水土流失危害及其防治对策 [J]. 中国水土保持（4）：35-36（44）.

张军，陈诗一，JEFFERSON G H，2009. 结构改革与中国工业增长 [J]. 经济研究，44（7）：4-20.

张坤民，1997. 可持续发展论 [M]. 北京：中国环境科学出版社：420.

张立昌，1999. 创新·教育创新·创新教育 [J]. 华东师范大学学报（教育科学版）（4）：26-32，38.

张桃林，1999. 中国红壤退化机制与防治 [M]. 北京：中国农业出版社.

张桃林，王兴祥，2000. 土壤退化研究的进展与趋向 [J]. 自然资源学报（3）：280-284.

张智玲，王华东，1997. 矿产资源生态环境补偿收费的理论依据研究 [J]. 重庆环境科学（1）：32-36.

章祥荪，贵斌威，2008. 中国全要素生产率分析：Malmquist 指数法评述与应用 [J]. 数量经济技术经济研究（6）：111-122.

章铮，1995. 生态环境补偿费的若干基本问题 [C]// 国家环境保护局自然保护司编. 中国生态环境补偿费的理论与实践. 北京：中国环境科学出版社：81-87.

赵东喜，2006. 森林生态服务价值评价及其补偿机制研究 [D]. 福州：福建农林大学.

赵桂久，刘燕华，赵名茶，1995. 生态环境综合整治与恢复技术研究 [M]. 北京：北京科学技术出版社.

赵景逵，朱荫湄，1991. 美国露天矿区的土地管理及复垦 [J]. 中国土地科学，5（1）：31-33.

赵其国，1995. 我国红壤的退化问题 [J]. 土壤（6）：281-285.

赵其国，2006. 我国南方当前水土流失与生态安全中值得重视的问题 [J]. 水土保持通报（2）：1-8.

赵绪楷，1988. 人为水土流失的危害及其法治手段 [J]. 水土保持通报，8（6）：16-19.

赵跃龙，1999. 中国脆弱生态环境类型分布及其综合整治 [M]. 北京：

中国环境科学出版社：76.

赵昭昞，2002.50 年来我省水土保持理论的进展 [J]. 福建水土保持，
（1）：1-3，60.

郑宝明，田永宏，1999. 黄土丘陵沟壑区第一副区水土流失危害及防
治对策 [J]. 土壤侵蚀与水土保持学报，5（5）：7-11.

郑新民，王越，2005. 黄土高原水土保持项目典型案例分析 [J]. 中国
水利（12）：17-18.

郑易生，钱薏生，1998. 深度忧患 [M]. 北京：今日中国出版社：119.

中广网（2003-11-12）[2018-06-03]. 粮食安全问题再次引起中国高度
重视　消除隐患未雨绸缪 [EB/OL]. http://www.cnr.cn/news/2003111
20171. html.

中国大百科全书总编辑委员会，2004. 中国大百科全书 (水利)[M].
北京：中国大百科全书出版社 .

"中国荒漠化（土地退化）防治"课题组，1998. 中国荒漠化（土地
退化）防止研究 [M]. 北京：中国环境科学出版社 .

中国水利报 2018-05-24 [2018-06-03]. 治理水土流失 收获金山银山：
四川水土保持工作纪实 [N/OL]. http://swcc.mwr.gov.cn/stbcsbyw/2018
05/t20180524_1038009.htm.

中国水土流失与生态安全综合科学考察南方红壤区福建组，2006.
"福建省水土保持委员会"的价值分析 [C]// 福建省水土保持学会 . 福
建省水土保持学会 2006 年学术年会论文集：5.

中国政府网（2006-06-06 ）[2016-11-17]. 国务院新闻办发表《中国的环
境保护（1996—2005 ）》白皮书 [EB/OL].http://news-paper.mofcom.gov.cn/
column/print.shtml?/gebtt/200606/20060602365939.

中华人民共和国水利部，2002. 中国水土保持发展战略研究 (TA3548-

PRC)（最终报告主报告）[R]. 中华人民共和国水利部.

中华人民共和国水利部，2015. 中国水利统计年鉴 [M]. 北京：水利水电出版社：12.

中华人民共和国水利部，2017. 2016 年全国水利发展统计公报 [R]. 北京：中国水利水电出版社.

中华人民共和国水利部水土保持司，2017. 加快水土保持建设 筑牢生态文明基础：十八大以来我国水土流失综合防治取得显著成效 [J]. 中国水土保持（10）：1-4.

钟水映，简新华，2005. 人口、资源与环境经济学 [M]. 北京：科学出版社：24.

钟太洋，黄贤金，2004. 农地产权制度安排与农户水土保持行为响应 [J]. 中国水土保持科学（3）：49-53.

周德翼，杨海娟，2001. 论黄土高原治理的激励机制 [J]. 生态经济（12）：23-26.

周启星，黄国宏，2001. 环境生物地球化学及全球环境变化 [M]. 北京：科学出版社.

朱安国，1979. 贵州水土流失概况及水土保持粗见 [J]. 贵州农业科学（5）：1-8.

朱安国，1984. 贵州省水土流失的发展与泥石流的危害 [J]. 水土保持通报（3）：38-42.

朱高洪，毛志锋，2008. 我国水土流失的经济影响评估 [J]. 中国水土保持科学（1）：63-66.

朱京炜，王利平，2006. 论水土流失的危害及其防治对策 [J]. 内蒙古古水利（3）：45-47.

朱秀端，2015-02-10. "五化"模式教水保 [N]. 中国水利报（8）.

朱震达，刘恕，1989. 中国的沙漠化及其治理 [M]. 北京：科学出版社.

朱中彬，2002. 外部性理论及其在运输经济中的应用分析 [M]. 北京：中国铁道出版社：47-56.

诸培新，曲福田，1999. 土地持续利用中的农户决策行为研究 [J]. 中国农村经济（3）：33-36.

庄国泰，等，1995. 生态补偿的理论与实践 [C]// 国家环境保护局自然保护司编. 中国生态环境补偿费的理论与实践. 北京：中国环境科学出版社：88-98.

宗臻铃，欧名豪，董元华，等，2001. 长江上游地区生态重建的经济补偿机制探析 [J]. 长江流域资源与环境（1）：22-27.

AFRIAT S N，1972. Efficiency Estimation of Production Functions[J]. International Economic Review.（13）：568-598.

ALFSEN KH，DE FRANCO MA，GLOMSROD S，et al，1996. Soil Erosion and Economic Growth in Nicaragua[J]. Ecological Economics（16）：129-145.

ANDERSON T L，LEAL D R，1991. Free Market Environmentalism[M]. Boulder：Westview Press.

BARBIER E B，1998.The Economics of Environment and Development[M].Cambridge：Cambridge University Press.

BARBIER E B，1990.The farm-level economics of soil conservation：The Uplands of Java [J]. Land Economics，66（2）：348-351.

BARKER G，2002. A Tale of Two Deserts：Contrasting Desertification Histories on Rome's Desert Frontiers[J].World Archaeology，33（3）：488-507.

BARLOWE R，1978. Land Resource：The Economics of Real Estate[M]. New Jersey：Prentice-Hall，Inc.

BARRETT S, 1991. Optimal soil conservation and the reform of agricultural price policies[J]. Journal of Development Economics, 36（3）: 345-357.

BARRETT S, 1994.Strategic Environmental Policy and Intrenational Trade[J].Journal of Public Economics, 54（3）: 325-338.

BECKERMAN W, 1974. In Defence of Economic Growth[M]. London: Jonathan Cape.

BENNETT H H, 1948. Soil Conservation in a Hungry World[J].Geographical Review, 38（2）: 311-317.

BENNETT H H. 1955. Food Comes From the Soil[J]. Geographical Review, 34: 57-76.

BESLEY T, 1995. Propery Rights and Investment Incentives: Theory and Evidence from Ghana [M]. Journal of Political Economy, 103（5）: 903-937.

BLAIKIEP, 1985. The Political Economy of Soil Erosion in Developing Countries[M].New York: Longman Group Limited: 3-15.

BOGGESS W G, HEADY E O, 1981. A Sector Analysis of Alternative Income Support and Soil Conservation Policies[J]. American Journal of Agricultural Economics, 63（4）: 618-628.

BOJO J, BUCKNALL J, HAMILTON K, et al., 2001.Environment Chapter, Poverty Reduction Strategy Papers' Source Book[C]. Washington: World Bank: 2-6.

BOSCH C, HOMMANN K, RUBIO G M, et al, 2001. Water, Sanitation and Poverty Chapter, Poverty Reduction Strategy Papers' Source Book[C].Washington: World Bank: 3-7.

BOSERUP E, 1981. Population and Technology[M]. Chicago: University of Chicago.

BOULDING K E, 1966. The Economics of the Coming Spaceship Earth. In Environmental Quality in a Growing Economy[M]//JARRETT H. Resources for the Future.Baltimore: Johns Hopkins University Press: 3-14.

BROWN L R, 1984. Conserving soils. In State of the World 1984[M]// STARKE L. New York: W.W. Norton and Company.

BROWN L, 1981.Eroding the base of civilization[J]. Journal of Soil and Water Conservation, 36（5）: 255-60.

BURT O, 1981. Farm Level Economics of Soil Conservation in the Palouse Area of the Northwest [J]. American Journal of Agricultural Economics, 63（1）: 83-92.

CARCAMO J A, ALWANG J, NORTON G W, 1994. On-Site Economic Evaluation of Soil Conservation Practices in Honduras [J]. Agricultural Economics（11）: 257-269.

CHARNES A, COOPERW W, 1961. Management models and industrial applications of linear programming[M]. New York: John Wiley and Sons, INC.

CHARNES A, 1952. Optimality and degeneracy in linear programming[J].Econometrica（20）: 160-170.

CHENERY H B, 1975.The Structuralist Approach to Development Policy[J]. American Economic Review, 65（2）: 310-316.

CLARKE H, 1992.The Supply of Non-degraded Agricultural Land[J]. Australian Journal of Agricultural Economics, 36（1）: 31-56.

COASE R H, 1960. The Problem of Social Cost. [J] Journal of Law and Economics（3）: 1-44.

COOMHS H C, 1990. The Return to Scarcity: Strategies for an Economic Future [M].Cambridge: Cambridge University Press: 3-100.

COOPER J C, OSBORN C T, 1998.The Effect of Rental Rates on the Extension of Conservation Reserve Program Contracts [J]. American Journal of Agricultural Economics（8）.

COXHEAD I, JAYASURIYA S, 1994.Technical Change in Agriculture and Land Degradation in Developing Countries: A General Equilibrium Analysis [J].Land Economics, 70（1）: 20-37.

CUPERUS R, CANTERS K J, PIEPERS A, 1996.Ecological Compensation of the Impacts of a Road. Ecological Engineering, 7（4）: 327-349.

CUPERUS R, CANTERS K J, UDO DE HAES H A, et al, 1999. Guidelines for Ecological Compensation Associated with Highways [J]. Biological Conservation, 90（1）: 41-51.

DALES J H, 1968. Land, Water, and Ownership[J]. Canadian Journal of Economics（1）: 791-804.

DALY H, 1990. Toward some operational principles of sustainable development[J]. Ecological Economics, 2（1）: 1-6

DASGUPTA P S, 1982. TheControlof Resources[M]. Oxford: Basil Blackwell: 131-132.

DAY J C, HUGHES D W, BUTCHER W R, 1992. Soil Water and Crop Management Alternatives in Rainfed Agriculture in the Sahel: An Economic Analysis [J]. Agricultural Economics, 7（3/4）: 267-287.

DENISON E F, 1974. Accounting for United States Economic Growth, 1929-1969[J]. Economic Journal, Washington: Brookings Institution, 8（3）: 476.

DENSION E F, 1962.Sources of Economic Growth in theUnited States and the Alternative Before Us[J].Committee For Economic Development.

DOMAR E D, 1946. Capital Expansion, Rate of Growth and Employment[J]. Econometrica, 14（2）: 137-147.

DRECHSLER M, WATZOLD F, 2001. The Importance of Economic Costs in the Development of Guidelines for Spatial Conservation Management [J]. Biological conservation（97）: 51-59.

DURKHEIM E, 1964.The Division of Labor in Society[M]. Reprint, NewYork: Free press.

ECKHOLM E P. 1976a. The politics of soil conservation [J]. The Ecologist, 62: 54-9.

ECKHOLM E.P. 1976b. The other energy crisis: firewood [J]. The Ecologist, 63: 80-6.

ERENSTEIN O C A, 1999.The Economics of Soil Conservation in Developing Countries: The Case of Crop Residue Mulching [J]. Landbouwhogeschool: 1X-301.

ERVIN C A, ERVIN D E, 1982. Factors Affecting the use of Soil Conservation Practices: Hypotheses, Evidence, and Policy Implications[J]. Land Economics, 58（3）: 277-292.

FAGERBERG J, 2000. Technological progress, structural change and productivity growth: a comparative study[J]. Structural Change & Economic Dynamics, 11（4）: 393-411.

FAO, 1997. Rural Poverty and Land Degradation: What Does the Available Literature Suggest for Priority Setting for the CGIAR? [R]//MALIK S J, NELSON I M, DUDAL R, et al. Report of the Study on CGIAR Research Priorities for Marginal Lands. Consultative Group on International Agricultural Research, Technical Advisory Committee Secretariat, Rome.

FÄRE R, GROSSKOPF S, LOVELL C A K, 1994. Production Frontiers [M].Cambridge: Cambridge University Press.

FORSUND F R , HJALMARSSON L, 1979. Frontier Production Functions and Technical Pro-gress: A Study o f General Milk Processing in Swedish Dairy Plants[J]. Econometrica, 47（4）: 883-900.

GEORGESCU-ROEGENN, 1986. The Entropy Law and The Economic Process in Retrospect[J].Eastern Economic Journal. London: Palgrave Macmillan, 12（1）.

GLASOD（全球土壤退化评价）, 1990.Global assessment of soil degradation [Z]. World maps. Wageningen（Netherlands）: ISRIC and PUNE.

GOETZ R U, 1997. Diversification in Agricultural Production: A Dynamic Model of Optimal Cropping to Manage SoilErosion[J]. American Journal of Agricultural Economics, 79（2）: 341-356.

GOULD B W, SAUPE W E, KLEMME R M, 1989. Conservation Tillage: The Role of Farm and Operator Characteristics and the Perception of Soil Erosion[J]. Land Economics, 65（2）: 167-182.

GOWDY J M, 2004. The Revolution in Welfare Economics and Its Implications for Environmental Valuation and Policy[J]. Land Economics, 80（2）: 239-257.

GRAAFF J D, 1996.The Price of Soil Erosion, An Economic Evaluation of Soil Conservation and Watershed Development [M]. Wageningen Agricultural University.

GREPPERUD S, 1996. Population Pressure and Land Degradation: The Case of Ethiopia [J]. Journal of Environmental Economics and Management, Vol.30, 18-33.

GREPPERUD S, 1997.Poverty, Land Degradation and Climatic Uncertainty[J]. Oxford Economic Papers, New Series, 49（4）: 586-608.

GREPPERUD S, 1997.Soil Depletion Choices under Production and

Price Uncertainty[R].Discussion Paper 186. Oslo, Statistics Norway.

GRIFFIN R, STOLL J R, 1984. Evolutionary Pross in Soil Conservation Policy[J].Land Economics, 60（1）：30-39.

GRIGG D, 1970.The Harsh Lands[M] Macmillan：190-205.

GROSSMAN G, KRUEGER A, 1992. Environmental Impacts of a North American Free Trade Agreement[R]. CEPR Discussion Paper：644.

GROSSMAN G, KRUEGER A, 1995. Economic Growth and the Environment[J].Quarterly Journal of Economics, 112：353-377.

HAMDAR B, 1999. An Efficiency Approach to Managing Mississippi's Marginal Land Based on the Conservation Reserve Program（CRP）[J]. Resource Conservation and Recycling（26）：15-24.

HAMMER J S, 1986.Children and Savings in Less Developed Countries[J].Journal of Development Economics（23）：107-118.

HARLIN J M, BERARDI C M,1987. Agricultural Soil Loss（Processes, Plicies and Prospects）.（Westview special studies in agriculture science and policy）[M]. Boulder：Westview Press, Inc..

HARROD R F, 1960. An Essay in Dynamic Theory[J]. Economic Journal（49）：14-33.

HELENE P, 2000.Factor Reallocation and Growth in Developing Countries[C]. IMF working paper（6）：WP /00 /94.

HU DY, READY R, PAGOULATOS A, 1997.Dynamic Optimal Management of Wind-Erosive Rangelands[J].American Journal of Agricultural Economics, 79（2）：327-340.

HWANG S W, ALWANG J, NORTON G W, 1994.Soil Conservation Practices and Farm Income in the Dominican Republic [J]. Agricultural Systems（46）：59-77.

HYAMS E, 1952. Soil and Conservation[M]. 2nd ed, John Murray, London（1976）.

INNES R, ARDILA S, 1994. Agricultural Insurance and Soil Depletion in a Simple Dynamic Model[J]. American Journal of Agricultural Economics, 76（3）: 371-384.

JACKS G V, WHYTE R O, 1939. Vanishing Lands: a World Survy of Soil Erosion[M]. New York: Doubleday Doran.

JAENICKE E C, LENGNICK L L, 1999. A Soil-Quality Index and Its Relationship to Efficiency and Productivity Growth Measures: Two Decompositions[J].American Journal of Agricultural Economics, 81(4): 881-893.

JOHST K, DRECHSLER M, WATOZLOD F, 2002.An Ecological-Economic Modeling Procedure to Design Compensation Payments for the Efficient Spatio-Temporal Allocation of Species Protection Measures [J]. Ecological Economics（41）: 37-49.

JORGENSON D W, GRILICHES Z, 1967. The Explanation of Pro-ductivity Change [J]. The Review of Economic Studies, 34（99）: 249-280.

JU-LONG D, 1982. Control problem of grey systems[J]. Systems & Control Letters, 1（5）: 288-294.

JUNJIE WU, BRUCE A, 1999.Babcock Relative Efficiency of Voluntary Versus Mandatory Environmental Regulation [J].The Journal of Environmental Economics and Management（38）.

KARL MARX , 1967. Capital: A Critique of Political Economy[M]. New York: International Publishers.

KASAL J, 1976.Trade-offs Between Farm Income and Selected Environmental Indicators: A Case Study of Soil Loss, Fertilizer, and

Land Use Constraints [J]. Chinese Journal of Structural Chemistry, 27 （9）: 1119-1122.

KBOM A, BOJO J, 1999.Poverty and Environment: Evidenceof Links and Integration in the Country Assistance Strategy Process[C]. Washington: World Bank: 1-4.

KENDRICK J W, 1961.Productivity Trends in the United States[M]. National Bureau of Economic Research（NBER）General Series（71）. Princeton: Princeton University Press.

KENNETH E M, 1983. An Economic Model of Soil Conservation [J]. American Journal of Agricultural Economics, 65（1）: 83-89.

KIKER C, LYNNE G, 1986.An Economic Model Soil Conservation: Comment[J]. American Journal of Agricultural Economics, 68（3）: 739-742.

KNEESE, ALLEN V, 1977. Economics and the Environment[M]. Harmondsworth: Penguin Books.

KUZNETS S S, 1971. Economic Growth of Nations: total Output and Production Structure[M]. Cambridge: Belknap Press of Harvard University Press.

LAFRANCE J T, 1992.Do Increased Commodity Prices Lead to More or Less Soil Degradation? [J].Australian Journal of Agricultural Economics, 36（1）: 57-82.

LARSON B A, BROMLEY D W, 1990.Property Rights, Externalities, and Resource Degradation: Locating the Tragedy [J]. Journal of Development Economics（33）: 235-262.

LARSON J S, 1994. Rapid Assessment of Wetlands: History and Application to Management[C]// JOSEPH S L, MITSCH W J. Old World and New Elsevier. Global Wetlands.

LINDA K L, 1980. The Impact of Land Ownership Factors on Soil Conservation[J]. American Journal of Agricultural Economics, 62(5): 1070-1076.

LIPTON M, 1993.UrbanBias: Consequences, Class and Causality[J]. Journal of Development Studies（4）: 229-257.

LOVEJOY S B, NAPIER T L, 1986. Conservating Soil-Insights from Socioeconomic Research. Soil Conservation Society of America[R]. Manufactured in the United States of America.

LUKEN R A, FRAAS A G, 1993. The US regulatory analysis framework: a review[J]. Oxford Review of Economic Policy, 9 （4）: 96-106.

LUTZ E, PAGIOLA S, REICHE C, 1994.The Costs and Benefits of Soil Conservation: The Farmers' Viewpoint [J].The World Bank Research Observer, 9（2）: 273-295.

LYNNE G D, ROLA L R, 1988. Improving Attitude-Behavior Prediction Models with Economic Variables: Farmer Actions toward Soil Conservation[J]. Journal of Social Psychology128（1）: 19-18.

MARTINEZ-ALIER J, 1991.Ecology and the Poor: A Neglected Dimension of Latin American History[J]. Journal of Latin American Studies, 23（3）: 621-639.

MCCONNELL K, 1983.An Economic Model of Soil Conservation[J]. American Journal of Agricultural Economics, 65（1）: 83-89.

MCHARTY S, MATTHEWS A, RIORDAN B, 2003. Economic Determinants of Private Afforestation in the Republic of Ireland [J].Land Use Policy（20）: 51-59.

MEADE J E, 1951. The balance of payments: mathematical supplement [M].Oxford University Press.

MELLO N A, BELLO, I C R, 2002 从本质上讲水土保持是经济行为 [J]. 中国水土保持（7）: 16-17.

MICHAEL P, 2003. Industrial Structure and Aggregate Growth[J]. Structural Change and Economic Dynamics, （73）: 62-78.

MUNASINGLE M, MCNEELY J, 1996. Key Concepts and Terminology of Sustainable Development, Defining and Measuring Sustainability: The BiogeophysicalFoundation[M]. World Bank: 19-56.

NISHIMIZU M, PAGE J M, 1982. Total Factor Productivity Growth, Technical Progress and Technical Efficiency Change: Dimensions of Productivity Change in Yugoslavia, 1965—1978[J]. The Economic Journal, （92）: 9-936.

NORTH DC, 1990.Institutions, Institutional Change and Economic Performance[M]. Cambridge : Cambridge University Press.

NYANGENA W, 2006.Social Determinants of Soil and Water Conservation in Rural Kenya[J]. Environment, Development &Sustainability. Springer Science.

OLDEMAN L R, 1994. The Global Extent of Soil Degradation[C]// GREENLAND J, SZABOLCS I. Soil Resilience and Sustainable Land Use[C].CAB International, Wallingford: 99-118.

OLDEMAN L R, ENGELEN, VAN VWP, et al, 1990. The extent of human-induced soil degradation[Z]. Annex5 "World Map of the status of human-induced soil degradation, An explanatory note. " Wageningen, Nether-lands: ISRIC.

OLDEMAN L R, HAKKELING R T A, SOMBROEK W G, 1991. World Map of the Status of Human-Induced Soil Degradation[Z].An explanatory note, Wageningen, Netherlands: ISRIC and PUNE.

OSTROM E, 1985. Are Successful Efforts to Manage Common Pool

Problems a Challenge to the Theorise of Garrett HaardinaneMancur Olson? [C]Working paper, Workshop in Political Theory and Policy Analysis, Indiana University.

PAUL K, 1994. The Myth of Asia's Miracle: A Cautionary Fable[J]. Foreign Affairs (73): 62-78.

PENEDER M, 2003. Industrial Structure and Aggregate Growth[J]. Structural Change and Economic Dynamics (14): 427-448.

PERRINGS C, 1989. Environment Bonds and Environment Research Innovative Activities [J]. Ecological Economic (1): 95-115.

PIGOU A C, 1932. Economics of Welfare (4th edition) [M]. London: Macmillan: 172-174.

PIMENTEL, 1993. Overview world Soil Erosion and Conservation[M]. Cambridge: Camgridge University Press.

PINSTRUP-ANDESRON P, 1994. World Food Trends and Future Food Security[R], Food Policy Report, International Food Policy Research Institute, Washington, D.C.

PLANTINGA A J, ALIG R, CHENG H, 2001.The Supply of Land for Conservation Uses: Evidence from the Reservation Reserve Programme[J]. Resource, Conservation and Recycling (3).

RAUSSER G C, 1982.Political Economic Markets: PERTS and PESTS in Food and Agriculture[J]. America Journal of Agricultural Economics (64): 821-833.

ROBERT R S, EMEL J, 1992.Uneven Development and the Tragedy of the Commons: Competing Images for Nature-Society Analysis[J]. Economic Geography, 68 (3): 249-271.

RUTTAN V W, 1982. Agricultural Research Policy[M]. Department of Agricultural and Applied Economics, University of Minnesota, USA.

RUUD C, 1996.Ecological Compensation of the Impacts of a Road [J]. Ecological Engineering（7）.

RUUD C, 1999. Guildelines for Ecological Compensation Associated with Highways[J].Biological Conservation（90）.

SAWYER S, AGRAWAL A, 2000. Environmental Orientalism[J]. Cultural Critique,（45）: 71-108.

SEITZ W D, TAYLOR C R, SPITZE R G F, et al., 1979. Economic Impacts of Soil Erosion Control[J]. Land Economics, 55（1）: 28-42.

SHAFIK N, BANDYOPADHYAY S, 1992. Economic Growth and Environmental Quality: Time Series and Cross-Country Evidence[R]. Washington DC: World Bank Background Papers.

SHIFERAW B, HOLDEN ST, 1997a. A Farm Household Analysis of Resource Use and Conservation Decisions of Smallholders: An Application to Highland Farmers in Ethiopia[R]. Discussion Paper. Department of Economics and Social Sciences, Agricultural University of Norway:（3）.

SHIFERAW B, HOLDEN S T, 1997b.Peasant Agriculture and Land Degradation in Ethiopia: Incentives for Soil Conservation and Food Security [J]. Forum for Development Studies（2）: 277-306.

SIMON J L, 1981. The Ultimate Resource[M]. New Jersey: Princeton University Press: 154.

SMIL V, 1996.Environmental Problems in China: Estimates of Economic Costs[R]. Honolulu: East-West Center.

SMITH F L J, 1995. Market and the Environment: a Critical Appraisal[J].Contemporary Economic Policy, 13（1）: 62-73.

SOLOW R M, 1957. Technical Change and the Aggregate Production Function [J]. Review of Economics and Statistics 39（3）: 336-384.

SWAN T W, 1956. Economic growth and capital accumulation [J]. Economic Record. Wiley, 32（2）: 334-361.

TAYLOR D B, YOUNG D L, WALKER D J, et al, 1986. Farm-Level Economics of Soil Conservation in the Palouse Area of the Northwest: Comment[J].American Journal of Agricultural Economics 68（2）: 364-376.

TIMMER M P, SZIRMAI A, 2000. Productivity Growth in Asian Manufacturing: The Structural Bonus Hypothesis Examined[J]. Structural Change & Economic Dynamics, 11（4）: 371-392.

TULLOCK G, 1984.How to Do Well While Doing Good! [M]// COLANDER D C. Neoclassical Political Economy: The Analysis of Rent-Seeking and DUP Activities. Cambridge: Harper & Row, Ballinger.

United States Department of Agriculture. 1965. Soil and Water Conservation Needs: A National Inventory. United States Department of Agriculture[M]. Misc. Pub. 971. Washington: United States Department of Agriculture.

United States Department of Agriculture. 1981. Soil, Water, and Related Resources in the United States: Status, Condition, and Trends[M]. United States Department of Agriculture. Washington: United States Department of Agriculture.

WCED, 1987. Our Common Future[M]. Oxford: Oxford Universiy Press.

World Bank, 1992. China: Strategies for Reducing Poverty in the 1990s[R]. Washington, D.C.

World Bank, 2000. China: Mass Load Control and Tradable Permits: Efficient Regulation for Industrial Pollution Control in the 21st Century[R].

Report prepared by the Urban Development Sector Unit, East Asia and Pacific Region.

YORK R, et al, 2003. Footprints on the Earth: The Environmental Consequences of Modernity[J].American Sociological Review, 68 (2): 279-300.

后　记

　　本书的形成是基于本人博士学位论文的修改与扩充，也是本人基于资源与环境经济视角对水土流失治理与区域经济发展进行探究的阶段性成果。

　　回首学位论文的写作，可谓一项复杂的系统工程，其付梓源自诸多方面的支持。当初论文定稿之际，油然而出几分惊喜之余，更多的是感激。本人无法无一缺漏地、详尽地铭记在书稿进程中惠予本人帮助的亲爱的人们，只能在此列举致谢——感谢我的导师李周研究员对本人的不倦教诲，在写作过程中导师的指点如同给在黑暗中摸索的我点亮了一盏照明灯；文稿的字里行间都凝聚了导师的汗水和心血，从选题到内容都闪烁着导师的思想与智慧。感谢在写作资料采集及写作的不同阶段给予我无私情义支持和帮助的以下人士（由于职位上存在动态变迁，因此不附以职位，同时排序不论先后）：水利部水土保持司郭索彦先生、蒲朝勇先生、宁堆虎先生、刘震先生、李智广先生、刘孝盈先生、张长印先生、罗志东先生；北京林业大学王礼先教授、余新晓教授、刘俊昌教授；中国水利水电科学研究院王浩院士、杨爱民先生；国务院扶贫开发领导小组办公室苏国霞女士；国家统计局王萍萍女士；北京大学毛志锋教授；水利部黄河水利委员会何兴照先生；陕西省水土保持勘测规划研究所刘铁辉先生、申冬女士；北京市水土保持总站刘大根高级工程师；福建省政府发展研究中心杨益生研究员；福建省水利厅杨学震先生、阮伏水先生、郑誉寰女士等。

　　书中的思想和观点，无不得益于上述这些专家、行家、老师们的指点和教导；参考文献的作者们的丰富研究充满了值得分享的见解，奠定了进一步学习、研究的基础，使资源与环境经济学视角下的水土流失治理探究变成一个令人振奋的领域。

　　水土流失治理是政府公共治理的重要组成部分，是促进社会经济健康、持续发展的重要力量。对水土流失治理与区域经济发展的关系研究是一个复杂的领域，需要理论研究者与实践工作者持续不断地联合探究。由于本人的水平，掌握的背景材料和数据资料有限且存在短缺，研究结论难免会存在疏漏与偏误。特此说明，所有疏漏与错误，皆由本人负责。同时，衷心期望读者对书中的疏漏、错误提出批评指正，以促进研究的修正与完善；衷心期望有更多的理论研究者与实践工作者伸出联谊之手，协同"治理水土流失，建设美丽中国"。

续表

编号	时间	讲座题目
256	1978/12/13	内心空间,被关注的空虚
257	1979/1/10	新的神性流量的几个方面:交流、群体意识、揭露
258	1979/2/7	个人与耶稣基督的联系——进取心——拯救的真正含义

续表

编号	时间	讲座题目
237	1976/1/14	领导力——超越挫折的艺术
238	1976/2/11	在各种表现层面上的生命冲动
239	1976/3/1	1975 年圣诞讲座
240	1976/4/7	对爱的几个方面的剖析：自爱、结构、自由
241	1976/5/5	运动的动力和对其本性的抵抗
242	1976/6/2	政治系统的灵性含义
243	1977/10/6	存在的巨大恐惧和渴望
244	1977/10/19	在世而不属世——惰性之恶
245	1977/11/16	各层面意识的起因和后果
246	1977/12/14	传统：神圣和被歪曲的方面
247	1978/1/11	犹太主义和基督教的整体意象
248	1978/2/8	恶力量的三原则：恶的人格化
249	1978/3/8	不公平的痛苦——所有个人和群体的经历、行为和表达
250	1978/4/19	从内心感受恩典——暴露你的弱点
251	1978/5/17	婚姻的进步和灵性含义——新时代婚姻
252	1978/6/14	隐私和秘密
253	1978/9/20	继续你的斗争，停止所有斗争
254	1978/10/18	顺从
255	1978/11/15	生育过程——宇宙的脉搏